August Storm

8월의 폭풍

데이비드 글랜츠 지음 유승현 옮김

한국의 독자들에게

거의 70여년 전인 1945년 8월 9일 아침, 소비에트 연방의 붉은 군대가 일본이 강점한 만주로 기습적인 대규모 침공을 개시했습니다. 150만 이상의 병력, 5,500대 이상의 전차와 자주포가 동원되어 27,000문 이상의 야포와 박격포 및 3,700여 대의 항공기의 지원을 받으며 서로 시간대가 다른 5,100㎞ 이상의 전선을 넘어 서부, 북부, 그리고 동부의 다양한 축선을 따라 만주를 침공했습니다. 3개 전선군(집단군), 15개 야전군(1개 전차군 포함), 24개 군단, 89개 사단(전차 2개 사단), 113개 여단(전차 30개 여단), 98개 연대(전차 5개 연대), 그리고 21개 요새지구수비대로 조직된 이 전력은, 한때 무소불위의 위세를 자랑했던 관동군을 상대로 전례를 찾아보기 어려운 대규모 교전에 돌입했습니다. 소련 극동군 사령부의 공세계획에 의하면 이 전력은 10일에서 15일 내에 만주에서 350㎞에 달하는 거리를 달려 종심 깊이 진격하여야 했으며, 돌파가 불가능해 보였던 산악, 삼림, 그리고 사막지대를 돌파해, 만주 중앙의 평원에 종심 깊이 배치된 일본군을 수시로 포위하고 격멸해야 했습니다. 결과적으로 소련군은 8월 16일, 작전 개시 이후 7일이라는 놀라울 정도로 짧은 기간에 수행해야 할 임무를 완수했습니다. 소련군은 작전종료까지 3주가량이 소요될 것으로 예상했지만, 그 예상조차 뛰어넘은 결과였습니다.

관동군은 이 재앙과 함께 미합중국이 일본의 히로시마와 나가사키에 원자폭탄을 투하하자 충격을 받고 8월 19일에 항복했습니다. 이후 태평양전쟁은 즉시 종결되었습니다.

소련군의 만주 공세는 몇 년간 동유럽에서 진행된 잔혹한 전쟁을 바탕으로 성장한 붉은 군대의 최종시험이었습니다. 붉은 군대는 보다 숙련된 히틀러의 독일 국방군을 상대로 한 전쟁에서 첫 18개월 동안 짓밟히고 수모를 당하면서도 자신들의 힘으로 전진을 시작하여 부대구조를 개편하고, 재조직하며, 현대화시키고, 군사교리, 방법, 기술을 발전시킨 끝에 독일 육군과 공군을 상대로 1945년 5월에 승리를 거두었습니다. 그리고 이 경험은 대 일본전 계획과 계획수행에 반영되었습니다.

스탈린은 미합중국 대통령 프랭클린 루즈벨트의 강력한 대 일본전 참전 요청에 적극 동의했습니다. 그 결과물에 해당하는 (만주 방면의)공세는 부분적으로는 미국의 지원을 통해 현실화 된 어마어마한 군수지원과 함께 일본은 물론 스탈린의 동맹국인 미국조차 놀라게 했습니다. 사실 소련의 승리는 소련이 진정한 강대국이 되었다는 또 다른 증명이었습니다. 동시에 소련군의 침공은 동북아시아에 정치적 유산을 남겼습니다.

이 연구는 방대한 소련 측 자료와 일본 측 자료에 확고한 기반을 두고 있습니다. 그 자료에는 소련에서 -그리고 현대 러시아에서- 진행된 광범위한 연구들뿐만 아니라, 미 극동군 사령부 군사(軍史)과가 1953년부터 1956년까지 준비한 방대한 전역분석 및, 일본 자위대 역사학자들이 준비한 연구들을 포함하고 있습니다. 필자와 관동군 참전자들과의 인터뷰를 주선한 일본의 당국자들에게 특별히 감사를 드립니다. 또한, 인터뷰에 동참하여 이 연구를 편집하는 데 크나큰 도움을 주신 에드워드 드레어(Edward J. Drea) 박사님에게도 깊은 감사의 말씀을 드립니다. 본서에 오류가 있다면 저의 책임입니다.

데이비드 M. 글랜츠
칼라일, 펜실베이니아, 2016년 12월

추천사

현재의 국제질서는 2차 대전이 만들어낸 체제이다. 이후 냉전 체제를 거쳐 왔지만 분단된 우리나라의 절체절명의 과제는 찬반을 떠나서 통일이다. 그러나 우리는 통일을 염원하면서도 한반도 분단을 야기한 원인에 대해서는 대체로 무관심하다.

2차 대전 당시 연합국 진영은 나치에 대항하기 위해 전체주의 국가였던 소련과 손을 잡았다. 당시 양수겸장을 우려한 소련은 동부전선에서 안정을 위해 일소 불가침협정을 맺고 유럽 전선에 집중하였다. 먼저 유럽에서 나치독일을 패배시키고 태평양에서 일본을 상대하고자 했다. 대전 말엽 일본은 포츠담선언에서 연합군이 요구한 무조건항복에 대해 천황제 존속이라는 조건부 항복에 집착하고 있었다.

미국의 전쟁지도부는 미군이 일본 본토 상륙 시 만주의 관동군이 본토로 전환된다면 수많은 인명피해를 우려했고 장기전은 물론 승리도 장담할 수 없는 상황이었다. 따라서 조기에 전쟁을 종결짓기 위해 원폭투하를 결정했다. 이 과정에서 미군은 관동군의 본토 전환을 방지하고 무장해제를 소련군이 담당해 주기를 요청했다.

소련군은 유럽전을 종료하고 부대를 만주로 전환하기 위해 장기간에 걸쳐 치밀한 준비를 하고 극동군사령부도 창설했다. 그 과정에서 소련은 일본 홋카이도에 2개 공수군단을 투하하고자 했다. 만약 이 계획이 실현되었다면 한반도 대신 일본이 분단되었을 것이나 소련의 팽창을 우려한 미국의 반대로 이 안은 철회되었다. 대신 소련은 관동군이 일본 본토로 철수 시 엄호임무를 담당하기 위해, 조선주차군 관할지역인 한반도 38도선까지 내려와 있던 관동군예비 4군의 배치 지역까지 무장해제를 담당하게 되었다.

히로시마에 원폭이 투하되고 1945년 8월 9일 야간에 어전회의가 열렸는데, 동경어전회의의 개최 시점이 주도면밀했다. 만약 어전회의가 히로시마에 원폭이 투하되기 전에 개최되어 항복을 결정했다면 소련은 한반도에 투입할 명분이 없었을 것이고 나가사키에 원폭이 투하되고도 계속 버텼다면 한반도는 부산까지 소련 극동군이 내려갔을 것이다. 일본으로선 절묘하게 계산된 시점에 항복을 결정한 셈이다. 대신 한반도가 분단되는 비극이 일어났다.

물론 원폭투하가 일본항복의 결정적인 기제로 작용했지만 일본 동경은 미군의 전략폭격으로 이미 초토화되어 있었다. 관동군 정보참모였던 세지마 류조(瀬島龍三)는 당시 전광석화 같았던 소련군의 기습공격에 제대로 저항하지 못하고 포로가 되어 하바롭스크에서 11년 동안 억류되어 있다가 1956년에 귀국하였는데 야마자키 도모코(山崎朋子)가 소설 '불모지대'에서 상세하게 소개한 바 있다.

모든 전쟁관련 자료를 소각하거나 소련극동군에게 빼앗긴 일본군은 전후 맥아더 사령부에 의해 작전에 참전하였던 관련자들의 기억을 더듬어 일부를 복원하여 모노그래프형태로 발간하였다. 그리고 데이비드 글랜츠는 미 극동군 사령부에서 발간한 자료와 소련측 자료를 참고하여 만주전역을 재현해 냈다. 일본 자위대 방위연구소에서 복원한 자료는 대부분 전후에 재정리된 것이다.

　　일본의 입장에서 기술하여 본서와 대비되는 책인 일본 자위대 방위연구소원인 나카야미 디카시(巾山隆志)가 쓴 '소련군 진공과 일본군: 만주 1945.8.9'(ソ連軍進攻と日本軍—満洲~1945.8.9.)과 같이 참조한다면 언덕의 이면에서 일어난 사건을 객관적으로 재현하는 데 큰 도움이 될 것이다. 물론 나카야마도 글랜츠의 본서를 참고했다고 밝히고 있다.

　　본서를 번역한 유승현씨는 소련 및 러시아 관련 작전술과 전술에 관한 자료를 꾸준히 번역 소개하는 연구자로서 미국의 독소전 전문가인 데이비드 글랜츠 박사가 쓴 '8월의 폭풍'을 번역하여 일반 독자들이 쉽게 접근할 수 있게 발판을 제공해 주었다.

　　그에 의해 번역된 본서가 한반도 분단의 기원연구와 만주지역에 대한 우리의 관심을 제고하고 통일을 대비하는데 큰 자극이 되기를 기원한다.

2016.12.20.
한국전략문제연구소 부소장 주은식

추천사

너무도 많은 군인들이 잠재적 적군의 행동방식에 대한 편견에 빠지곤 한다.

미군의 장교들 사이에 가장 널리 퍼진 잘못된 인식 가운데 하나는 소련의 군사사 서술이 소련군의 행동을 정당화시켜주기 위한 선전선동에 지나지 않는다는 것이다.

그러나 정작 미군의 장교들은 잠재적 적군이 과거에 수행한 전역을 비판적으로 분석하는 경우가 극히 드물다. 특히 러시아어로 저술된 풍부한 간행물 및 문건들이 대부분 무시당하고 있다. 언어의 장벽과 시간적 제약, 군의 수요 변화가 뒤엉키면서 소련의 군사 계획, 작전, 전술을 꿰뚫어 보는 통찰력을 제공할 심도 있는 역사 연구를 방해해 왔다.

데이비드 M. 글랜츠 중령은 전투연구소의 러시아어 전문가로, 다양한 소련 측 사료들을 활용하여 1945년의 만주 전역에 대한 두 편의 논문을 저술했다.

첫 번째 레븐워스 보고서(Leavenworth Paper)는 전역에 대한 작전술적 개괄을 다루었고, 두 번째 레븐워스 보고서(8호)는 만주에서 보여준 소련군의 작전 및 전술 교리에 대한 8개의 사례연구를 통해 전역에 대한 분석을 전반적으로 확장시켰다. 글랜츠 중령은 두 논문에 일본 측의 사료를 함께 활용하면서 소련 측 사료의 진실성을 검증했다. 이러한 이유로 나는 이 두 논문이 이 전역에 대한 영어권 연구의 표준이 되리라 믿는다.

만주 전역에서는 소련군 전쟁결정 태도의 특성이 도출되었다.

첫 번째는 모든 수준에 걸친 세심한 계획 수립, 두 번째는 할당된 임무를 수행하는 데 있어 발휘한 주도권과 유연성이다. 만주 전역이 이미 무너진 적을 상대로 낙승을 거둔 전역이라는 관점에서 본다면 이 두 가지 태도는 간단해 보이지만, 글랜츠 중령은 일본군의 격렬하고 자살에 가까운 저항에 대한 막대한 자료들을 함께 제시하여 이런 견해를 반박하고 있다.

소련군의 정교화된 작전은 열세한 일본 관동군을 실제 전력보다 더 허약하게 만들었다. 소련군은 관동군을 상대로 1940년 5월에 독일군이 유럽 북서부에서 거둔 전격적인 승리를 연상케 하는 기습, 과감한 기동, 종심 돌파, 신속한 진격속도, 방어자의 관점에서 공자가 통과하기 어렵다고 판단했던 지형을 극복하는 능력, 방어자의 지휘통제망의 파괴 및 방어자를 혼란에 몰아넣는 능력 등을 보여주었다.

1945년 당시의 소련군은 4년에 걸쳐 독일을 상대로 치열한 격전을 치른 끝에 제병협동전의 명수가 되었다. 글랜츠 중령이 지적했듯이, 만주 전역은 소련군 제병협동 전력의 최종 훈련이었다.

마지막으로, 이 작전술적 수준의 자료는 미군 장교들이 소련군의 만주 전역을 해석하는 방법, 소련군이 만주 전역에서 가져온 교훈, 그리고 소련군 군사술에 만주 전역의 전훈이 어떻게 관련되어 있는가를 살펴보는 통찰력을 끌어내 주는 거의 유일한 자료라 해도 과언이 아니다. 로마의 시인 오비디우스(Ovidious)의 표현을 빌리자면, "적일지라도 그에게 배우는 것은 옳다."

잭 N. 메리트(Jack N. Merrit)

미 육군 중장

목차

지도 및 표 목록

지도

표

참조

약어

소련

A	야전군	MnRR	산악소총연대
AEB	강습공병-전투공병여단	MRD	차량화소총사단
BGBn	국경수비대대	RBA	적기군
Cav-Mech Gp	기병-기계화집단	RBn	소총대대
CD	기병사단	RC	소총군단
FD	선견대	RD	소총사단
FFR	요새지구수비대 (야전요새지역)	RR	소총연대
FR	요새지구수비대 (요새지역)	TA	전차군
G	근위대	TB	전차여단
HSPR	중자주포연대	TC	전차군단
MB	기계화여단	TD	전차사단
MC	기계화군단		

일본

BGU	국경경비대
IB	독립혼성여단
ID	보병사단

* 주석에서 사용한 문건들의 제목은 대개 약어로 표기했다. 빈번히 인용되는 문건의 약어는 다음과 같다.

VIZh	Voenno istoricheskii zhurnal(군사사 저널)
IVOVSS	Istoriia velikoi otechestvennoi voiny Sovetskogo Soiuza 1941 1945 (소비에트 연방의 대조국 전쟁사, 1941~1945)
VMV	Istoriia vtoroi mirovoi voiny 1939~1945 (제2차 세계대전사, 1939~1945)
JM 138	U.S. Army Forces Far East, Military History Section, Japanese Monograph no.138, Japanese Preperations for Operation in Manchuria, January 1943~August 1945.
JM 154	U.S. Army Forces Far East, Japanese Monograph no. 154, Record of Operations Against Soviet Army on Eastern Front (August 1945).
JM 155	U.S. Army Forces Far East, Japanese Monograph no. 155, Record of Operations Against Soviet Russa On Nothern and Western Fronts of Manchuria and in Notern Korea (August 1945).
SVE	Sovetskaia voennaia entsiklopedia (소비에트 군사 백과사전)
IRP 9520	U.S. Department of the Army, Office, Assistant Chief of Staff, Intelligence, Intelligence Research Project no. 9520, New Soviet Wartime Divisional TO&E
PU 1944	Polevoi ustav krasnoi armii 1944(붉은 군대 야전요무령 1944)

부호

소련군		일본군	
	전선군 전투지경선		야전 요새, 방어 진지
	야전군 전투지경선		영구요새지역
	군단 전투지경선		분대 진지
	사단/여단 전투지경선		반 진지
	보병부대 집결지역		소대 진지
	전차/기계화부대 집결지역		중대 진지
	부대 집결지역		대대 진지
	전개 또는 이동중인 보병부대		연대 진지
	전개 또는 이동중인 전차/기계화부대		여단 진지
	전개 또는 이동중인 기병부대		사단 진지
	전개 또는 이동중인 자주포부대		사단 전투지경선
	사격진지를 점령한 전차들		야전군 전투지경선
	사격진지를 점령한 자주포들		방면군 전투지경선
			관동군 전투지경선

머리말

소련군이 제2차 세계대전 당시 시행한 마지막 전략공세작전에 대한 비평적 검토는 대다수 서구인들이 품고 있는, 전반적으로 부정확한 두 가지 편견을 조금씩 무너지게 한다. 서구인들은 소련이 오직 지리, 기후, 그리고 수적 우위만으로 독일군의 군사기술과 군사적 능력을 상쇄했다고 여기는데, 이러한 관점은 소련군이 거둔 성과를 망각하게 했다.

더구나 서구인들은 아시아의 전쟁전구에서 일어난 군사행동에는 의미 있는 연구를 할 가치가 거의 없다는 결론을 내렸는데, 이와 같은 견해는 동부전선의 작전 분석이나 제2차 세계대전 중 아시아전선에 대한 평가에 독일군 출신자들이 품고 있던 편견이 작용한 결과물이다. 두 견해는 모두 잘못되었다. 그리고 두 견해는 모두 제2차 세계대전에 대한 정확하지 않은 견해, 특히 전쟁 당시 소련군이 수행했던 군사행동에 대한 그릇된 관점을 지속시켜왔다. 이와 같은 서구권의 오해는 역사를 왜곡시킴은 물론, 현대까지도 과거, 현재, 미래의 소련 군사력에 대한 평가들까지 왜곡시키고 있다.

우리가 동부전선을 보는 관점은 독일군이 1941년과 1942년에 겪은 경험에서 도출되었다. 당시 전격전은 소련군의 필사적이지만(혹은 절망적이지만) 낡고 조잡한 방어를 상대로 기습의 효과를 누렸다. 이와 같은 관점은 하인츠 구데리안(Heinz Guderian), 프리드리히 폰 멜렌틴(Fredrich von Mellenthin), 헤르만 발크(Hermann Walck), 그리고 에리히 폰 만슈타인(Erich von Manstein)을 비롯한 서구의 군사사 서술의 영웅들인 동시에, 전략적 현실에 반쯤 눈을 감은 채 작전술 및 전술적 성공만 거둔 영웅들의 관점이었다. 1943~1944년 이후, 그들의 '영광스러운' 경험은 끝났다. 1942년 이후로 작전술적 능력이 급락한 독일군은 전략적 재앙이라는 전제하에 전술적 승리를 달성해야 했다.

1941년 당시 정복자들의 관점, 즉 동부전선에서 형성된 전역 초기의 인상이 현대까지 여전히 남아 있는데 반해, 앞서 언급된 이들의 후임으로 임박한 재앙을 앞두고 부대를 지휘해야 했던 페르디난트 쇠르너(Ferdinand Shöner), 고트하르트 하인리치(Gotthard Heinrici), 그밖에 1944~1945년에 방어전을 수행했던 인물들은 유명한 회고록을 남기지 못했다. 그들의 행동은 기억에 남을법한 요소가 드문 데다, 영광스럽지도 않았기 때문이다. 그들의 견해나 1944~1945년간 당대의 현실에 직면했던 소수의 야전 장교들은 대부분 잊혀졌다.

이와 같이 동부전선에서 독일군이 수행했던 작전에 대한 균형 잡히지 않은 시각은 소련군(의 위협)에 대한 불안감을 지워주었지만, 그 대가로 부정확한 이미지를 전달했다. 이로 인해 우리는 독일인들이 자신들을 변호하기 위해 쓴 저작에서 언급된 공훈에 경외감을 품고, 보다 큰 진실은 잊게 되었다. 독일이 전쟁에서 졌으며, 독일인들이 '엉성한' 존재라고 묘사한 소련군에게 주로 패했다는 진실 말이다.

두 번째 편견은 우리가 제2차 세계대전에서 태평양 전쟁전구를 명백히 무시해 왔다는 점이다. 독일군의 동부전선 해석을 수용하면서 소련군이 제2차 세계대전 중에 실시한 탁월한 군사적 활동 중 하나인 1945년 만주의 전략적 공세를 바라보는 눈은 가려졌다.

소련군에게 있어 만주 공세는 자신들이 얻은 전훈의 산물인 정교한 공세 수행을 통해 만들어낸, 거의 예정된 결과였다. 1945년 여름의 일본이 극도로 허약해진 국가였다는 사실은 명백했지만, 당시에는 일본의 즉각적인 항복을 확신할 수 없었다. 미국과 소련의 계획입안자들은 일본이 독일 못지않은 신들의 황혼(Götterdämmerung)을 보여줄 가능성을 점쳤다.[001] 연합군의 예상 인력손실 규모는 일본군의 광적인 저항으로 117,000명의 일본군을 상대한 미군이 49,000명의 인력손실(12,500명 전사)을 기록했던 1945년 4~6월의 오키나와 전투를 통해 추론할 수 있었다. 그리고 일본 본토에는 여전히 230만 명의 일본군이, 만주에도 100만 명 이상의 일본군이 남아 있었다. 따라서 연합군의 계획입안자들은 최악의 사태를 예상했고, 일본군의 남은 보루들을 제거하는 데 길고 복잡한 전역이 필요함을 믿어 의심치 않았다.

전쟁을 통해 드러난 일본군 통수부의 능력과 일본군 장병 개인의 능력을 고려하면, 소련군의 계획은 전쟁 중 다른 요소들에 못지않게 혁신적이었다. 이 계획을 훌륭하게 수행한 결과, 그들은 불과 2주 만에 승리를 거두었다.

소련군의 계획입안자들은 일본군 통수부의 능력을 과대평가했지만, 일본군 장병들의 완강함은 소련군의 예상이 빗나가지 않았다. 그들은 용감하고 자기희생적인 사무라이로서 자신들의 명성에 걸맞게 행동했으며, 형편없는 지휘를 받으면서도 소련군에게 32,000명의 인명피해를 입히며 그들이 마지못해 경의를 표하게 했다. 일본군의 계획입안자들이 보다 대담하고, 소련의 계획자들이 과감하지 못했다면, 소련군의 승리는 훨씬 큰 대가를 치러야 했을 것이다.

범위, 규모, 복잡성, 시기, 그리고 확실한 성공은 소련군의 만주 공세를 지속적인 연구 과제로 삼게 했다. 이는 소련이 전쟁을 시작해 성공적인 결과를 신속하게 도출하는 교과서적 사례로 보인다. 만주 공세는 인상적이면서도 결정적인 전역으로서 주의를 기울일 가치가 충분하다.

제2차 세계대전 당시 소련군의 작전에 대한 -특히 만주 전역에 대한- 우리의 무관심은 일반적으로 역사와 과거 전반에 대한 무관심을 넘어, 소련군의 전훈에 대한 우리의 편향된 무지를 잘 보여준다. 제2차 세계대전을 연구하는 과정에서 가져온 편견은 극히 위험하다. 우리가 과거의 교훈을 보려 하지 않으면 미래를 위해 무엇을 배울 수 있겠는가?

---

001 "신들의 황혼"은 북유럽 신화 속 최후의 전쟁이자 세계의 멸망인 라그나로크(Ragnarok)를 의미한다. 19세기 독일의 유명한 음악가 리하르트 바그너(Richard Wagner)가 북유럽 신화의 지크프리트(시구르드) 설화를 바탕으로 한 오페라 『니벨룽의 반지』에서 제3악장의 소재인 라그나로크를 "신들의 황혼"으로 번역하여 제3악장의 제목으로 명명한 것에서 유래되었다. 서구권에서 독일 제3제국의 멸망을 "신들의 황혼"으로 칭하는 경우가 있다.

들어가며

1945년 8월 9일 자정 직후, 소련군의 돌격집단들이 소련-만주 국경을 넘어 만주의 일본군 주둔지들을 공격했다. 이는 4,400㎞ 이상의 긴 국경에서 다양한 축선으로 전진한 150만 대군의 선봉이었다. 이들은 내몽골 사막부터 동해 연안까지 다양한 지형을 통과했다. 이렇게 2차 세계대전에서 가장 특이한 전역이 시작되었다.

소련군에게 있어 만주 공세는 유럽에서 독일을 상대로 진행된 4년에 걸친 극심한 물리적 충돌과, 비슷한 기간 지속되었던 동쪽의 유사한 위협에 대한 우려의 종막과도 같았다. 소련은 1941년과 1942년, 그리고 1943년에 걸쳐 독일의 공세를 흡수했고, 1944년과 1945년의 대공세를 통해 최종적으로 독일의 전쟁기계를 분쇄했다. 소련군이 독일을 상대로 생존을 위해 전쟁을 계속하는 동안, 귀중한 소련군의 부대 일부가 극동에 남아, 추축군 우방을 돕기 위해 움직일지도 모를 일본의 공격을 경계했다.

소련이 유럽에서 승리를 거두고 일본이 태평양에서 패배하면서, 일본이 소련의 극동 국경을 공격할 가능성은 사라졌다. 대신 소련군과 연합군의 대독전 승리가 막바지에 이르렀을 때, 연합국의 지도자들은 스탈린에게 추축국을 완전히 무너뜨리기 위해 대일전 참전을 재차 요구했다.[002]

소련의 지도자들은 연합국의 요청과 전후 극동에서 소비에트 연방의 위상을 확실히 하기 위해 일본이 강점한 만주, 한반도 북부, 남사할린, 그리고 쿠릴 열도의 장악을 기획했다. 일본이 항복하기 전에 만주의 광대한 영토를 정복하는 거대한 임무는 이전까지 진행되었던 (유럽 방면의) 작전들에 필적했다. 일단 유럽의 소련군 작전지역과 만주 사이의 거리는 10,000㎞ 이상에 달했고, 인력과 장비를 만주에 수송하는 과정을 수송량이 제한된 취약한 수송망에 의존했다. 광범위한 전역을 수행하는 데 필요한 전력 소요 역시 전역의 규모에 상응하는 대규모였다. 따라서 만주 전역 참여는 1945년 4월부터 1945년 8월까지, 5개월에 걸친 광범위한 계획과 준비를 필요로 했다. 작전의 성과는 준비된 계획의 성공과 준비의 철저함을 통해 입증되었다.

소련군은 9일 동안 만주로 500~950㎞를 침투하며 주요 인구 밀집 지역을 점령했으며, 일본 관동군과 만주국군과 몽강연합자치정부군(이하 몽강군)[003]에 항복을 강요했다. 그 결과, 소련군은 일본군의 격렬한 저항 속에서 제한된 시간 안에 목표를 달성할 수 있었다.

....

002　Herbert Feis, The Atomic Bomb and the End of World War II (Princiton, NJ: Princeton University Press, 1966); Charles I. Mee, Jr., Metting at Potsdam (New York: M. Evans, 1975); IVOVSS, 5:530-42. 연합국은 1943년의 테헤란 회담 이후 소련에 대일전 참전을 요청해 왔다.
003　몽강연합자치정부는 일본이 현 내몽골에 건립한 괴뢰 정부다. 영미권 문헌에서는 라틴문자 표기인 Mengjiang으로 언급되기도 하나 원문처럼 내몽골(Inner Mongolia)로 표기되기도 한다. (역자 주)

만주 전역은 소련군이 독일을 상대로 한 전쟁에서 얻은 전훈이 옳았음을 확인해 주었다. 붉은 군대는 유럽이라는 끔찍한 전쟁학교에서 발전된 전술적, 작전술적 기술을 배웠고, 이를 만주에서 적용했다.

만주 전역은 소련 지휘관들이 유럽 전역에서 힘겹게 발전시킨 대담한 지휘 능력도 함께 보여주었다. 만주 전역은 소련군이 제2차 세계대전 당시 수행한 작전 가운데 가장 높은 수준의 군사적 영역을 보여준다. 현대의 장교들과 20세기 전쟁을 진지하게 연구하는 학자들은 이 전역의 특성을 이해하면 많은 것을 얻을 수 있다.

본 연구는 만주의 소련군 지상 작전에 집중하여, 전역의 전략적 맥락에 대한 전체적인 정보를 전달하고 소련 야전군, 군단, 사단의 작전술적 기술과 소련 연대, 여단, 기타 하위 부대의 전술적 운용을 자세히 소개할 것이다. 물론 작전의 초기 계획, 전력 재배치, 전투를 위한 고위 사령부의 조직, 전선군 작전의 핵심도 포함한다. 소련의 부대 구성과 1945년의 소련군이 출간한 전술 교리의 적용을 분석하고 전술적 혁신에 대한 조명과 부대 구성의 조정이 소련의 승리에 어떻게 기여했는지도 분석했다. 이 연구는 전술적, 구조적 혁신과 그 유용성에 대한 평가와 미래에 대한 시사점으로 종결된다.

2권인 레븐워스 보고서 제8호[004]에는 전역에 포함된 거대한 작전지역에서 전투 수행과 관련된 사례들이 연관되어 있다. 8건의 자세한 사례 연구를 통해 만주에서 보여준 소련군의 소규모 부대전술과 소련군이 성공을 달성하는 방법에 대해 중점적으로 다룰 예정이다. 8건의 사례는 소련 제5군의 볼린스크(Volynsk)와 쑤이펀허(綏芬河) 요새지역 공격(8월 9~11일), 제39군의 왕예마오(王爺廟) 진격(8월 9~10일), 제300 소총사단의 바미엔통(八面通) 진격(8월 9~10일), 제35군의 한카(Khanka, 興凱) 호수 동쪽 진격(8월 9~10일), 제36군의 하일라얼(海拉爾) 진격(8월 9~12일), 무단장(牡丹江) 전투(8월 14~16일), 제35군의 후터우(虎頭) 요새지역 공략(8월 9~18일), 제15군의 자무쓰(佳木斯) 작전이다.

이 연구는 주로 소련 측 2차 사료에 기반을 두었고, 일본 측 사료를 보조 자료로 삼았다. 만주 전역에 대한 소련의 문건들은 방대하며, 최근에 그 범위가 늘어나고 있다. 많은 전역 참여자들이 만주 전역에 대한 회고록이나 짧은 논평을 썼다. 소련 극동군 총사령관 A. M. 바실렙스키(Vasilevsky) 원수와 전선군 사령관들, 전선군 참모장들, 야전군 사령관들, 지원 부대 사령관들, 군사사가들은 수많은 책으로 작전 연구에 기여했다. 그리고 작전의 특별한 측면을 다룬 무수한 기사들이 군사사 저널을 통해 등장했다.

만주 전역에 대한 일본 측의 사료는 상당히 희귀한데, 소련군이 전역 동안 관동군의 자료들을 거의 압수했기 때문이다. 만주 작전에 대한 일본 연구논문(Japanese Monograph) 총서는 1950년대 초에 출간되어 만주에서 복무한 일본 장교들의 기억들을 재구성하는 밑그림을 제공했다. 불행하게도 어떤 연구논문에도 가장 격렬하게 싸운 일본군 부대들에 대한 자료는 없으며, 몇몇 회고록은 작전의 제한된 측면만 기술하고 있어 가치가 부족하다.

....
004 본고는 7호

일본 측 사료들과 비교해 보면, 소련 측 사료들은 개괄성과 작전술적 세밀함 면에서 보다 완전하고 정확하다. 소련군은 가끔 개별적인 승리를 지나치게 과장하거나 국지적인 패배의 여파에 대해 침묵하는 경향이 있지만, 작전술적 문제에 대해서는 대체로 자유롭게 논의했다. 다만 소련군은 그리 좋지 않던 사건들을 종종 미화하곤 한다. 이 연구는 일본 연구논문과 기타 일본 측 사료들과 소련 측 사료들을 교차검증하고, 어느 쪽이 더 자세한지 지적하며 서로의 해석과 강조점의 차이를 조명할 것이다.

필자는 일본 측 사료를 지원해 준 전투 연구소의 에드워드 J. 드레어 박사에게 특별한 감사를 표한다. 드레어 교수[005]의 도움으로 이 연구에서 성이 앞에 오고 이름이 뒤에 오는 일본식 이름을 표기할 수 있었다.

---

[005] 드레어 박사는 일본 군사사 연구의 권위자이다. 본서가 저술된 시기에 글랜츠와 함께 포트 레븐위스 미 육군 지휘참모대학에 근무했다. 주요 저서로 Nomonhan: Japanese-Soviet Tactical Combat, 1939 (1981)와 Japan's Imperial Army: Its Rise and Fall, 1853~1945 (2009) 등이 있다. (역자 주)

1. 만주 전략 공세를 위한 준비

만주 전역을 위한 소련군의 계획 수립은 1945년 3월부터 시작되었다. 유럽 방면의 작전이 마지막 단계에 돌입한 시기였다. 인력, 물자, 장비를 극동으로 옮기는 작업은 1945년 4월부터 시작했다. 일반적으로 소련군은 전투 부대와 장비를 개별적으로 운송했다. 따라서 처음에는 극동에 장비들을 우선 비축한 후, 이미 극동에 주둔 중인 부대들의 장비를 교체했다.[006]

극동 방면의 대규모 병력 재배치는 5월에 시작되고, 전역이 시작되는 날까지 계속되었으며, 작전 개시일 이후에도 병력 이동은 멈추지 않았다. 스타브카(Stavka, 소련군 최고사령부)는 확장된 전력의 지휘 통제를 위해 숙련된 참모진을 동유럽에서 극동과 자바이칼 지방으로 보냈다. 두 전선군사령부(칼리닌전선군과 제2우크라이나전선군), 4개 야전군사령부(제5, 39, 53군, 제6근위전차군)는 그 숙련된 전투경험을 활용하기 위해 극동으로 이동했다. 제39군과 제5군은 동프로이센의 쾨니히스베르크(Königsberg)에서, 제6근위전차군과 제53군은 프라하에서 출발했다.[007] 스타브카는 이 부대들이 만주 작전계획의 특성에 적합한 전훈을 경험했다고 판단했다. 제39군은 쾨니히스베르크의 요새화 지대를 공격한 전훈을 감안하여 만주의 하이룽(海龍)-아얼산(阿爾山) 요새화 지대 공격에 전개되었다. 제5군 또한 쾨니히스베르크 공격에 참여한 부대로, 만주 동부의 일본군 요새화 지대 공격 수행을 위해 극동으로 이동했다. 제6근위전차군은 카르파티아 산맥에서 전투를 치렀으므로 만주 서부의 다싱안링(대흥안령, 大興安嶺)산맥 돌파에 동원되었다. 같은 전역에 참여했던 제53군도 만주 서부의 산악 지대에서 벌어질 전투에 투입했다.

스타브카는 만주의 다양한 지역에서 적절한 작전 지원을 수행하기 위해 주요 사령부들과 함께 수많은 독립 전차부대, 독립 포병 부대, 독립 공병 부대들을 극동으로 이동시켰다. 이 전력 재배치는 만주에 배치된 사단들을 40개에서 80개 이상으로 증강시키는 효과를 가져왔다.[008] 부대이동에 동원된 철도 교통량은 이와 같은 전력 재배치의 규모와 복잡함을 가장 잘 보여주는 지표다. 소련군은 9,000~12,000㎞를 이동하기 위해 136,000량의 열차를 동원했으며, 1945년 6~7월에는 시베리아 횡단철도에 매일 열차 22~30편을 투입했다.[009] 소련군 부대들은 최종 집결지로 이동하기 위해 도로도 광범위하게 사용했다. 예

---

006 IVMV, 11:187-88. 예를 들어 소련군은 신형 T-34 전차들을 극동으로 보내 극동 방면 전차여단의 3개 대대 중 1개 대대를 T-34 대대로, 극동 방면 2개 전차사단의 각 1개 연대를 T-34 연대로 편제했다. 소련군은 극동으로 이동할 전차군을 위해 추가로 계속해서 전차들을 비축했으며, 미국이 무기대여법으로 지원한 차량과 물자는 블라디보스톡 항구에 집결시켰다.
007 Ibid., 191-92
008 IVOVSS, 5:551; IVMV, 11:191-97에 보다 자세하게 나와 있다.
009 M. V. Zakhrov et al., eds., Finale (Moscow: Progress Publishers, 1972), 71; IVMV 11:189 참조.

시베리아 횡단철도로 이동중인 물자들

를 들어, 자바이칼전선군[010]은 몽골 처이발상(Choibalsan)으로 향하는 시베리아 횡단철도의 주요 철도선 종점에서 하차한 후, 철도와 도로를 모두 사용해 500~600㎞를 추가로 이동했다. 방대한 규모의 병력 재배치는 극동과 자바이칼 지역 내에서 이미 시작되고 있었다. 1945년 5~6월에 30개 사단, 100만 명이 새로운 주둔지로 이동했다.[011]

　스타브카는 극동으로 보낼 새로운 지휘관들을 조직하고, 전역에서 운용될 소련군을 편성하고 지도할 새 지휘관을 선별했다. 전선군 사령관으로 R. Ya. 말리놉스키(Malinovsky) 원수와 K. A. 메레츠코프(Meretskov) 원수, 전선군 참모장으로 M. V. 자하로프(Zakharov) 대장과 A. N. 크루티코프(Krutikov) 대장, 야전군 사령관으로 A. P. 벨로보로도프(Beloborodov) 상장, I. M. 치스챠코프(Chistyakov) 상장, N. D. 자흐바타예프(Zakhvatayev) 중장, A. A. 루친스키(Lucninsky) 중장이 극동으로 떠났다. I. A. 플리예프(Pilyev) 상장은 다시 소련-몽골 기병-기계화집단의 사령관이 되었다.[012] 이 지휘관들은 대부분 이전에 극동에서 근무했거나 극동으로 이동할 사령부에서 근무한 자들이었다. 1945년 6월, A. M. 바실렙스키 원수가 극동과 자바이칼 지역의 모든 작전들을 조정하기로 결정되었다. 바실렙스키는 스타브카

010　전선군은 집단군과 동등하다
011　Zakharov, Finale, 72-73; I. V. Kovalev, Transport v velikoi otechestvennoi voine (1941~1945gg) (Moskva: Izdatel'stvo 'Nauka' 1981), 384~402도 참조
012　S. M. Shtemenko, The Soviet General Staff at War 1941~1945 (Moscow, Progress Publishers, 1974), 327~28; S. Shtemenko, "Iz istorii razgroma kvantunskoi armii", VIZh, pt. 1, April 1967: 57~58

소련 극동군 총사령관 바실렙스키 원수

의 대리로서 완벽한 업무 수행 실적과 유럽 전선에서 실시된 성공적인 작전들의 조정관이었다는 점에서 이 자리에 임명될 자격이 있었다.

그러나 얼마 지나지 않아 만주 작전의 범위가 단순히 '조정'하기에는 지나치게 방대하다는 사실이 명백해졌다. 결과적으로 소련군은 1945년 7월 30일을 기해 바실렙스키 원수를 사령관으로 하는 극동군을 창설하고 휘하의 참모진을 완편시켰다.[013] 극동군 사령부의 효과는 소련군이 2차 대전에서 처음으로 얻은 완전한 군사작전전구[014] 사령부의 전훈이었다.[015]

인력과 물자의 이동은 지속적인 위장, 은폐, 보안과 관련이 있었다. 소련군은 일본군을 기만하기 위해 엄청난 규모로 진행되던 병력의 재배치 과정을 대부분 야간화, 기동화하고 집결지를 국경에서 멀리 떨어진 곳에 설정해 공격 의도를 숨기려 했다. 대신 공격부대들은 은폐를 중시한 집결지 위치 선정의 대가로 공격을 위해 장거리를 이동해야 했다. 그리고 극동으로 이동하는 많은 고위 지휘관들이 가명을 사용하고, 젊은 장교들의 계급장을 패용했다.[016]

....
013 IVMV, 11:193~94
014 teatr voennykh deistvii: TVD
015 1941년 여름에 독일군이 소련을 침공했을 때, 소련군의 전구 사령부 구조에 대한 경험은 성공과는 거리가 멀었다.
016 Shtemenko, Soviet General Staff, 341~42, K. A. Meretskov, Serving the people, (Moscow: Progress Publishers, 1971), 337~38; I. M. Chistyakov, Sluzhim otchizne, (Moskva: Voenno Izdatel'stvo, 1975), 271~73

동원된 군의 규모로 인해 병력 이동을 완전히 감출 수는 없었지만, 일련의 기만 수단들은 소련군의 재배치 규모를 숨겨 일본군이 소련군의 공세 능력을 과소평가하도록 유도했다. 대부분의 일본군 장성들은 소련군이 1945년 가을에서 1946년 봄에나 공세를 시도할 수 있다고 보았다. 8월 공세를 예상한 사람은 극소수에 불과했다. 7월 25일, 소련군의 극동 병력 전개가 거의 완료되었고, 이제 소련군에게 남은 과제는 작전 개시일을 기다리는 것뿐이었다.

2. 작전 지역

창춘에서 지린으로 향하는 도로, 창춘 인근에서 촬영

만주는 면적이 150만㎢에 달하며, 남쪽으로는 한반도, 랴오둥(요동, 遼東)만, 중국에 닿아 있고, 동쪽과 북쪽으로는 소련의 시베리아, 서쪽으로는 외몽골과 내몽골로 연결된다. 이런 지리적 가치, 천연자원, 그리고 인구는 만주에 막대한 전략적 가치를 부여한다. 특히 비옥한 중부 지방은 산업과 농업 양면에서 중요도가 높다. 그리고 만주는 지리적으로 중국과 극동소련 모두에게 지배적인 위치를 제공하며, 따라서 중국과 러시아, 그리고 뒤이어 경쟁에 합류한 일본은 오랫동안 만주를 차지할 방법을 모색했다.[017]

만주는 그 면적과 지리적 환경, 다양한 기후로 인해 여러 지역으로 구분해야 효과적으로 기술할 수 있다.[018] 중앙부에 속하는 지역에는 만주의 심장부에 해당하는 큰 평원[019]이 있다. 그리고 서쪽, 북쪽, 동쪽, 남동쪽으로 다양한 규모의 험한 산맥이 이 분지를 감싼다. 남쪽의 일부 지역만이 랴오둥만을 향해 개방되어 있으며, 이 산맥들 너머는 몽골과 시베리아에 면한 주변지들이다.

---

017 이 장의 정보는 미육군 기갑학교의 Organization of a Combat Command for Operations in Manchria (Fort Knox, KY, May 1952), 12~77에 근거했다. 이 문서는 1974년 12월 4일에 기밀 해제되었다. L. N. Vnotchenko, Pobeda na dal'nem vostoke (Moskava: Voennoe Izdatel'stov, 1971), 29~39도 참고했다.

018 지도1-6 참조

019 원문에서는 Vally로 표현했으나 현재 중국에서는 둥베이 평원이라 부른다, 이하 평원으로 통일 (역자 주)

다싱안링 산맥의 모습

만주의 중심에 있는 평원은 주요 하천의 유역을 포함하고 있다. 랴오허(요하, 遼河), 쑹화(송화, 松花)강, 넨(嫩)강, 시랴오(西遼)강, 초얼흐(察爾湖)강, 기타 여러 강들은 북쪽에서 남쪽으로 1,000㎞, 동쪽에서 서쪽으로 400~500㎞에 걸쳐 흐른다. 이 지역에는 1945년부터 잘 개발된 도로와 철도망이 놓이며 만주의 주요 산업 도시인 펑톈[020], 창춘(장춘, 長春), 하얼빈(哈爾濱), 치치하얼(齊齊哈爾)을 연결했다. 중부 평원의 지형은 일반적으로 농작물 경작에 알맞은 평지다.

평원의 서쪽에는 다싱안링 산맥이 펼쳐져 있다. 다싱안링 산맥은 북쪽에서 남쪽으로 뻗어 내려가며, 북으로 북만주의 아무르강[021], 남으로 중국 북부의 산맥들과 연결된다. 다싱안링 산맥 북쪽의 평균 해발고도는 1,800m이며, 만주 중부는 평균 1,500m, 남쪽은 평균 1,900m다. 산맥은 서쪽이 동쪽보다 조금 더 완만하다. 산맥 서쪽의 평균 해발 고도는 1,000~1,200m로, 동쪽으로 갈수록 300~900㎞가량 높아진다. 산맥 동쪽의 해발고도는 평균 500~700㎞로, 산맥에서 갑자기 고도가 높아지는 지형이다. 다싱안링 산맥은 동서로 500㎞, 남북으로 80㎞에 이르는 독립된 산과 늪지대로 둘러싸여 있다. 북쪽의 산들은 삼림이 빽빽이 우거져 있지만, 남쪽으로 갈수록 삼림의 밀도가 옅어지며, 일정한 지역을 넘

020 봉천(奉天), 현재의 센양.
021 Amur, 중국명 헤이룽장강(흑룡강, 黑龍江)

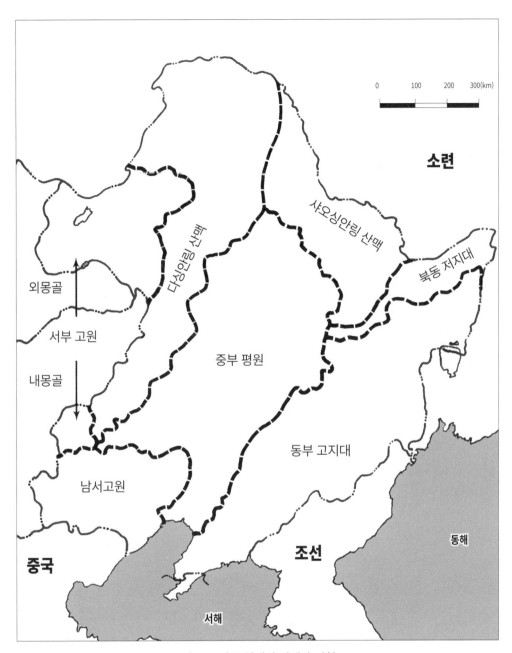

지도 1. 만주 일대의 경계와 지형

어서면 관목과 풀숲 지대가 된다. 다싱안링 산맥을 넘을 수 있는 길은 몇몇 통로와 좁은 골짜기뿐이었고, 1945년에는 야커스(牙克石)에서 바오궈투(寶國吐)와 하이룽-아얼산에서 쒀룬(索倫)을 잇는 두 개의 철도선으로만 건널 수 있었다. 상태가 불량한 도로가 철도와 평행하게 이어져 있고, 다른 곳에서는 수많은 짐꾸러미와 수레가 산을 넘나들었다.

만주 평원의 북부에서는 샤오싱안링(소흥안령, 小興安嶺) 산맥이 북서쪽에서 남동쪽으로 600㎞가량 뻗어 있으며, 폭은 평균 100~300㎞다. 이 산맥은 빽빽한 삼림과 고지, 원뿔형

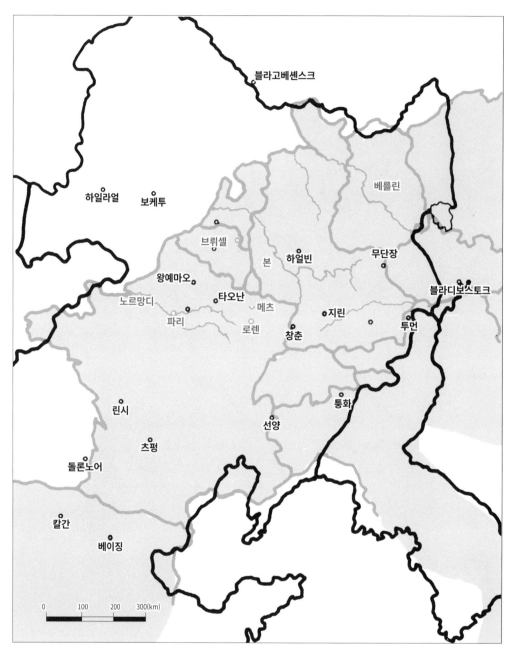

지도 2. 규모 비교 : 서유럽

봉우리들, 그리고 개방형 계곡이 이어진다. 평균 고도는 700~1,300m다. 1945년 당시 샤오 싱안링 산맥의 주 통로에는 치치하얼에서 출발해 하얼빈과 아무르강의 아이훈으로 이어 지는 철도가 부설되어 있었다.

　만주 평원의 동쪽은 동부 고지대로, 남쪽의 랴오둥 반도에서 아무르강과 우수리강의 분기점까지 1500㎞가량 이어진다. 폭 350㎞의 이 고지대는 중부 저지대와 소련 극동지방 을 분리하고 있다. 남쪽 통화 일대의 평균 고도는 500~1,300m다. 무단장 북쪽 인근의 평

바오궈투 근처의 다싱안링 산맥 동쪽 사면의 모습, 가타가나로 '로마놉카 마을'이라 표기되어 있다.

동만주 고지대

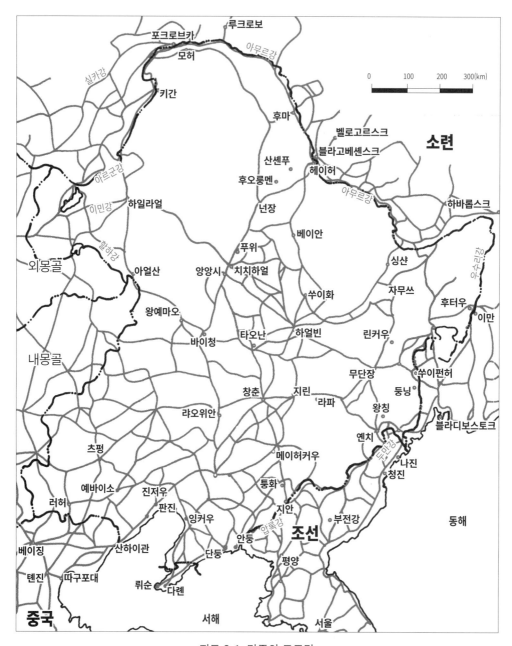

지도 3-1. 만주의 도로망

균 고도는 해발 900~1,500m로 상승하며, 쑹화강 일대의 고지들은 700~1,000m대다. 1945년에 동부 분지대에서 창춘을 통해 지린(길림, 吉林)과 투먼(도문, 圖們)으로 가는 도로와 철도와 하얼빈에서 무단장을 통해 우수리스크(Ussuriysk)로 가는 도로와 철도, 하얼빈에서 무단장과 미산(밀산, 密山)을 통해 우수리(Ussuri)강의 이만(Iman)으로 가는 철도와 도로가 있었다. 중요성이 다소 떨어지는 군용 철도선은 둥닝(동녕, 東寧)-왕칭(왕청, 汪淸)으로, 랴오헤이산(老黑山)과 쑤이양(綏陽)의 소만 국경을 따라 이어졌다.

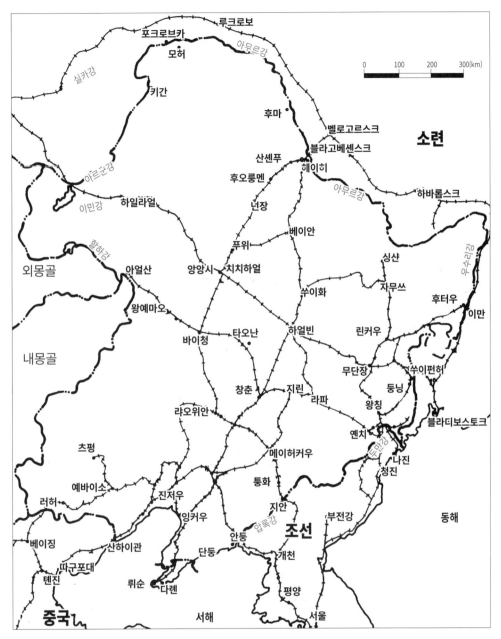

지도 3-2. 만주의 철도망

　만주 동부 고지대의 남쪽은 우거진 삼림이, 고지대 중부와 북부는 작은 나무와 습지들
이 빽빽하게 뒤덮였다. 샤오싱안링 산맥과 동부 고지대는 하얼빈에서 자무쓰로 북동쪽을
향해 뻗은 쑹화강을 따라 분리된다. 일본군은 1945년 이전에 주둔군과 후방과의 병참선
유지를 위해 동부 고지대에 군용 도로를 설치했다.

　중부 평원을 둘러싼 산맥 너머는 만주의 주변부다. 서쪽은 다싱안링 산맥에서 외몽골
국경까지 뻗은 내몽골 사막이, 다싱안링 산맥 북쪽에서 몽골로 뻗은 바르가(Barga) 고원과

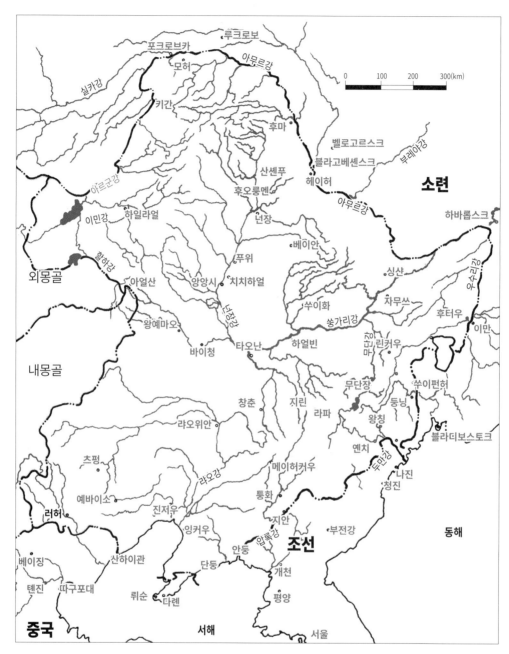

지도 4. 만주의 강과 하천들

만주와 시베리아의 경계인 아르군(Argun)강이 있다. 동부 고지대의 북동쪽과 동쪽은 우수리강을 따라 형성된 습한 저지대로, 우수리강, 아무르강, 쑹화강의 교차점이다.

　내몽골의 건조한 사막[022]은 다싱안링 산맥 서쪽에서 몽골에 이른다. 산맥과 몽골 국경의 거리는 북쪽에서 200㎞, 남쪽[023]에서 400㎞에 달한다. 고원 지대(해발 고도 1,000~1,200m)에

022　달라이(Dalai) 고원, 고비 사막의 연장
023　린시(林西) 지역

028　**8월의 폭풍**

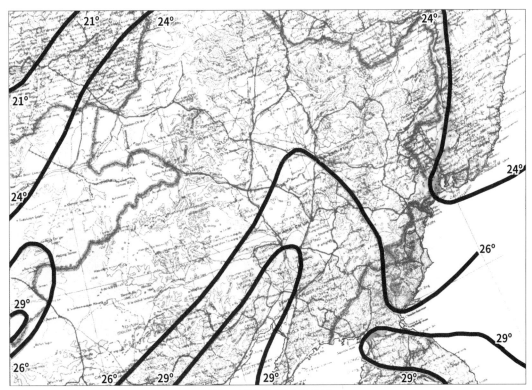

지도 5. 만주의 평균 기온대

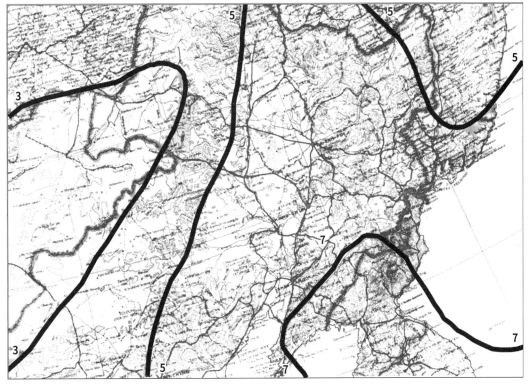

지도 6. 만주의 강수량 분포

한만국경의 통화 산맥

는 수많은 사구들이 있고, 고도 100~150m의 소규모 언덕과 말라붙은 강줄기 약간, 드물게 소금 호수도 볼 수 있다. 이곳에서는 물을 얻기가 극히 어렵다. 더 북쪽의 바르가(Barga) 고원은 다싱안링 산맥 서쪽의 야커스 지역에서 아르군강과 외몽골 국경으로 뻗어 나간다. 모래 언덕과 얕은 침하지, 큰 바위들이 고도 600~800m 고원을 덮고 있으며, 외따로 떨어진 언덕들은 200m 이상 높다. 하일라얼강이 고원 동쪽에서 서쪽으로 구불구불하게 뻗어 있고, 서쪽에는 큰 소금 호수인 달라이 호수024와 부어 호수025가 있다. 1945년 당시 달라이 고원의 통로는 폭이 좁은 비포장로들 뿐이었다. 만주 북서쪽의 만저우리(만주리, 滿洲里)에서 출발해 다싱안링 산맥을 넘어 야커스로 이동하는 통로로 바르가 고지를 가로지르는 역사적인 동부 단선 철도가 부설되어 있었고, 철도를 따라 3등도로026가 철도를 따라 이어졌다. 그와 비슷한 도로들이 하일라얼 북쪽과 남쪽으로 연결되었다.

만주 북동부에 위치한 평균 해발고도 30~100m대의 광대하고 평평한 습지 저지대는 아무르강, 우수리강, 쑹화강이 흐르는 지역으로, 그중 쑹화강은 이 지역을 남서쪽과 북동쪽으로 가른다. 폭이 35㎞에 달하는 쑹화강 계곡과 드문드문한 언덕들도 이 지역에 있다. 저지대는 아무르강에서 시베리아로 이어지는데, 모든 지역은 늪지대이며 보통 7~8월에

....
024   Dalai Nuur, 중국명 후룬(呼倫) 호수
025   Buyr Nuur, 중국명 베이얼(貝爾) 호수
026   일본식 구분, 1/2/3등 도로 및 등외도로는 이후 국도, 지방도, 부도, 읍면도로로 재구분되었다

하일라얼 근처 바르가 고원과 달라이 고원의 수풀지대

자무쓰 인근의 농지

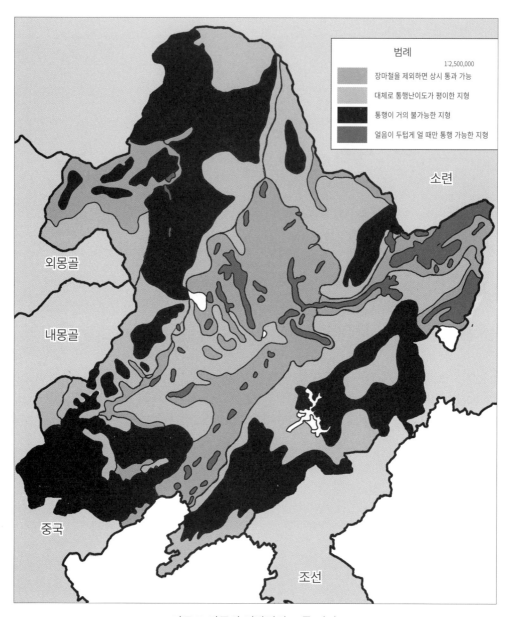

범례

1:2,500,000

■ 장마철을 제외하면 상시 통과 가능

■ 대체로 통행난이도가 평이한 지형

■ 통행이 거의 불가능한 지형

■ 얼음이 두텁게 얼 때만 통행 가능한 지형

소련

외몽골

내몽골

중국

조선

지도 7. 만주의 전반적인 교통 여건

범람했다. 전역이 시작될 당시, 육상 통로는 아무르강 유역의 뤼베이(陆配)와 쑹화강 유역의 둥창(東淸)에서 자무쓰로 가는 주요 도로들로 구성되었다.

　기후적 편차는 지리적 편차와 흡사하다. 보다 온난한 연안지역과 내륙 지방의 극단적인 기후변화 및 강수범위가 충돌한다. 만주 내륙은 겨울에 극히 낮은 기온을 유지한다. 기온은 다싱안링 산맥 서쪽으로 갈수록 떨어진다. 그리고 내륙은 겨울철 강우량이 적다. 여름은 만주에서 가장 비가 많이 내리는 시기다. 장마철에는 남동부의 습하고 온도가 높은 해양성 기단이 계절풍을 따라 남동쪽에서 만주 중부로 북상하며 낮고 흐린 날씨와 폭우

쑤이펀허

랴오링 산맥을 가로지르는 철도

를 동반한다. 대부분의 강수량은 7~8월에 집중된다. 강우량은 동쪽이 가장 많고, 여름에는 다싱안링 산맥과 바르가 공원 같은 서쪽에도 비가 내린다. 만주의 기온은 7~8월경 최고조에 달하며, 서부 사막지대의 기온이 가장 높다.

봄과 가을은 강수량이 제한적이고 기온이 적정한 시기다. 특히 가을(9~11월)은 장마가 끝나고 기온은 온화하며 바람과 모래 폭풍도 잦아들게 되므로 군사작전을 전개하기에 가장 좋은 시기다.

만주의 군사적 핵심은 중부 평원 지역이다. 인구밀도가 높고, 농업 및 공업적 가치가 크며, 전략적 요지에 속하는 중부 평원의 통제는 만주 전체의 통제를 의미한다. 따라서 중부 평원의 방어는 점령국에게 있어 매우 중요하다. 중부 평원을 통제하려면 점령군은 중부 평원을 둘러싼 산악 지역에 적절한 방어태세를 구성하고, 잠재적인 접근 경로를 통제하여 해당 지역에 대한 접근을 거부해야 한다.

1945년 당시 만주로 통하는 경로는 희소했다.[027] 1945년의 만주 지도를 보면 철도망을 가장 훌륭한 교통수단으로 보기 쉽지만, 철도는 빈번하게 사용이 제한되는 문제가 있었다. 예를 들어 중국 동부 철도는 만저우리에서 출발해 바르가 고원을 거쳐 다싱안링 산맥을 넘어 야커스에서 바오궈투로 향하며, 부대이동에 활용하기에는 선로용량의 제한이 심했다. 도로 역시 궂은 날씨에 노면 상태가 몹시 나빠지는 경향을 보였다.

하이룽-아얼산 지역에서 쒀룬, 왕예마오, 타오난(洮南) 지역으로 뻗은 간선 철도도 같은 이유로 사용에 제약이 심했다. 다싱안링 산맥은 보다 남쪽에 위치한 좁은 길들을 거쳐 통과할 수 있지만, 이 지점을 통과하려는 군대는 먼저 길도 없는 사막을 한참이나 행군해야 했다. 엄밀히 말해 다싱안링 산맥의 고도와 경사는 대규모 기계화 전력의 군사작전을 제한할 정도로 높거나 가파르지 않았다. 가장 큰 문제는 좋은 도로와 물의 부족, 거친 지형으로, 이 문제점들이 급속한 부대 이동을 제한했다.

만주에 접근하는 잠재적인 두 가지 경로는 샤오싱안링 산맥에 있었다. 첫 경로는 열악한 도로에 구릉이 많고 나무가 무성한 쑨우(孫吳) 남쪽과 남서쪽 길이다. 두 번째 경로는 쑹화강을 따라 자무쓰로 가서 늪지대를 정복하는 길로, 특히 쑹화강은 상륙전력에게 훌륭한 무대가 되었다.

만주 동부는 접근로가 다양하며, 하나같이 특별한 이점이 없었다. 가장 좋은 경로는 철도선, 강, 혹은 지역의 주요 도로를 따라가는 것이다. 이만-후터우-미산 축선은 잡목이 무성하게 우거져 있고, 일대의 하천은 장마철이면 항상 범람했다. 한카 호수 남쪽으로 쑤이펀허와 둥닝을 경유하는 도로는 언덕이 많고 관목이 무성해 회랑의 통행이 제한되었으며, 포장도 되지 않았다.

남동쪽에서는 투먼 강을 따라 훈춘(琿春), 투먼, 옌지(연길, 延吉), 아니면 둔화(敦化)로 갈 수 있다. 그러나 다른 지역들처럼 수로 장애물, 병목 현상을 유발하는 좁은 지형, 상태가 좋

027   지도 7 참조

지 않은 도로가 진격을 방해한다.

일본군은 이 모든 잠재적 진격 축선에 적의 진격을 막기 위한 장애물들을 구축해 놓았다. 이 장애물들 가운데 상당수는 접근로를 따라 설치된 철근 콘크리트 구조물이나 도로 견부를 따라 확장되는 요새지대의 형태로 나타났다. 주요 철도 노선이나 도로가 있는 다싱안링 산맥의 주요 통로에는 종심을 갖춘 요새가 구축되었으나, 주요 도로가 없는 다른 경로들은 요새화되지 않았다.

산맥의 장벽을 넘어 만주 중부로 향할 수 있는 적절한 수단의 부족을 감안하면, 어떤 군대도 새로운 접근로를 개척하거나, 지형적 장애를 극복하거나, 여타 작전상의 모든 문제를 해결하지 않는 한, 만주 중부를 향해 공세를 개시하는 상황을 상상하기 어려웠다.

3. 일본군의 준비와 작전기획

소련 극동군의 상대는 일본 관동군과 만주국군, 몽강군이었다. 관동군은 오랫동안 그 특별한 칭호를 유지해 온 유서 깊은 군대로, 소련군은 관동군을 잠재적 적으로 존중했다. 관동군은 1919년에 창설되었고 1931년에 일본이 전 만주를 장악함에 따라 만주 전체를 관할하게 되었다. 관동군은 1941년까지 100만 병력을 보유한 막강한 군대로 부상했다. 당대의 많은 군사 전문가들은 관동군을 일본 육군에서 가장 강력하고 명성이 높은 부대로 여겼다. 관동군의 주요 임무는 만주국 정부를 사실상 통제하고, 소비에트 연방의 잠재적 공격에 대비하며, 필요하면 선제공격하는 것이었다. 1930년대의 소련군은 관동군과 수차례 국경에서 충돌했다. 가장 중요한 충돌은 1936년 하산 호수와 1939년 할힌골(노몬한)에서 있었다.[028]

소련은 독일의 침략 당시 관동군의 행동을 심각하게 우려했다. 소련은 독일의 위협에 대처하는 동안 일본이 추축국으로서 독일을 지원하기 위해 관동군이 시베리아를 공격할 가능성을 경계했다. 이런 우려는 소비에트 연방이 극동과 자바이칼 지역에 40개 사단(2개 전차사단과 1개 차량화소총사단 포함)을 배치하고 유지하는 형태로 드러났다.[029]

해당 전력은 유럽 전선에 투입될 수도 있었다. 1941년에 소-일 불가침 조약이 연장됨에 따라 소련군은 극동에서 안전을 확보했고, 일본은 중국 전선과 태평양 전선의 강화를 우선시했지만, 관동군은 1945년 8월의 공세 이전까지 소련군의 주요 관심사로 남아 있었다.

관동군은 태평양 전쟁과 중일전쟁 동안 다른 전선의 위협이 증대함에 따라 그 전력을 차출당했다.[030] 다수의 경험 많은 부대들이 편제에서 이탈해 다른 전선으로 배치되거나, 예비로 돌려지거나, 소부대로 쪼개졌다.

소련 측의 추산에 따르면 1945년 8월에 관동군(한반도 주둔군 포함)의 전력은 3개 방면군과 1개 독립야전군, 1개 항공군, 쑹화 해군 전단 등에 소속된 31개 보병사단, 9개 보병여단, 2개 전차여단, 1개 특수목적여단이었다.[031] 소련군은 이 전력이 전차 1,155대, 야포 5,360문, 항공기 1,800대를 보유했다고 단언했다. 여기에 더해 8개 보병사단, 7개 기병사단, 도합 14개 보병여단과 기병여단을 보유한 만주국군도 있었다. 남사할린과 쿠릴 열도에는 제5방면군 소속의 3개 보병사단과 1개 보병여단이 배치되었다. 전체 전력은 120만 명이

---

028 할힌골 전투에 대한 자세한 사항은 Edward J. Drea, Nomonhan: Japanese-Soviet Tactical Combat, 1939, Leavenworth Paper no. 2 (Fort Leavenworth, KS: Combat Studies Institute, U.S. Army command and General Staff college, 1981) 참조
029 IVMV, 11: 183
030 JM 138
031 이는 제7방면군의 7개 보병사단과 2개 독립혼성여단 및 1945년 8월 10일자로 관동군에 증원된 인력까지 추산한 수치다.

지도 8. 관동군 배치도

었고 100만 이상이 일본군이었다.[032] 일본 측의 사료에 의하면 한반도 남부와 남사할린, 쿠릴열도의 병력을 제외한 만주의 일본군은 713,724명이다.[033] 그리하여 극동 소련군과 일본군의 병력비는 1.2:1, 만주에 주둔한 일본군만을 기준으로 하면 2.2:1이었다. 전차와 야포는 4.8:1, 항공기는 2:1이었다.

표1. 소련군이 상대한 적 병력의 구성[*]

전력	무기	병력: 1,271,000명		
		전차 1,155대		
		화포 5,360문		
		항공기 1,800대		
병력	일본군: 993,000명		보조 병력: 214,000명	
	만주주둔(관동군) 713,000명	한반도 남부, 사할린 섬, 쿠릴 열도 280,000명	만주국군 170,000명	몽강군 44,000명
하위부대	2개 방면군 6개 야전군 24개 보병사단 9개 보병여단 2개 전차여단	1개 방면군 10개 보병사단 3개 보병여단	8개 보병사단 7개 기병사단 14개 보병/기병여단	5-6개 기병사단/여단

*   출처: "Kampaniia sovetskikh vooruzhennikh sil na dal'nem vostoke v 1945g (facti i tsifry)"[The campaign of the Soviet armed forces in the Far East in 1945: Facts and figures], Voenno-istoricheskii Zhurnal [Military history jounral], August 1965; L. N. Vnotchenko, Pobeda n dal'nem voskoe[Victory in the Far East](Moskva: Voenoe Izdatel'stovo, 1971); U.S. Amry Forces Far East, Military History Section, Japanese Monograph no. 155: Record of Operations Against Soviet Russia - On northern and Weatern Fronts of Manchuria and in Northern Korea (August 1945)(Tokyo, 1954), table 1

1945년 8월 당시 야마다 오토조(山田乙三) 대장이 지휘하는 일본 관동군은 2개 방면군(집단)과 독립야전군으로 구성되었고, 1개 항공군과 쏭화 해군 전단의 지원을 받았다.[034] 기타 세이이치(喜多誠一) 대장의 제1방면군은 제3군과 제5군으로 구성되었으며, 각 군은 3개 보병사단을 보유했다. 제1방면군은 직할로 4개 보병사단과 1개 독립혼성여단을 두었다.

··

032 표1 참조, 'Kampaniia sovetskikh vooruzhennikh sil na dal'nem vostoke v 1945g (facti i tsifry)', VIZh에 따르면 일본군 및 일본의 동맹군이 보유한 전력은 다음과 같다.

관동군(한반도 주둔군 포함): 1,040,000명   수얀 집단: 66,000명
만주국군: 170,000명   남사할린 주둔군: 20,000명
몽강자치군: 44,000명   쿠릴 열도 주둔군: 80,000명
합계: 1,420,000명

일본의 초기 자료인 Saburo Hayashi and Alvin Coox, Kogun: The Japanese Army in the Pacific War (Quantico, VA: The Marine Corps Association, 1959)는 일본군의 전력을 다음과 같이 설명한다.

만주 주둔(한반도 북부 포함): 780,000명   한반도 남부: 260,000명   합계: 1,040,000명

JM 155는 만주와 한반도 북부의 일본군 전력을 713,724명으로 기록하고 있다.
소련의 가장 최근의 자료인 브놋첸코의 Pobeda는 일본군의 전력을 초기 자료에 비해 낮게 보았다. 브놋첸코는 일본 측의 주장대로 남사할린과 쿠릴 열도의 전력을 포함해도 120만 명 이상은 되지 않는다고 보았다. 만주국군과 몽강자치군, 한반도 남부 주둔군과 남사할린, 쿠릴 열도 주둔군을 제외하면 관동군의 전력은 700,000명으로 일본 측의 추산과 일치한다. 전후 일본의 예비군, 둔전병, 심지어 민간인까지 포함한 100,000명의 인원들을 일본군에 포함시킨 것이 일본군의 규모에 대한 혼란과 불일치의 원인이었다. 일본 관동군 기갑 전력에 대한 소련의 통계 역시 일본의 자료들보다 많다. 심지어 소련군 자료는 일본군 전차 369대를 노획하거나 전투에서 파괴했다고 주장했는데, 실제 관동군이 보유한 대부분의 전차와 항공기는 전투에 쓰기에 너무 낮은 상태였다.
033 JM 155, 266-67, Table 1
034 부록1 및 지도8 참조, Vnotchenko, Pobeda, 43~45; JM 138, app.6, i-xvi.

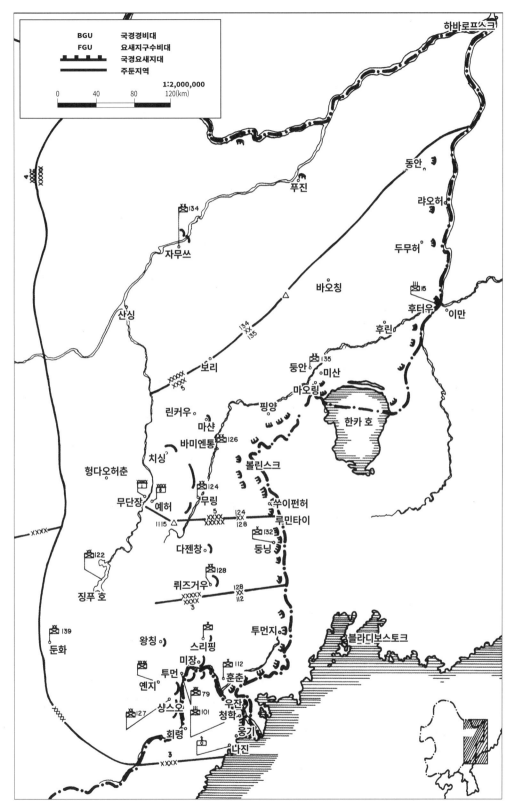

지도 9. 제1방면군 배치도

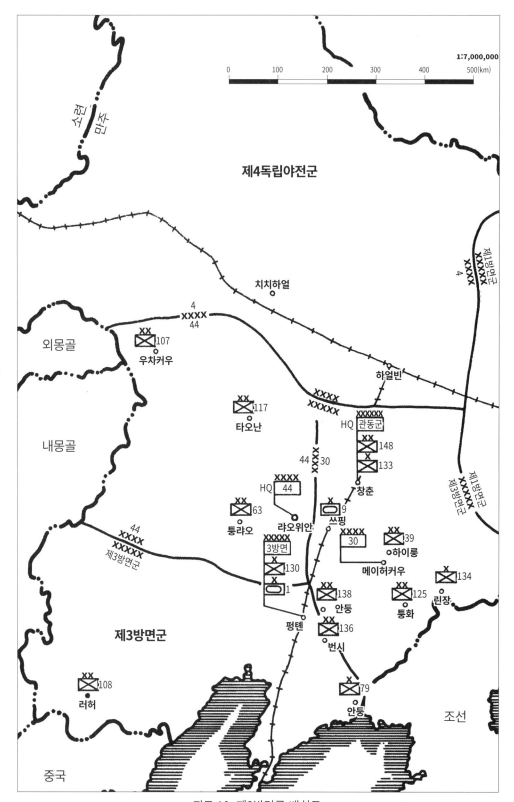

지도 10. 제3방면군 배치도

제1방면군은 222,157명의 병력을 보유했으며, 만주 동부에 주둔했다.[035]

우시로쿠 준(後宮淳) 대장의 제3방면군은 4개 보병사단과 1개 독립혼성여단, 1개 전차여단으로 구성된 제30군과 3개 보병사단, 1개 독립혼성여단, 1개 전차여단으로 구성된 제44군으로 구성되었다. 제3방면군은 직할로 1개 보병사단과 2개 독립혼성여단을 두었다. 제3방면군은 180,971명의 병력을 보유했으며, 아무르강부터 랴오둥 반도까지 만주 서부에 주둔했다.[036]

우에무라 미키오(上村幹男) 중장의 제4독립야전군(제4군)은 치치하얼에 사령부를 두고 만주 북부와 북서부에 주둔했다. 제4독립야전군은 3개 보병사단과 1개 독립혼성여단을 구성하는 95,464명의 병력을 보유했다.[037] 추가로 퉁화에 있는 제125보병사단은 관동군 사령부 직할이었다.

태평양 전쟁 발발 당시, 대본영은 제34군과 제7방면군을 관동군에 배치했다. 제34군은 한국 함흥에 사령부를 두었고 함흥에 주둔한 제59보병사단과 청평에 주둔한 제137보병사단으로 구성되었으며, 병력은 50,104명이었다.[038] 한반도 남부에 주둔하던 제7방면군은 7개 보병사단과 2개 독립혼성여단을 보유했다.

일본군을 구성하는 가장 기본적인 편제는 보병사단이었다. 일본군 보병사단은 병력의 규모 면에서 소련군 소총사단에 비해 강력했다. 1945년에는 그 규모가 줄어들었지만, 대다수의 일본군 사단들은 여전히 병력의 규모가 소련군 사단에 비해 크거나 대등했다. 그러나 일본군 사단의 무장은 소련군보다 뒤떨어졌고, 소수의 일본군 사단만이 차량화 되어 있었다. 보병사단은 크게 두 종류로 구분되었는데, 보편적이고 가장 많은 유형은 삼각 편제 사단으로, 전술적 작전에 적합했다. 이런 사단들의 정원은 원래 20,000명이었지만 1945년에는 12,000~16,000으로 줄어들었다. (일부 사단은 18,000명 선을 유지한 반면, 다른 일부 사단들은 9,000여 명까지 줄어들기도 했다.)[039] 1945년형 삼각 편제 사단은 각각 3개 보병대대로 구성된 3개 보병연대와 1개 유격대대, 3개 포병 대대로 구성된 1개 포병연대(야포 36문), 공병연대, 수송연대, 통신중대, 기타 지원부대로 구성되었다.[040]

두 번째 유형은 사각 편제 형식의 사단으로, 원래 중국에서 주둔군 임무를 맡기 위해 조직된 경보병사단이었다. 4각 편제 사단은 각각 4개 보병대대로 구성된 2개 여단이 근간이

---

035 지도9 참조, JM 155, table 1, 266. 옌지의 제3군은 제79보병사단을 투먼에, 제112보병사단을 훈춘에, 제127보병사단을 상스오(上所)에 배치하는 형태로 만주 남부를 맡고 있었다. 제3군 사령관은 무라카미 케이사쿠 중장이었다. 후터우, 동안, 린커우, 파미엔통, 무링을 둘러싼 지역은 무링의 제124보병사단과 바미엔통의 제126보병사단, 동안의 제135보병사단으로 구성된 제5군이었다. 제5군 사령관은 시미즈 노리쓰네 중장이었다. 제1방면군의 직할부대는 징푸 호수의 제112보병사단, 뤼즈거우의 제128보병사단, 자무쓰의 제134보병사단, 둔화의 제139보병사단, 둥닝의 제132독립혼성여단이었다.

036 지도 10 참조, Ibid., 266~67. 만주 중남부를 지키는 부대는 메이허커우(梅河口)에 사령부를 둔 제30군으로, 하이룽의 제39보병사단, 우차커우의 제107보병사단, 타오난의 제117보병사단, 창춘의 제148보병사단과 제133독립혼성여단, 쓰핑의 제9전차여단이었다. 이다 소지로 중장의 제30군 사령관이었다. 랴오위안(遼源)에 사령부를 둔 제44군은 만주 중서부를 담당하며 동랴오의 제63보병사단, 러허의 제108보병사단, 번시(本溪)의 제136보병사단, 펑톈의 제1 전차여단과 제130 독립혼성여단으로 구성되었다. 제44군의 사령관은 혼고 요시오 중장이었다. 제3방면군 직할부대는 푸순(撫順)의 제138보병사단, 안동(安東, 현 단둥丹東)의 제79독립혼성여단, 린장(臨江)의 제134독립혼성여단이었다.

037 지도 11 참조, Ibid., 267. 제119보병사단과 제80독립혼성여단은 하일라얼에, 제123보병사단은 쑨우에, 제149보병사단은 치치하얼에, 제131독립혼성여단은 하얼빈에, 제135독립혼성여단은 아이훈에, 제136독립혼성여단은 넌장에 있었다.

038 Ibid.

039 Ibid., 166-67. 실제 교전 참여 사단(제79, 107, 112, 119, 123, 124, 126, 135보병사단) 평균적인 전력은 15,361명이었다. Vnotchenko, Pobeda, 46 참조

040 JM 155, chart 1

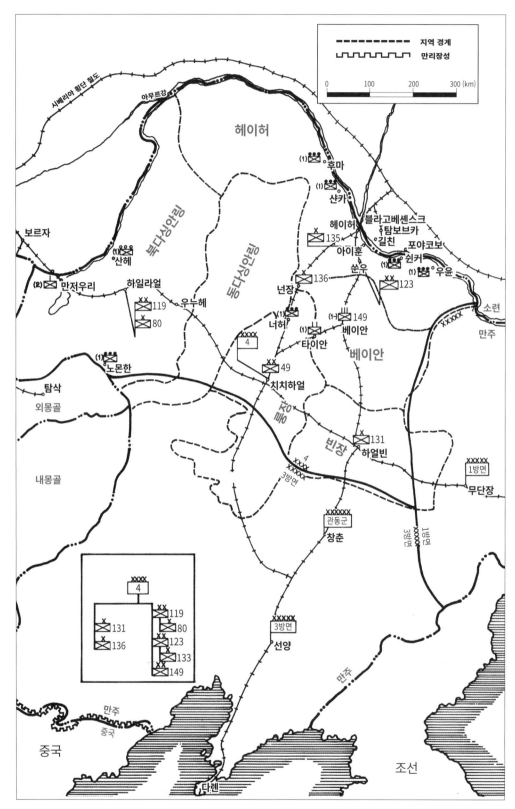

지도 11. 제4독립야전군 배치도

며, 1개 공병 대대, 1개 통신 중대, 기타 지원 부대로 구성되었다.[041] 사각 편제 사단은 주둔 임무를 수행하므로 야포나 대전차 지원부대가 없었다. 그러나 대본영은 야전 임무를 수월히 하기 위해 포병과 대전차 장비를 사각 편제 사단에 배치해 주었다. 관동군에서는 제63사단과 제117사단이 사각 편제 사단, 나머지는 모두 삼각 편제 사단이었다. 관동군의 보병사단은 소총, 기관총, 박격포, 야포로 무장했지만, 기관단총, 대전차총, 로켓포는 없었다. 보병사단의 대전차 수단은 37mm 대전차포 16문을 보유한 대전차대대였는데, 이 대전차포는 2차 대전기의 중형 전차와 준전차에는 효력이 없었다.

표2. 1945년 일본군 보병사단 편성 및 장비표*

유형	삼각 편제	사각 편제
평균 전력	13,500명	13,500명
편제	3개 보병연대 (연대당 3개 보병대대) 포병연대 (2개 포병대대) 대전차대대(37mm 대전차포 16문) 공병연대 유격(遊擊)대대 수송연대 통신중대	2개 보병여단 (여단당 4개 보병대대) 공병대대 통신중대

* 출처: U.S. Amry Forces Far East, Military History Section, Japanese Monograph no. 155: Record of Operations Against Soviet Russia - On Northern and Weatern Fronts of Manchuria and in Northern Korea (August 1945)(Tokyo, 1954), 도표 1, 2

소규모 사단 격인 독립혼성여단은 일반적으로 5개 보병대대와 독립된 지원 및 보급 부대를 보유했고 평균 전력은 5,300명이었다.[042] 관동군은 사단급 이상의 장비 부족으로 고통을 받았는데, 특히 기갑 장비가 그랬다. 57mm 주포와 기관총을 탑재한 일본군 전차들은 화력과 장갑 모두 소련군의 T-34 전차보다 뒤떨어졌다.

관동군은 그 규모에도 불구하고 질적으로 뒤떨어졌다. 대본영은 관동군의 가장 경험많은 사단들을 1945년 여름 전에 만주에서 중국, 또는 태평양으로 배치했고, 관동군에는 예비대였거나, 신설된 사단이거나, 감축된 사단들만이 남았다. 실제로 1945년 1월 이전부터 만주에 주둔하던 부대는 제39, 63, 107, 108, 117, 119보병사단뿐이었다.[043] 모든 부대는 훈련이 부족했고, 장비와 물자의 부족이 관동군을 전방위에서 괴롭혔다. 일본의 몇몇 인사들은 관동군 소속 사단들의 전투 준비 태세가 불충분하며, 몇몇 심각한 사단들은 준비 수준이 15% 선에 불과하다고 여겼다.[044]

대본영은 전략적, 작전술적 계획에 중대한 영향을 미치는 관동군의 전력과 준비 태세유지에 큰 어려움을 겪었다. 관동군이 약해짐에 따라 대본영은 1944년까지 선제공격이

....
041 Ibid., chart 2
042 Ibid, 266~67; Vnotchenko, Pobeda. 46
043 JM 138
044 Ibid., 161, 이 자료는 일본의 사단 전투준비태세를 평가하고 있다.

기존 국경 요새화
요새화 예정지
전진수비지역
주방어선
게릴라 거점
만주국경
관동군 경계
방면군 경계
군 경계

소련
소련
외몽골
내몽골
중국
조선

제4독립야전군
제1방면군
제3방면군
제7방면군

야커스
하일라얼
우누헤
바오궈투
넌장
베이안
치치하얼
아얼산
4
우차커우
쒀룬
왕예마오
타오난
카이퉁
린퉁
린시
카이루
퉁랴오
랴오위안
쓰핑
츠펑
러허
헤이허
쑨우
쉰커
푸위안
퉁장
번창
야초
허리
푸진
자무쓰
후터우
쑤이화
이란
둥안
후린
린커우
치닝
하얼빈
바미엔퉁
시아청즈
쑤이양
헝다오허춘
무단장
다젠창
뤼즈거우
진창
둔화
투먼
스리핑
둥닝
판시허
퉁와이
옌치
샹스오
훈춘
풍핑
경원
통화
린장
무산
나진
선양
푸순
지안
혜산진
번시
강계
북청
러허
안둥
신의주
희천
함흥
뤼순
다롄
평양
원산
HQ 관동군
창춘
소련

0 100 200 300 (km)

지도 12. 관동군의 방어계획

원칙이었던 작전계획을 1944년 9월부터 보다 현실적인 방어 계획으로 전환하고, 1945년에는 국경에서 지연전을 실시한 후, 만주 중심부에서 방어 작전을 전개하는 계획을 수용했다. 1945년 5월이 되자 방어를 위한 새로운 지연 전략이 본격화되었으며, 관동군 사령부는 1945년 6월까지 파비우스(Phabian) 전술에 기초한 새로운 계획을 작성하여 모든 방면군사령부에 배포했다.[045,046]

5~6월의 계획은 국경부터 지연전을 시작해 연속적인 방어전을 실시한 후, 둔화 지역에 구축한 요새선을 최후방어선으로 견전을 수행하도록 구성되었다.[047] 이 계획에 따르면 제1방면군은 동부 국경의 요새화 지대에 소대급에서 대대급 병력들로 지연전을 수행하게 된다. 사단 및 여단의 주력이 점유하는 방어거점은 국경 후방 40~70㎞ 지역인 팡정(方正), 치싱(七星), 다젠창(大域廠), 뤼즈거우(羅子溝)였다. 계획에 따르면 이 주력부대들은 결정적 교전에 휘말리기 전에 둔화와 안투(安圖)의 새로운 방어 진지로 후퇴할 예정이었다.[048]

제3방면군은 중대에서 대대급 부대로 한다가이(罕達盖)에서 우차커우(五岔沟)에 이르는 서부 요새지역에서 소련군의 진격을 지연시키는 임무를 맡았다. 제3방면군 소속 사단의 주력 역시 결정적인 전투를 피하고 연속적으로 이어지는 방어진지를 향해 동쪽으로 후퇴할 계획이었다. 제1방어선은 펑톈에서 창춘으로 이어졌고, 최후 방어선은 환런(桓仁)을 지나 신핑(新宾)에서 진촨(金川)으로 확장된 둔화 요새지역이었다.[049] 제4독립군은 만주 북서부의 국경 요새지역에서 지연전을 수행하고 다싱안링 산맥을 건너는 철도를 따라 바오궈투를 지나 넌장(嫩江)에서 베이안(北安) 선을 사수하며, 최종적으로 치치하얼과 하얼빈으로 후퇴해 관동군 본대와 합류하게 되어 있었다.

이 계획에 따르면 관동군의 3분의 1가량이 국경 지역에 전개되고, 남은 3분의 2는 작전술적 종심을 갖춘 연속적인 방어선을 유지한다. 일본군은 거친 지형과 긴 진격 거리, 그리고 단호한 저항을 통해 자신들이 준비한 결전장에 도달하기 전까지 소련군을 반격이 가능한 수준까지 약화시키기를 기대했다. 1945년 여름에 관동군이 직면한 문제는 계획 실행을 위한 병력 재배치와 방어 지역의 요새화였다. 소련군이 공세를 실시한 시점에서, 병력 재배치와 요새화 계획은 하나같이 불완전했다.

---

045   Ibid., 90~110, 141~51; Vnotchenko, Pobeda, 39~43에서 인용
046   파비우스 전술은 지연전을 뜻한다. 로마와 카르타고의 제2차 포에니 전쟁에서 로마의 집정관 파비우스 막시무스(Phabius Maximus)가 카르타고의 명장 한니발 바르카(Hannibal Barca)의 공세에 맞서 정면 대결을 피하면서 소모전과 지연전을 유도한 사례에서 유래되었다. (역자 주)
047   지도12 참조
048   지도13 참조
049   지도 14 참조

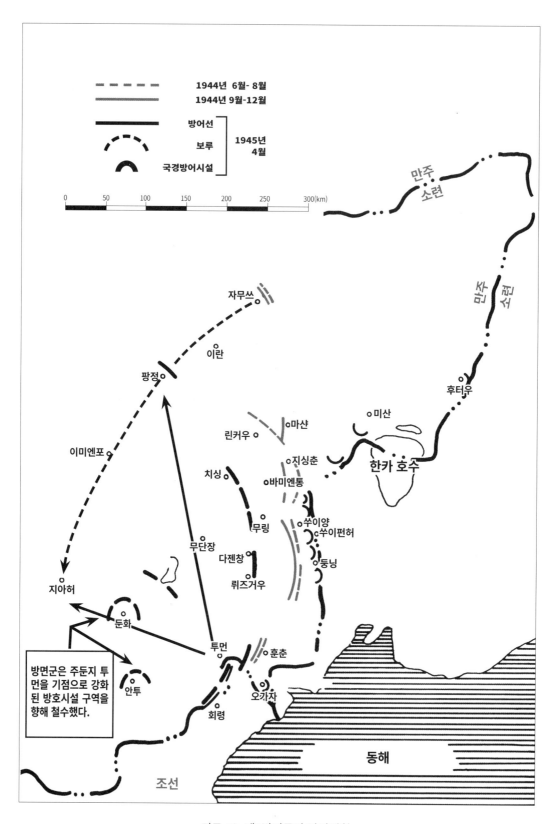

지도 13. 제1방면군의 방어계획

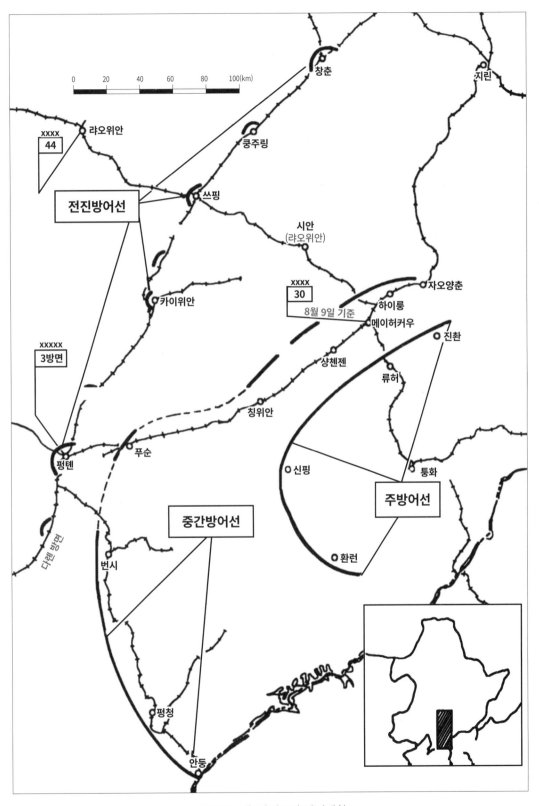

지도 14. 제3방면군의 방어계획

4. 소련군의 조직과 편제

지도 15. 소련군 극동사령부의 배치도

스타브카는 극동에 배치할 전력을 조직하기 위해 자바이칼 지역에 통합 사령부를 설치했다. 만주의 복잡한 지형, 작전 지역의 광대함, 작전 협조의 필요성으로 인해 작전시간표 상의 통합성이 요구되었다. 바실렙스키 원수의 극동군 사령부는 1945년에 특별히 설립되었는데, 이전의 전구 지휘통제체계에 비해 구성이 보다 구체화되고, 기능적으로도 정밀해졌다. 전쟁 초기에 복수의 전선군이 투입되는 작전의 계획과 통제를 위해 임시로 설치된 스타브카 대리는 그 권한이 제한되었고 참모진도 없다시피 했지만, 바실렙스키 원수와 게오르기 주코프(Georgi Konstantinovich Zhukov) 원수는 여러 상황에서 스타브카 대리로서의 역할을 성공적으로 완수했다.

대조적으로 극동사령부는 계획, 조정, 수행에 있어 많은 권한을 보유했으며, 이를 뒷받침할 수 있는 충분한 참모진을 갖췄다. 극동군 사령부는 극동 지역과 자바이칼 지역 전체의 지상, 해상, 항공 작전에 책임이 있었다.[050]

....
050   지도15 참조

(우측부터) 극동군 총사령관 A. M. 바실렙스키 원수, 자바이칼전선군 사령관 R. Ya. 말리놉스키 원수,
제1극동전선군 사령관 K. A. 메레츠코프 원수

극동군 사령부를 구성하는 전선군은 말리놉스키 원수의 자바이칼전선군, 메레츠코프
원수의 제1극동전선군, M. A. 푸르카예프(Purkayev) 대장의 제2극동전선군 등 총 3개 전선
군이었다.

자바이칼전선군은 1개 전차군(제6근위군)과 4개 제병협동군 (제53군, 제39군, 제17군, 제36군), 소
련-몽골 기병-기계화집단, 1개 항공군(제12항공군), 기타 소규모 예비대를 보유했다. 전선군
을 구성하는 30개 소총사단, 5개 기병사단, 2개 전차사단, 10개 전차여단, 8개 기계화, 차
량화소총여단, 기타 수많은 지원부대를 구성하는 총인원은 654,040명에 달했다. 자바이
칼전선군은 소련 극동군 전력의 41.4%를 점유했으며, 총 작전 정면은 2,300㎞이었다.[051]

바실렙스키, 알렉산드르 미하일로비치
(Vasilevsky, Aleksandr Mikhailovich, 1895~1977) 극동군 총사령관

1915년 - 제정 러시아군 입대, 알렉세예프 군사학교 졸업 후 초급 장교로 근무, 이후 제103보병사단의 노보호페르스크 연대에서 중대장, 대대장 역임
1918년 - 붉은 군대 가담, 부소대장, 중대장, 분견대 지휘관 역임
1919년 - (10월) 제2툴라소총사단의 제5소총연대에서 대대장 역임 후 제5소총연대, 제48소총사단에서 연대장 역임 이후 제11페트로그라드 소총사단에서 연대장 역임(폴란드 전쟁 중)
1920년 - 제48소총사단에서 부연대장, 참모장, 훈련대장, 교육대장, 연대장 역임
1931년 - 노동자·농민의 붉은 군대 훈련국 국장
1934년 - 볼가 군관구 훈련과 과장
1936년 - 붉은 군대 총참모부에서 근무
1936년 - 참모대학에서 수학
1940년 - (5월) 총참모부 작전총국 부국장
1941년 - (8월) 총참모부 부참모장, 작전총국 국장
1942년 - (5월) 총참모장
1942년 - (10월) 국방인민위원회 부위원장, 스탈린그라드, 오스트로고시-로소시, 쿠르스크, 돈바스, 크리보이로그, 니코폴, 벨로루시 작전에서 스타브카 대리로 활동
1945년 - (2월) 제3 벨로루시전선군 사령관(동프로이센 작전 참여)
1945년 - (6월) 소련 극동군 총사령관
1946년 - 총참모장, 육군차관
1948년 - (11월) 육군부 제1차관
1949년 - (3월) 육군장관
1953년 - 제1 국방차관
1956년 - 군사과학 차관
1959년 - (1월) 국방부 감찰단장

말리놉스키, 로디온 야코블레비치
(Rodion Yakovlevich Malinovsky, 1898~1967) 자바이칼전선군 사령관

1916년 - 제정 러시아군 입대, 러시아 및 프랑스에서 복무
1918년 - 붉은 군대 가담, 동부전선에서 제27소총사단 근무
1921년 - 기관총소대 지휘관, 부대대장, 대대장 근무
1930년 - 프룬제 대학 수학
1930년 - 제10기병사단 기병연대 참모장, 북캅카스 및 벨라루스 군관구 제3기병군단 참모장
1937년 - 스페인 파견
1939년 - 프룬제 대학 교관
1941년 - (3월) 제48소총군단장
1941년 - (8월) 제6군 사령관
1941년 - (12월) 남부전선군 사령관
1942년 - (8월) 제66군 사령관
1942년 - (10월) 보로네즈 전선군 사령관
1943년 - (2월) 남부전선군 사령관
1943년 - (3월) 제2 우크라이나전선군 사령관
1945년 - (7월) 자바이칼 전선군 사령관
1945~47년 - 자바이칼-아무르 군구 사령관
1947년 - 극동군 근무
1953년 - 극동군구 총사령관
1956년 - (3월) 육군부 제2차관
1957년 - (10월) 국방부 장관

메레츠코프, 키릴 아파나시예비치
(Meretskov, Kirill Afanas'evich, 1897년~1968년) **제1극동전선군 사령관**

1918년 - 붉은 군대에 가담
1919년 - 분견대 지휘관, 여단 참모장, 사단 참모장 역임
1921년 - 붉은 군대 군사대학에서 수학
1922년 - 제1톰스크 시베리아 기병사단 참모장, 제15소총군단 부참모장, 제9 돈 소총사단 참모장 역임
1924년 - 모스크바 군관구 동원과장 역임 후 동 군관구 부참모장 역임
1930년 - 제14소총사단장
1931년 - 모스크바 군관구 참모장 역임 후 벨로루시 군관구 참모장 역임
1935년 - 특별 적기 극동 야전군 참모장
1936년 - 스페인 내전 참전
1937년 - 총참모부 부참모장
1938년 - (9월) 볼가군관구 사령관 역임 후 레닌그라드 군관구 사령관 역임, 이후 제7군 사령관(핀란드 전쟁 참전)
1940년 - (8월) 총참모장
1941년 - (1월) 국방인민위원회 부위원장
1941년 - (6월) 북서 전선군 및 카렐리야 전선군의 스타브카 대리
1941년 - (9월) 제7독립군 사령관
1941년 - (11월) 제4군 사령관(티흐빈 작전 참여)
1941년 - (12월) 볼호프 전선군 사령관
1942년 - (5월) 제33군 사령관
1942년 - (6월) 볼호프 전선군 사령관
1944년 - (2월) 카렐리야 전선군 사령관
1945년 - (4월) 해안 야전군(극동) 사령관
1945년 - (8월) 제1 극동전선군 사령관
1945년 - 해안 군관구, 모스크바 군관구, 백해 군관구, 북부 군관구 사령관, 비스트렐 과정 책임자
1955년 - 고급 군사교육 국방차관
1964년 - (4월) 국방부 감찰단 중앙감찰관

제1극동전선군은 4개 제병협동군(제5군, 제1적기군, 제35군, 제25군), 1개 기계화군단(제10기계화군단), 추구엡스크(Chuguevsk) 작전집단, 항공군(제9항공군), 기타 예비대를 보유했다. 31개 소총사단, 1개 기병사단, 12개 전차여단, 2개 기계화여단, 기타 지원 부대로 구성된 전선군의 총인원은 586,589명이었다. 제1극동전선군은 소련 극동군의 37.2%를 점유했으며 작전정면은 700㎞였다.[052]

제2극동전선군은 3개 제병협동군(제15, 16군, 제2적기군), 1개 독립 소총군단(제5독립소총군단), 쿠릴 작전집단, 1개 항공군(제10항공군), 기타 예비대를 보유했다. 전선군의 총인원은 337,096명, 작전 정면은 2,130㎞였다.[053] 제2극동전선군은 세 전선군 중 가장 작았으며 소련 극동군의 21.4%를 점유했다.

최종적으로 일본군을 상대로 투사가 가능한 소련군의 병력은 150만 명을 넘어섰다. 야포 26,000문, 전차와 자주포 5,500대가 이 병력들을 지원했다.[054]

소련군은 전선을 군, 군단, 사단, 여단, 연대 수준으로 조심스럽게 조정하여 정확히 임무를 완수하도록 했다. 이 편조작업은 단순히 적의 전력과 위치만을 반영하는 데 그치지 않고, 작전 지역과 작전 속도에 대한 요구도 함께 반영했다. 각 부대는 소요에 맞춰 포병, 전차, 대전차, 방공포병, 공병을 지원받았다. 따라서 제1극동전선군은 일본군의 밀집된 요

---

052 Ibid.
053 Ibid., 196.
054 Vnotchenko, Pobeda, 66; IVOVSS, 551; IVMV, 197. IVMV의 경우 극동 함대 전력까지 추산했다.

새화 지대를 돌파하기 위한 화력으로 중화포들을 받았다.

자바이칼전선군은 광대한 만주 서부와 내몽골 지역을 통과하기 위해 신속한 진격과 균형 잡힌 제병협동작전을 위한 차량들을 보유했다. 전선군 내에서도 강력한 적 요새지역을 돌파해야 하는 야전군들은 다른 야전군들보다 많은 포병을 증원받았다. 반대로 까다로운 지형에서 작전을 수행하는 부대들은 막대한 공병 전력 지원을 받았다. 가장 낮은 전술적 수준에서는 소총사단과 전차, 기계화부대에 따라 조율된 전방선견대(혹은 전방분견대)처럼, 소총연대와 소총대대의 공격집단에도 필요에 따라 화력과 기동성을 제공했다.

이와 같이 창의적이고 잘 조율된 조직은 작전 지역의 특성에 따라 도출되었으며, 그 결과 만주 방면의 군 편제는 전쟁 초기의 군 편제와 상당히 다르다. 이와 같은 조정 중 일부는 건설적임이 증명되었고, 전후의 소련군은 공식적인 부대 및 장비 편제에 이를 반영했다. 1945년 이전의 소련군과 만주 전역의 편제에 대한 신중한 연구는 소련군 편제의 역동적인 특성을 보여준다.

제2차 세계대전 중 소련군 편제의 진화과정은 군이 전쟁의 현실에 적응하는 과정과 동일하다. 1941년 당시 독일의 강력한 공격에 노출된 소련군은 전력이 급격히 줄어들었지만, 전쟁의 흐름이 소련에 유리한 방향으로 반전된 1942년 말~1943년부터는 소련군의 편제가 다시 복잡하고, 강력해졌다. 1941년의 소련군은 거대한 집단이었으며, 소련군을 구성하는 부대들도 덩치가 크고 육중했다. 소총 부대는 야전군, 군단, 사단, 연대로 조직되어 군 편제의 뼈대가 되었다. 야전군들은 거대했고 이론적으로 3~4개 소총군단으로 구성되어 총 12~15개 소총사단을 보유했으며, 기계화부대, 기병 부대, 전차부대, 포병 부대로 강화되었다.[055] 소총 부대를 지원하고 기동 공세를 수행하는 부대는 기계화군단과 독립 기병 군단으로, 각각 1,000대 이상의 전차를 보유했다.[056]

추가로 소련군 편제에는 독립 전차여단, 독립 대전차여단, 포병연대, 공수 군단이 포함되었다. 이 거대한 전력은 통제하기 어려웠으며, 1941년 당시에는 부대 유지를 위한 장비가 부족했고, 전쟁 이전에는 존재하지 않던 최고급 지휘관들을 필요로 했다.

....

055   IVOVSS, 1:444; P. A. Kurochkin, ed., Obshchevoiskoviaia armiia v nastuplenii (Moskva: Voennoe Izdatel'stvo, 1966), 12는 4~5개 소총군단의 8~12개 소총사단 구성에 대한 이론적인 도표를 제공한다.
056   SVE, 5: 271.

표3. 소련 극동군 사령부 구성[*]

	총합	자바이칼 전선군	제1극동 전선군	제2극동 전선군
전투병력	1,058,982명	416,000명	404,056명	238,926명
후방병력	518,743명	238,040명	181,533명	98,170명
총합	1577,725명 (100%)	654,040명 (41.4%)	586,589명 (37.2%)	337,096명 (21.4%)
무기				
야포/박격포	27,086문	9,668문	11,430문	5,988문
다연장로켓	1,171대	583대	516대	72대
전차/자주포[a]	5,556대	2,416대,	1,860대	1,280대
항공기	3,721대	1,324대	1,137대	1,260대
작전정면	5,130km	2,300km	700km	2,130km

조직[b]	총합	제병협동	항공	전차	기병-기계화	소총	기병	차량화소총-기계화	포병	방공	공병
전선군	3	3									
야전군	15	11	3	1							
집단	1				1						
군단	24			1		19		3	1		
사단	89			2		72	6		2	7	
여단	113			30		4		12	47		20
연대	98			5[c]		4		12	47		20
요새지구 수비대	21										

a. 극동 사령부에 전차 3,704대, 자주포 1,852대가 있었다.
b. 부대 소속은 부록2를 보라.
c. 모터사이클연대 포함

* 출처: "Kampaniia sovetskikh vooruzhenikh sil na dal'nem vostoke v 1945g(facti I tsifry)" [The campaign of the Soviet armed forces in the Far East in 1945: Facts and Sources], Voenno-istoricheskii zhurnal [Military history journal], August 1965:67; M. V. Zakharov, ed., Final: istoriko-memuarny ocherk o razgrome imperialisticheskoi iapony v 1945 godu [Finale:A hisorical memoir survey about the rout of imperialistic Japain in 1945] (Moskva: Izdatel'stvo "Nauka," 1969), 398~402

표4. 자바이칼 전선군 구성*

	총합	제39군[d]	제6근위 전차군[d]	기병-기계화 집단[d]	제36군[d]	제53군[d]
전투병력	416,000명					
후방병력	238,040명					
총합	654,040명 (극동군의 41.4%)					
무기						
야포/박격포	9,668문	2,708문	1,150문	610문		
다연장로켓	583대			516대		
전차/자주포[a]	2,416대,	502대	1,019대	403대		
항공기	1,324대					
차량	49,053대					
작전정면	2,300km					

조직[e]	총합	전차	기병-기계화	소총	기병	차량화소총-기계화	포병	방공	공병
야전군	6	1							
집단	1		1						
군단	12	1		8		2	1		
사단	43	2		30	5		2	4	
여단	42	10[b]				10	12		10
연대	34	3[c]					24	7	
요새지구 수비대	2								

a. 2개 차량화소총사단 장비 포함
b. 1개 차량화기갑여단 포함
c. 모터사이클연대 포함
d. 입증 가능한 자료만 기록
e. 부대 소속은 부록 2를 보라.

* 출처: "Kampaniia sovetskikh vooruzhenikh sil na dal'nem vostoke v 1945g(facti I tsifry)" [The campaign of the Soviet armed forces in the Far East in 1945: Facts and Sources], Voenno-istoricheskii zhurnal [Military history journal], August 1965:67; M. V. Zakharov, ed., Final: istoriko-memuarny ocherk o razgrome imperialisticheskoi iapony v 1945 godu [Finale:A hisorical memoir survey about the rout of imperialistic Japain in 1945] (Moskva: Izdatel'stvo "Nauka," 1969), 398~99

표5. 제1극동전선군 구성[*]

	총합	제1적기군[c]	제5군[c]	제25군[c]	제35군[c]
전투병력	404,056				
후방병력	182,533				
총합	586,589명 (극동군의 37.2%)				
무기					
야포/박격포	11,430		2,945	1,669	955
다연장로켓	516		432		
전차/자주포[a]	1,860	402	692	121	205
항공기	1,137				
차량	4,850				
작전정면	700km				

조직[a]	총합	제병협동	항공	전차	기병-기계화	소총	기병	차량화 소총-기계화	포병	방공	공병
야전군	5	4	1								
집단	1										
군단	10					9		1			
사단	34					31	1		2		
여단	54			12				2	33		7
연대	29			2[b]					23	4	
요새지구 수비대	14										

a. 부대 소속은 부록 2를 보라.
b. 1개 모터사이클연대 포함
c. 입증 가능한 자료만 기록

[*] 출처: "Kampaniia sovetskikh vooruzhenikh sil na dal'nem vostoke v 1945g(facti I tsifry)" [The campaign of the Soviet armed forces in the Far East in 1945: Facts and Sources], Voenno-istoricheskii zhurnal [Military history journal], August 1965:67; M. V. Zakharov, ed., Final: istoriko-memuarny ocherk o razgrome imperialisticheskoi iapony v 1945 godu [Finale:A hisorical memoir survey about the rout of imperialistic Japain in 1945] (Moskva: Izdatel'stvo "Nauka," 1969), 401

표6. 제2극동전선군 구성[*]

	총합	제2적기군[b]	제15군	제16군	제5독립 소총군단
전투병력	238,926명				
후방병력	98,170명				
총합	337,096명 (극동군의 21.4%)				
무기					
야포/박격포	5,988문	1,270문	1,433문		
다연장로켓	72대				
전차/자주포[a]	1,280대	240대	164대		
항공기	1,260대				
차량	31,960대				
작전정면	2,130km				

조직[a]	총합	제병협동	항공	전차	기병-기계화	소총	기병	차량화 소총-기계화	포병	방공	공병
야전군	4	3	1								
집단	0										
군단	2				2						
사단	12				11					1	
여단	17			8	4				2		3
연대	35				5				25	5	
요새지구 수비대	5										

a. 부대 소속은 부록2를 보라.
b. 입증 가능한 자료만 기록

* 출처: "Kampaniia sovetskikh vooruzhenikh sil na dal'nem vostoke v 1945g(facti I tsifry)" [The campaign of the Soviet armed forces in the Far East in 1945: Facts and Sources], Voenno-istoricheskii zhurnal [Military history journal], August 1965:67; M. V. Zakharov, ed., Final: istoriko-memuarny ocherk o razgrome imperialisticheskoi iapony v 1945 godu [Finale: A hisorical memoir survey about the rout of imperialistic Japain in 1945] (Moskva: Izdatel'stvo "Nauka," 1969), 400

기습적으로 시작되었으며, 깊은 종심을 목표로 한 대담한 기동이 특징적이었던 독일의 1941년 침공은 소련군의 군 편제를 산산조각냈고, 이로 인해 소련군은 편제를 재편성해야 했다. 인력과 장비의 막대한 손실, 그리고 지휘관들의 대규모 부대 통제능력 부족으로 인해 지도부는 부대를 잘라내고 단순화했다. 소총군의 규모는 줄어들고, 소총군단은 폐지되었으며, 소총사단의 인력과 장비도 감축되었다. 소련군은 이미 대부분의 전력이 독일군에 의해 무너진 기계화군단을 해체하고, 대신 보병에게 필요한 기갑 지원을 위해 전차여단들을 편성했다. 붕괴된 소총사단들은 보다 작고, 쉽게 편성할 수 있으며, 지휘에 용이한 소총여단으로 재편했다. 규모는 크지만 불완전했던 대전차 여단들은 해체 후 고위 사령부의 직할 예비전력으로 편성되는 대전차연대나 대대로 재편하여 야전군과 전선군의 필요에 따라 배속시켰다.

이 감편 계획은 효과를 발휘했고, 소련군은 1941~42년의 혹독한 겨울에도 살아남았다. 소련군은 1942년부터 천천히 편제를 재건하고, 소총 부대의 전력을 강화했으며, 전차 및 기계화부대도 공세적으로 재편성했다. 1942년 초부터 소총군단들이 조금씩 부활했고, 1942년 4월에는 최초의 전차군단이 등장했으며, 1942년 9월에는 기계화군단도 등장했다. 1942년 5월부터 6월까지 임시 전차군이 편성되어 1942년 여름 독일군 하계공세의 충격을 흡수하고 스탈린그라드에서 승리를 거두는 데 일조했다. 1943년 1월에는 공통적인 편성 및 장비표에 따라 신규 전차군을 창설했다. 소련군은 1944년 내내 보다 거대해지고 편제도 복잡해졌다. 전차군, 전차군단, 기계화군단의 수효가 계속 늘어났다. 소총군단은 모든 야전군 편제에 재등장했고, 소총사단들의 화력도 향상되었다. 더 이상 필요하지 않게 된 소총 여단들은 소총 사단으로 승격되었다. 그리고 소련군은 전투지원을 위해 모든 유형의 포병여단, 포병사단, 포병군단, 대전차여단, 대전차연대, 방공포병연대, 방공포병사단, 전투공병부대, 다연장로켓포연대, 다연장로켓포여단, 다연장로켓포사단, 자주포 대대, 자주포연대, 자주포여단을 창설했다.

소련군은 1930년대 이후 보편화되었음에도 전쟁 초기 2년간은 찾아볼 수 없었던 소련군 고유의 교리 개념과 그 수행능력을 서서히 발전시켰다. 초기에는 비싼 대가를 치렀지만, 종심작전 수행능력도 다시 회복했다. 기동전 교리의 성숙과 교육을 통해 소련군의 편제는 한층 세련되게 변화했다. 1945년에 이르러 소련군의 편제는 완전히 성숙했다. 소련군은 전쟁으로 인해 발생한 많은 인력 손실을 보상하기 위해 인력을 화력과 기동성, 기계화로 대체했다. 그리고 새로운 기술들을 신중하게 조율하는 방식으로 조합해 성공을 거뒀다. 이런 경향이 만주에서보다 분명하게 드러난 곳은 어디에도 없다. 그리고 만주 전역 당시의 군 편제는 전후의 군 개혁 과정에 반영되었다.

1945년 8월 당시 전선군의 가장 기본적인 부대는 제병협동군이었다. 1945년 당시 일반적인 제병협동군은 3개 소총군단, 7~8개 사단, 1~3개 포병여단, 대전차여단, 방공포병사단, 박격포연대, 통신연대, 전투공병여단, 2~3개 전차여단이나 연대, 그리고 전차, 혹은 기계화 군단이었다. 전선군 수준의 지원부대가 이 편제를 강화했다. 제병협동군의 전력은 병력 80,000~100,000명, 전차 320~460대, 화포 1,900~2,500문, 자주포 100~200대였다.[057]

표7. 소련군 제병협동군 편성 및 장비표 (1945년 기준)[*]

예하 부대	무기	병력
3개 소총군단 (7~12개 소총사단) 전차/기계화군단 3개 포병여단 대전차여단 방공포병사단 다연장로켓포연대 통신연대 공병여단 2~3개 전차여단/연대	전차 320~460 대 야포/박격포 1,900~2,500 문 자주포 100~200문	80,000~100,000 명

*　출처: P. A. Kurochkin, ed., Obshchevoiskovaia armiia v nastuplenii [The combined arms army in the offensive] (Moskva: Voennoe Izdatel'stvo, 1966). 192; Sovetskaia voennaia entsiklopediia [Soviet military encyclopedia] (Moskva: Voennoe Izdatel'stvo, 1978), 1:256

만주 전역의 전훈은 소련군이 야전군 구성과 규모를 작전 지역의 세부 상황에 맞춰 조절했음을 설명해 준다. 만주에서 가장 큰 야전군은 강력한 요새화 지역을 돌파하는 야전군이나 주공 축선의 야전군이었고, 해당 야전군들은 막대한 화력 지원을 받았다. 소규모 야전군들은 조공 축선의 작전 지역 상황에 따라 규모를 결정했다.

이와 같이 야전군 구성을 조정하는 경향은 소련군 편제의 발전과 4년간의 전쟁에서 얻은 유연성을 설명해 준다. 소련군은 1946년 당시 재편된 편제에서도 많은 개선점들을 유지했다. 따라서 만주전역 당시 야전군 편제에 소속되었던 중(重)전차연대, 자주포연대, 대전차여단, 방공포병사단과 같은 부대들은 전후 야전군 편제에도 동일하게 적용되었다.[058]

소총군단 편제는 야전군에 비해 명확하지 않았다. 1945년 이전의 일반적인 소총군단은 3개 소총사단, 2개 포병연대로 구성된 포병여단, 자주포연대, 다연장로켓포연대, 방공포병대대, 전투공병대대, 통신대대로 구성되었으며, 야포 300~400문과 박격포 450~500문을 보유했다.[059] 전차군단은 야전군의 기동 집단으로 활동하거나 소총사단에 전차여단이나 전차연대를 보내 소총군단에 전차 지원을 수행했다.

만주에서 소총군단은 전선군의 하부 조직이나 전선군 직할 독립 부대로 활용되었다. 소련군은 작전 지역에 맞게 각 군단을 구성하는 유연함을 보였다. 소총군단들은 2~5개 소총사단(대부분 3개)으로 구성되며, 1~2개 전차여단, 2개 자주포연대, 2~4개 자주포 대대를

057　SVE, 1: 256; IVOVSS, 6:266, Kurochkin, Obshchevoiskoviaia, 192를 교차 검증해 보면, 3~5개 소총군단의 9~14개 소총사단, 1~2개 전차, 기계화군단, 야포와 박격포 1,500~2,650문, 다연장로켓포 48~497문, 전차와 자주포 300~825대임을 알 수 있다.
058　A. Dunnin, "Razitie sukhoputnykh voisk v poslevoennii period", VIZh, May 1978: 34
059　SVE, 7:571. 일반적인 소총군단은 1개 포병연대를. 근위소총군단은 1개 포병여단이나 2개 포병연대를 보유했다.

함께 보유했다. 대부분의 군단은 추가로 전차와 자주포를 배속 받아 전력을 보강했다. 표 9-10은 소총군단의 전형적인 구성과 작전 지역의 특성을 보여준다. 전후 소련군은 소총군단 편성 및 장비표 상에 기계화사단과 대전차연대를 배속시켜 전차 및 대전차 화력을 소총부대에 편성하는 대전 중의 예외적 편성을 공식화했다.[060]

표 8. 만주에 배치된 소련군 제병협동군과 작전 지형*

야전군	제35군	제15군	제2적기군	제5군	제39군	제1적기군
지형	가볍게 요새화된 고지와 늪지, 습지 지대	큰 강이 가로지르는 습지, 범람 지대	강력히 요새화되고 기복이 심한 고지 및 산악지대	강력히 요새화되고 기복이 심하며 삼림과 수풀이 빽빽한 고지대	요새화된 황무지 및 산악지대	나무가 빽빽이 자라난 타이가 삼림 산악 지대
하위부대	3개 소총사단 2개 전차여단 4개 포병여단 1개 방공연대 1개 다연장로켓연대	3개 소총사단 3개 전차여단 5개 포병연대 2개 박격포연대 2개 대전차연대 1개 대전차여단 1개 방공사단 1개 방공연대 2개 로켓연대	3개 소총사단 3개 전차여단 5개 포병연대 2개 자주포연대 1개 대전차연대 1개 방공연대 1개 로켓연대	4개 소총군단 12개 소총사단 5개 전차여단 5개 자주포연대 12개 자주포대대 15개 포병 여단	3개 소총군단 9개 소총사단 1개 전차사단 2개 전차여단 3개 자주포연대 2개 포병사단 14개 포병여단	2개 소총군단 6개 소총사단 3개 전차여단 3개 자주포연대 6개 자주포대대 1개 중전차/자주포 연대 5개 포병 여단
무기	전차/자주포 -205대 야포/박격포 -955문	전차/자주포 -164대 야포/박격포 -1,433문	전차/자주포 -240대 야포/박격포 -1,270문	전차/자주포 -692대 야포/박격포 -2,945문 다연장로켓 -432대	전차/자주포 -455대 야포/박격포 -2,586문	전차/자주포 -410대 야포/박격포 -1,413대

* 출처: L. N. Vnotchenko, Pobeda na dal'nem vostoke [Victory in the Far East] (Moskva: Voennoe Izdatel'stvo, 1971), 88, 92, 94, 97; N. I. Krylov, N. I. Alekseev, and I. G. Dragan, Navstrechu pobede: boevoi put 5-i armii, oktiabr 1941g-avgust 1945g [Towards victory: The combat path of the 5th Army, October 1941~August 1945] (Moskva: Izdatel'stvo "Nauka," 1970), 426~27; M. Sidorov, "Boevoe primenenie artillerii" [The combat use of artillery], Voenno-istoricheskii zhurnal [Military history jounral], Septmber 1975:14; V. Ezhakov, "Boevoe primenenie tankov v gorno-taezhnoi mestnosti po opytu 1-go dal'nevostochnogo fronta" [Combat use of tanks in mountainous-taiga regions based on the experience of the 1st Far Eastern Front], Voenno-istoricheskii zhurnal [Military history journal], January 1974

표9. 소련군 소총군단 편성 및 장비표 (1945년)[*]

예하 부대	무기
3개 소총사단 포병여단 (2개 포병연대) 자주포연대 박격포연대 방공포병 대대 공병 대대 통신 대대	야포 300~400문 박격포 450~500문

[*] 출처: Sovetskaia voennia entsiklopedia [Soviet military encyclopedia](Moskva: Voennoe Izdatel'stvo, 1979), 7:571

표10. 만주의 소련군 소총군단의 작전 지형[**],[***]

군단	제72소총군단, 제5군 소속	제5독립소총군단	제39소총군단, 제25군 소속
지형	강력히 요새화되고 삼림이 빽빽하며 수풀이 우거진 구릉지	초목이 드문드문 분포한 요새화된 낮은 고지	강력히 요새화되고 삼림이 빽빽하며 도로가 제한된 산악지대
예하부대	3개 소총사단 2개 전차여단 2개 중자주포연대 8개 포병여단 (2개 중포병여단 포함) 4개 포병연대 3개 포병대대 (2개 중포병대대) 2개 박격포여단 2개 다연장로켓포여단 2개 다연장로켓포연대 공병-전투공병여단	2개 소총사단 1개 전차여단 2개 자주포대대 1개 대전차대대 1개 방공포병연대 2개 방공포병대대	5개 소총사단 1개 전차여단 4개 자주포대대
무기	미결정	미결정	전차/자주포 121대 야포/박격포 1,669문

[**] 출처 : L. N. Vnotchenko, Pobeda n dal'nem vostoke [Victory in the Far East] (Moskva: Voennoe Izdatel'stvo, 1971), 94, 109~10, 125; N. I. Krylov, N. I. Alekseev, and I. G. Dragan Navstrechu pobede: boevoi put 5-i armii, oktiabr 1941g-avgust 1945g [Towards victory: The combat path of the 5th Army, October 1941~August 1945] (Moskva: Izdatel'stvo "Nauka," 1970), 436~37
[***] 대부분의 군단은 3개 소총사단, 1~2개 전차여단, 2개 자주포연대, 그리고 일반적인 포병보다 구경이 큰 중포를 보유한 포병부대를 보유했다.

소총사단은 소련군의 가장 기본적인 전투 부대였다. 소총사단의 구성은 만주 전역을 수행하는 과정에서 상당 부분 수정되었다. 전투를 통해 검증된 수정사항들은 전후 소총사단 편제에 반영되었다. 1945년 6월 편성 및 장비표에 따르면, 소총사단은 3개 소총연대로 구성되었으며, 각각 4문의 76mm 야포로 구성되는 1개 포대를 보유했다. 포병여단은 직사포, 곡사포, 박격포를 운용하는 3개 포병연대로 구성되었으며, 그밖에 자주포대대, 대전차대대, 전투공병대대, 통신대대, 훈련대대, 그리고 정찰중대도 편성되었다.[061]

....
061   표11 참조

소총사단을 구성하는 병력은 총 11,780명이며, 자주포 16대, 야포 52문, 박격포 126문, 대공포 12문, 대전차포 66문을 보유했다.[062]

표11. 소련군 소총사단 편성 및 장비표[*]

예하 부대	무기	병력

3개 소총연대
(연대당 1개 76mm 포대 보유)
포병여단[**]
  -76mm 포병연대(20문)
  -122mm 포병연대(20문)
  -160mm 박격포연대(20문)
자주포(SU-76) 대대(16대)
방공포병대대
대전차대대(57mm, 76mm)
공병대대
수색중대
훈련대대
	SU-76 16대
	야포 52문
	박격포 136문
	대공포 12문
	대전차포 66문
		11,780명

  * 출처: : A. I. Radzievsky, ed., Taktika v boevykh primerakh (diviziia) [Tactics by combat example: Division] (Moskva: Voennoe izdatel'vo, 1976], scheme 1: P. A. Kurochkin, ed., Obshchevoiskovaia armiia v nastuplenii [The combined arms army in the offensive] (Moskva:Voennoe Izdatel'stvo, 1966), 204.

  ** 만주에서는 대부분 연대급 부대가 배속되었다.

새로운 편제에 따른 재편성을 진행할 시간이 부족했으므로, 만주전역에 투입된 대부분의 소총사단들은 1개 포병연대(1943년 6월 편성 및 장비표 기준)만을 보유했다. 소련군은 소총사단에 다양한 부대를 상시 배속시키는 방식으로 부대의 편제를 변경했다.

표 12는 선정된 소총사단의 편제를 보여준다.

---

062 A. I. Radzievsky, ed., Taktika v boevykh primerakh (diviziia) (Moskva:Voennoe Izdatel'stvo, 1976), scheme 1; Krochkin, Obschevoiskovaia, 204

표12. 만주에 배치된 소련군 소총사단의 작전 지형[*]

사단	제1적기군 300소총사단	제35군 363소총사단	제1적기군과 제5군의 주공 투입 사단
지형	최소한의 방어전력이 배치된, 삼림이 우거지고 도로가 없는 산악지대	늪지와 침수된 저지대, 최소의 방어전력이 배치된 고지	강력하게 요새화되었으며, 구릉지가 많고, 측방에 삼림과 수풀이 우거진 산악 지대
예하부대	3개 소총연대 포병연대 자주포 대대(SU-76 13대) 대전차대대 통신대대 전투공병대대 훈련대대 배속: 곡사포연대 중포병연대 (대대당 150mm 6문) 중포병연대 (대대 240mm 8문, 150mm 2문) 곡사포대대 (300mm 3문) 전차중대 전투공병대대 전차여단 (8월 10일 추가)	3개 소총연대 포병연대 자주포 대대 대전차대대 통신대대 전투공병대대 훈련대대 배속: 전차여단 박격포여단 대전차여단 다연장로켓포연대	소총사단 (SU-76 자주포 13대 보유) 전차여단 중자주포연대
화기	미결정	미결정	전차 65대 SU-76 자주포 34대

[*] 출처 : A. A. Strokov. ed., Istoma voennogo iskussive [The history of military art] (Moskva: Voennoe Izdatel'stvo, 1966), 507; M. Zakharov, "Nekotorye voprosy voennogo iskusstva v sovetsko-iaponskol some 1945-goda" [Some questions of military art in the Soviet Japanese War of 1945], Voenno-istoricheskii zhurnal [Military history journal], September 1969: 20; S. Pechenenko, "363-ia strelkovaia diviziia v boyakh na Mishan'skom napravlenii," [The 363d Rifle Division in battles on Mishan direction], Voenno-istorchesku zhurnal [Military history journal], July 1975:39; V. Timofeev, "300-ia strelkovaia diviziia v boyakh na Mudan'tsyanskom napravlenii" [The 300th Rifle Division in battles on the Mutanchiang direction], Voenno-istoricheskii zhurnal [Military history journal], August 1978:50

소총사단에 전차연대, 혹은 전차여단을 배속하는 것은 전구 내 모든 전역에서 일반적인 관행이었다. 소련은 전후 첫해부터 새로운 소총사단 편제에 이전까지 증편 형식으로 배속되던 야포, 전차, 자주포 부대들을 정식 배속시켰다.

1946년 소총사단 편성 및 장비표에 따르면 각 소총사단은 포병여단과 중(中)전차 및 자주포연대를 보유하고 52대의 전차와 16대의 자주포를 운용했다.[063]

1945년 소련군의 소련군에서 전차군과 독립 전차군단, 그리고 독립 기계화군단은 군에 기동화된 공세전력을 제공했다. 동년 전차군은 2개 전차군단과 1개 기계화군단, 1개 다연장로켓포(근위박격포)여단[064] 모터사이클연대, 1개 경포병여단, 2개 박격포여단, 2개 방공포병연대, 1개 경자주포여단, 차량화공병여단, 통신연대, 수송연대, 보급대대를 갖췄다.

063　Dunnin, "Razvitie", 34.~35, IRP 9520, 1~6
064　소련군은 다연장로켓포부대를 근위박격포로 명명했다. (역자 주)

전차군은 21개 전차대대와 15개 차량화소총대대로 편성된 총 808대의 전차와 자주포를 보유했다.[065] 1944~1945년의 전차군은 대부분 기계화군단을 보유하지 못했으므로, 이후의 전차군에 비해 전력이 약했고, 따라서 정규 편제에 비해 많은 전차와 차량화소총대대를 보유했다.

표13. 소련군 전차군 편성 및 장비표[*]

에하 부대		무기
2개 전차군단 1개 기계화군단 1개 모터사이클연대 경포연대 (2개 76mm 연대, 1개 100mm 연대) 2개 박격포연대 2개 방공포병연대	1개 경자주포여단 1개 다연장로켓포연대 1개 차량화공병여단 1개 통신연대 1개 항공통신연대 1개 수송연대 2개 정비대대	전차 620대 자주포/돌격포 188대

[*] 출처: I. Anan'ev, "Sozdanie tankovykh armii i sovershenstvovame ikh organizatslonnoi struktury" [The creation of tank armies and the perfecting of their organizational structure], Voenno-istorichesku zhurnal [Military history journal]. October 1972:38–47; Sovetskafa voennaia entsiklopedua [Soviet military encyclopedia] (Moskva. Voennoe Izdatel'stvo, 1979), 660–61

제6근위전차군의 구성은 편성 및 장비표는 물론 여타 전차군의 편제와도 상이했다. 작전범위의 확대로 인해 전차와 차량화소총군을 증편받은 제6근위전차군은 1개 전차군단, 2개 기계화군단, 2개 차량화소총사단[066] 2개 자주포여단, 2개 경포병여단, 1개 모터사이클연대, 그리고 기타 지원부대로 구성되었다.

제6근위전차군은 재조직 과정을 거쳐 25개 전차대대와 44개 차량화소총대대에 총 1,019대의 전차와 자주포를 보유했다.[067] 이 편제는 1945년의 일반적인 전차군보다 많은 차량화소총대대를 보유했던 1946년의 기계화군에 가깝다. 1946년의 기계화군은 약 28개 전차대대와 30개 차량화소총대대 소속으로 1,000대 이상의 전차와 장갑차를 보유했다.[068] 즉, 전차군의 전차부대 및 차량화소총부대 간 전력균형은 만주에서 발전했으며, 이 경험은 전후 편성된 기계화군으로 유지되었다. 전차군 내의 전차군단은 편성 및 장비표를 준수했으며, 3개 전차여단과 1개 차량화소총여단으로 구성된 전술부대가 전차 및 자주포 270대, 그리고 11,788명의 병력을 보유했다.[069]

---

065 SVE, 7:660~61; M. V. Zakharov et al., eds., 50 let vooruzhennykh sil SSSP, (Moskva; Voennoe Izdatel'stvo, 1968), 334~35, 391; I. Anan'ev, "Sozdanie tankovykh armii i sovershenstvovanie ikh organizdatsionnoi struktury", VIZh, October 1972: 38~42
066 1941년 편제의 잔존물이었다.
067 Vnotchenko, Pobeda, 87; Zakharov, Finale, 83. 더 자세한 전투 서열은 M. V. Zakharov, ed., Final istoriko-memuarny ocherk o ragromme iperialisticheskoi iapony v 1945 godu (Moskva: Izdatel'stov "Nauka", 1969) 398~399 참조
068 Dunnin, "Razvitie", 34~35, IRP 9520, 1~6
069 Radzievsky, Taktika (diviziia) scheme 3; Kurochkin, Obshchevoiskovaia, 208

표 14. 소련군 전차군단 편성 및 장비표 (1945)[*]

예하 부대		무기	병력
3개 전차여단 차량화소총여단 자주포연대(SU-76) 돌격포연대(SU-100) 박격포연대 방공포병연대	경포연대 중전차연대(IS-2) 방사포연대 모터사이클 대대 수송 중대	전차 228대 돌격포/자주포 42대	11,788명

[*] 출처: A. I. Radzievky, ed., Taktika v boevykh primerakh (diviziia) [Tactics by combat example: Division] (Moskva: Voennoe Izdatel'stvo, 1976), scheme 3; P. A. Kurochikin, ed, Obshchevoiskovaia armiia v nastuplenii [The combined arms army in the offensive] (Moskva: Voennoe Izdatel'stvo, 1966), 208.

만주의 독립 기계화군단은 일반적인 편성 및 장비표 상에서 그리 중요하지 않았다. 1945년의 기계화군단은 3개 기계화여단, 1개 전차여단, 3개 자주포연대, 기타 지원부대들로 구성되었다. 보유 전력은 병력 16,314명, 전차와 자주포 246대였다.[070] 제1극동전선군의 기동집단인 제10기계화군단은 1개 전차여단, 2개 기계화여단, 기타 지원부대로 구성되었다. 편성 및 장비표에 비해 수효가 늘어난 부대는 대전차연대 및 수색 정찰을 위한 모터사이클연대였다. 제10기계화군단의 경우 전차와 자주포 249대를 보유했다.[071]

표15. 소련군 기계화군단 편성 및 장비표 (1945)[**]

예하 부대		무기	병력
3개 기계화여단 전차여단 3개 자주포연대 (경/중형 중자주포연대) 박격포연대 방공포병연대 방사포대대	모터사이클대대 통신대대 공병대대 의무대대 수송중대 정비중대	전차 183대 자주포 63대	16,314명

[**] 출처:A. I. Radzievsky, ed., Taktika v boevykh primerakh (diviziia) [Tactics by combat example: Division] (Moskva: Voennoe izdatel'vo, 1976], scheme 2

하위 전차부대들도 전후에 지속적인 변화를 겪었다. 편성 및 장비표를 기준으로 전차군단과 기계화군단에 소속된 전차여단과 1945년 당시의 독립 전차여단은 보병에 전차 지원을 수행하거나 선견대로서 진격을 선도하는 부대로, 각각 2개 전차 중대를 갖춘 3개 전차대대와 1개 차량화소총대대, 그리고 지원부대를 갖췄다. 전차여단은 전차 65대로 구성되었다.[072] 만주에서 소련군은 전차여단들을 자주포연대나 대대, 다연장로켓포대대, 경

---

070   Radzievsky, Taktika (diviziia) scheme 2.
071   Vnotchenko, Pobeda, 75; Zakharov, Final: istoriko, 402
072   Kurochkin, Obshchevoiskovaia, 206

포병연대나 대대, 전투공병대대나 소대를 배속받으며 지속적으로 강화되었다. 소련군은 1946년 독립 전차여단 편제를 폐지하고, 전차군단이나 기계화군단에 소속된 전차여단을 전차사단으로 증편하거나 기계화사단 산하 전차연대로 감편했다. 이 전차연대들은 3개 전차대대, 1개 차량화소총대대, 1개 자주포대대로 구성되었다.[073] 즉, 만주에서 시작된 편제변화는 이와 같은 하위제대까지도 영향을 끼치며 1946년의 편성 및 장비표에 반영된 셈이다.

표16. 소련군 전차여단 편성 및 장비표 (1945)*

예하 부대	무기	병력
3개 전차대대(대대 당 T-34 21대) 1개 차량화소총대대 대공 기관총 중대 대전차포 중대 의무 소대	전차 65대	1,354명

* 출처: P. A. Kurochikin, ed, Obshchevoiskovaia armiia v nastuplenii [The combined arms army in the offensive] (Moskva: Voennoe Izdatel'stvo, 1966), 206

소련군 편제에는 특별한 전차부대와 포병부대가 포함되어 있다. 독립 중형(中型)전차연대(T-34 전차와 T-70 경전차 39대), 독립중전차연대(IS-2 중전차 21대), 경자주포여단(SU-76), 중형자주포여단(SU-100), 중자주포여단(SU-152)이 여기에 해당하며, 소총사단과 군단, 전차군단과 전차군, 기계화군단에 배속되어 화력 지원 임무를 수행했다.[074] 중전차연대나 그에 준하는 부대를 할당받기 위해서는 일정한 기준을 충족해야 했지만, 사실상 거의 모든 대규모 부대들은 중전차나 자주포 부대를 지원받았다.

중전차 및 자주포 지원은 매우 유용했고, 소련군은 1946년에 전차 및 자주포 독립부대들을 편제에 추가했다. 소총군단들은 1951년에 중전차연대와 자주포연대를, 소총사단들은 중형전차연대 및 자주포연대를, 전차사단과 기계화사단은 중전차연대 및 자주포연대를 배속받았다.[075]

다양한 포병부대들이 소련군의 전투부대들을 지원했다. 표17은 소련군의 편제에서 포병들의 가장 두드러진 특징들을 요약하고 있다. 소련군은 이와 같이 포병부대를 야전군, 군단, 사단에 배속했다.

---

073 IRP 9520, 2
074 SVE, 7:674; N. Popov, "Razvitie samokhodnoi artillerii" [The development of self-propelled artillery], VIZh, January 1977:27~31
075 U.S. Army, Office, Chief of Army Field Force, Handbook of Foriegn Military Force, vol 2, USSR, pt. 1: The Soviet Army (FATM-11-1-0). 앞의 자료는 기밀 해제되었다.

표17. 1945년 소련군 편제에서 주요 포병 부대들[*]

주요 부대	하위 부대	무기
포병 돌파 군단	2개 포병 돌파 사단 다연장로켓포 사단	야포/박격포 728~800문
포병 돌파 사단	경포병여단(76mm 48문) -2개 연대 곡사포여단(122mm 84문) -3개 연대 중평사포여단(152mm 36문) -2개 연대 중곡사포여단(152mm 32문) -4개 대대 고압곡사포여단(203mm 24문) -4개 대대 박격포여단(120mm 108문) -3개 연대 중박격포여단(160mm 36문) -4개 대대 다연장로켓포여단(BM-31 카츄샤 36문) -3개 대대	야포/자주포/ 다연장로켓 364~400문
대전차여단	3개 대전차연대 -자주포연대(SU-76) -자주포연대(SU-85)	3개 대전차포연대 (57mm 및 100mm 도합 76문)
방공포병사단	1개 중대공포연대 (85mm 대공포 76문) 3개 경대공포연대 (연대당 37mm 16문)	대공포 64문

* 출처:K. Malin'in, "Razvitie organizationnykh form sukhoputnykh voisk v Velikoi Otechestvennoi voine" [Development of the organizational forms of the grond forces in the Great Patriotic War], Voenno-istoricheskii zhurnal [Military history journal], August 1967:35~38; N. Popov, "Razivitie samokhodnoi artillerii" [The development of self-propelled artillery], Voenno-istoricheskii zhurnal [Military history journal], January 1977:28-31; Sovetskaia voennai entsiklopediia [Soviet miitary encyclopedia] (Moskva: Voennoe Izdatel'stvo, 1976), 1:265, 269, 270

5. 만주 작전 전야의 소련군 공세 이론

소련군의 부대구조가 진화했듯이 작전술과 전술도 향상되었다. 미하일 N. 투하쳅스키 (Mikhail Nikolayevich Tukhachevsky) 원수에 외해 발전된 공격 정신은 1930년대 교범과 교리 논쟁에 반영되어 전쟁 기간 동안 소련 군사사상에 널리 확산되었다.[076] 역설적이게도, 그와 같은 공격정신은 소련군의 운명이 최악의 상황에 처한 시기에조차 여전히 지배적 지위를 유지하고 있었다. 공세와 종심작전 수행에 대한 집착은 건전한 방어이론 개발을 억지하고, 소련군이 방어적인 입장을 꺼리게 했다. 그 결과, 독일군이 1941년에 소련을 침공했을 때, 소련군은 1930년대의 공세 원칙을 적용하려 했다. 한 가지 문제는 1930년대 말의 군부 숙청으로 인해 소련군이 독일군의 공세를 막는 데 필요한 지도부를 잃었다는 점이다. 숙청에서 살아남은 대다수의 생존자들은 상상력을 발휘하여 투하쳅스키의 이론인 대규모 기갑부대에 의한 기습과 과감한 기동을 현실에 적용하지 못했다. 숙청의 여파로 발생한 불안감은 자연스레 혁신을 주저하게 했고, 이는 소련군의 지휘관들이 치명적이며 급격히 발전하는 독일군의 위협에 적응하지 못하도록 방해했다. 소련의 산업 또한 숙청으로 인해 큰 타격을 받아, 새로운 소련군을 구성하는 데 필요한 무기를 대규모로 생산할 수 없었다.

공세정신은 1941, 1942, 그리고 1943년의 전역을 거치며 자신감과 능력을 겸비한 새로운 세대의 지휘관들이 나타나기 전까지 극단으로 치달은 끝에, 종종 재앙과 같은 결과를 불러왔다. 지나치게 큰 목표의 수립이나, 현실을 뛰어넘는 기대는 대부분 패배나 큰 대가를 치른 끝에 얻는 제한적인 승리로 이어졌다. 그러한 상황은 1941년에 국경에서 기계화군단들이 수행한 전투, 1941~1942년의 모스크바 동계 반격, 1942년 5월의 하리코프 (Kharkov), 1942년 6월의 보로네시(Voronezh), 그리고 소련군이 스탈린그라드에서 독일군의 총체적 섬멸로 승리를 거두었던 1942년 12월~1943년 3월에 수행한 전역에서 나타났다. 1942년 겨울과 1943년 봄에 치르(Chir)강, 타친스카야(Tatsinskaya), 그리고 하리코프에서 겪었던 소련군의 손실은 최소한 전선을 서쪽으로 전환시키는 전투의 맥락 하에 진행되었다.

1943년 초부터 소련군은 공세 작전을 어느 정도 절제했고, 그 덕분에 이후의 작전들은

---

076 미하일 투하쳅스키는 1918년부터 1938년까지 소련군의 주요 군사 지도자이자 군사이론가였다. 투하쳅스키는 1920~1921년에 러시아-폴란드 전쟁에서 소련의 서부전선군 사령관이었고, 1925년부터 1928년까지 붉은 군대 총참모장을 역임했으며, 1934년까지 국방인민위원회 부인민위원으로 재직하고, 1937년에는 볼가 군관구 사령관이 되었다. 투하쳅스키는 1920년대부터 1930년대까지 진행된 소련군의 무장과 지상군 편제 현대화를 주도하고, 공군, 기계화부대, 공수부대의 창설에도 기여했다. 투하쳅스키는 군사이론가로서 소련에서 종심작전 이론 개발의 중심에 있었다. 투하쳅스키는 1937~1938년 간 진행된 군부 숙청에서 반역죄로 기소된 후 총살당했다. 투하쳅스키는 1960년대에 복권되었다. 투하쳅스키의 기여에 대해서는, Lev Nikuliln, Tukhachevsky: Biografisheskii ocherk (Moskva: Voennoe Izdatel'stvo, 1964) 189~97 참조

큰 수확을 거뒀다. 독일군이 공격을 실시하여 값비싼 대가를 치르도록 쿠르스크로 끌어들인다는 1943년 7월의 결정은 소련군 용병술의 성숙도를 보여준다. 소련군은 쿠르스크에서 강력한 반격에 앞서 정교한 방어체계를 활용하며 풍성한 성과를 거둘 수 있었다.

1943년 7월과 8월, 오룔(Orel)과 벨고로드(Belgorod)-하리코프 공세는 소련군 공세 작전의 전환점이었다. 두 반격은 극히 짧은 준비기간을 거쳐 시작했다. 오룔 공격의 경우 독일군의 쿠르스크 공격이 절정에 달한 시기에, 벨고로드-하리코프 공세는 독일군의 공세가 소련군의 방어에 저지된 시점에서 3주 후에 시작되었다.

소련군은 벨고로드-하리코프에서 스탈린그라드 이후 최초로 독일군 기동예비가 그들을 정지시킬 때까지 100㎞ 이상 진격했다. 당시 소련군은 스탈린그라드와 달리 독일군만을 상대로 교전했으며, 독일군의 동유럽 동맹국 소속군은 상대하지 않았다. 소련군의 기동전력은 하리코프 서쪽 보고두호프(Bogodukhov)와 악치르카(Aktyrka)에서 독일군 기갑사단과 5일에 걸친 조우전을 치른 끝에 적을 정지시켰다. 소련군의 전술교육은 1941년의 어려운 시기에 시작되었고, 1942년의 조잡한 실험과정을 거쳐 1943년부터 본격적으로 배당금을 거둬들였다.

1943년 8월 이후 소련군의 작전술과 기술은 이론과 실행 면에서 모두 성숙했고, 1943년 말부터 1944~1945년에 걸쳐 서서히 투하쳅스키의 희망과 포부에 근접해갔다. 작전의 범위는 보다 확대되었고, 각 병과의 조정은 보다 철저해졌으며, 결과는 인상적이었다. 1944년의 벨로루시 작전, 야시-키시네프(Iassy-Kishenev) 작전, 그리고 1945년의 비슬라-오데르(Vistula-Oder) 작전은 이러한 성과의 사례가 되었다.[077] 공세는 오직 보급선이 지나치게 신장되는 경우에만 종료되었으며, 재보급이 끝나고, 탄약창을 다시 채우고, 병력 보충을 완료하면 공세를 재개했다.

만주 작전은 이와 같은 발전의 합당한 종착점이었다. 이론가들은 유럽에서 발전시킨 이론을 만주의 지리적 특성에 맞게 사용하고 작전 입안에 활용 가능한 시간이 제한된 상황에서 상상력과 독창성을 최대한 동원했다.

1945년 당시 소련군의 공세 작전 수행에 대한 기본적인 교범은 야전요무령-44와 '요새화 지대 돌파에 대한 교범' 같은 부속문서들이었다.[078] 이 교범들은 야전요무령-36, 39, 41의 후속판이었고 이전의 교범들보다 훨씬 자세했다. 야전요무령-44는 공세 전투의 기본적 원칙에서 나아가 어떻게 소련군이 광범위한 지리적 상황과 전술적 상황에서 작전을 수행해야 하는지 기술했다.

야전요무령-44는 군사적 승리의 유일한 원천으로서 공세의 위치를 재확인하며, 현대전에 있어 전술적 행동의 특성은 기동이고, 전투에서 성공은 기동과 밀접히 연관되어 있음을 재차 강조했다. 따라서 기동은 개념적으로 단순하고, 실행은 은밀하며, 신속하고 적

---

077 비슬라(Vistula)는 폴란드 비스와(Wisla)강의 러시아식 명칭으로 현대의 지명과는 직접 연관되지 않으나 작전명의 원의미를 살리기 위해 러시아식으로 표기하였다. (역자 주)

078 소련군 전술에 대한 이 장의 분석은 PU 1944; Nastavelnie po proryuv pozitsinnoi oborony (proekt) (Moskva: Voenizdat, 1944)에서 출발했다.

의 예상을 뛰어넘어야 했다. 야전요무령은 초기 교범에 나온, 충격 집단이 견제 집단이 인접한 측면을 보호할 동안 공세 행동을 취해야 한다는 '충격-견제 집단'(shock-and-holding groups) 개념을 소중한 전투력의 낭비로 보았다. 실제로 새로운 교범은 모든 부대가 능동적으로 공세에 나서야 한다고 규정했다.

야전요무령-44는 제병협동 전투의 특성을 명확히 하면서, 현대전을 모든 병과의 대규모 참여로 규정하고 있다. 따라서 지휘관들이 '보병과 화력체계를 최대한, 그리고 동시에 전투이 시작부터 마지막까지 참여시켜야 한다'고 기술했다.[079] 적을 압도하기 위해 모든 전투력을 끌어내리려면 전력은 종심에서 제파화되고, 각각의 제파는 독립된 임무를 받아야 한다. 일반적으로 소련군은 전력을 2개 제파로 구분했다. 제1 제파는 공세를 선도하고, 제2 제파는 간단히 제1 제파를 강화하는 동시에 공세를 확대한다. 각 수준의 소규모 예비대는 침투가 성공하기까지 적의 반격을 격퇴한다.

야전요무령은 기습이 승리의 열쇠라고 단언했다. 기습은 계획 수립과 계획 수행의 보안, 적의 혼란, 예상치 못한 반격, 새로운 전투 부대의 사용을 통해 달성할 수 있다. 모든 수준의 지휘관들이 주도권을 잡는 방법은 성공의 열쇠였다.

야전요무령은 승리를 달성하는 데 있어 보병이 주된 역할을 한다고 기록했다. 보병 전력의 운용은 적을 패퇴시키는 기본적 수단이다. 야전요무령은 포병, 기갑, 공군을 전투의 기본적 요소로 인정했지만, 그 목적은 인력의 사용과 그에 따른 손실을 보상하는 데 있었다. 전차는 적 전차가 아닌 적 보병을 상대하는 특정한 기능을 수행했다. 포병과 대전차 화기들이 적 전차들과 교전했으며, 소련 전차들은 오직 분명한 우위를 점했을 때에 한해 적 전차와 교전했다. 전차부대의 주 임무는 보병을 지원하여 전과를 확대하는 데 있었다. 이를 위해 전차부대의 지휘관들은 어떤 단위부대도, 어떤 목적으로도 전차의 분산 운용을 피했다.

야전요무령은 전차부대의 작전에 대한 특정한 조항을 명문화했다. 야전군 사령관들은 소총사단들에 독립전차여단과 독립전차연대를 배속했다. 전차여단과 연대는 소총사단 수준에서 보병과 함께 밀접히 공조해 적 보병을 격파했다. 야전군 사령관들은 중전차부대를 적의 강력한 요새화 지대를 공략하는 데 투입해 보병 및 공병과 밀접하게 연계해 활동하도록 했다. 야전요무령은 전차여단과 연대의 분산운용을 금지했다. 전차군단은 전선군이나 야전군의 작전술적, 전술적 부대였다. 전차 군단의 임무는 침투를 성공시키고, 적의 측면을 향해 활동하고, 적을 추격하고, 적의 기동부대에 반격을 가하는 것이었다. 전차 군단들은 더 작은 전차부대들과 달리 다양한 임무에 투입될 수 있었으므로 그 필요성이 높았다. 기계화군단도 전선군과 야전군의 작전술적, 전술적 부대였다. 기계화군단은 전차 군단보다 더 많은 차량화소총부대를 보유했다. 따라서 기계화군단은 전과확대와 적 측면을 향한 작전, 추격, 전략적 종심에서 점령지 확보, 반격 수행, 독립된 작전 수행의 역할을

079   PU 1944, 서문과 제1항.

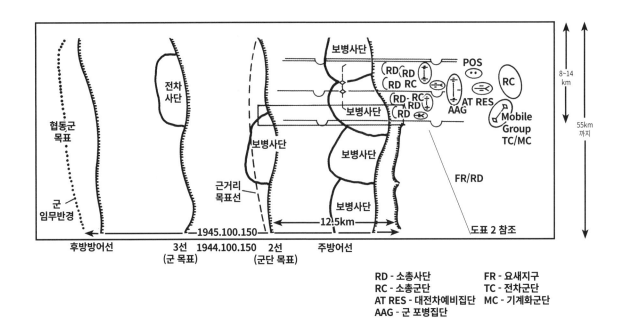

도표 1. 제병협동군의 공격 배치

맡았다. 야전요무령은 기계화군단을 보다 작은 단위부대로 분산하는 상황을 엄격히 금지했다. 적의 급편방어를 상대로 공세를 실시하는 등의 특별한 경우, 포병과 공병으로 강화된 전차부대와 기계화부대는 방어선에 대한 종심침투를 포함해 독립적인 임무를 수행할수 있었다. 그러나 적 요새지역에 대한 전차군단과 기계화군단의 정면 공격은 어떤 상황에서도 금지되었다.

　야전요무령-44에는 특별히 명시하지 않았지만, 전차군들은 대개 전선군 소속이 되었다. 전차군은 침투를 완수하고 전술적, 작전적 성공을 확대하는 임무를 수행하는 전선군수준의 전과확대부대였다. 소련은 1945년 8월 이전까지는 공세 초기 제1 제파로 전차군을 거의 투입하지 않았다.[080]

　다양한 전술적 전투 부대의 교묘한 운용을 통한 기습의 달성은 승리를 달성하는 주요한 방법이었으므로, 야전요무령-44는 그 주제에 상당한 지면을 할애했다. 야전요무령-44는 전형적인 대형에 대해 서술하고 있다. 지휘관들은 단위부대가 직면한 세부조건에 따라, 혹은 적을 보다 효율적으로 기만하기 위해 상이한 전술적 대형을 선택할 수 있었지만, 표준적인 -혹은 전형적인- 전투대형은 결정적인 방향으로 전력을 신속하게 집중하도록 촉진하고, 공격에 비중을 둘 수 있도록 했다. 표준적인 전투대형은 모든 유형의 병과 운용

080　I. E. Krupchenko, "Nekotrorye osobennosti sovetskogo voennogo iskusstva", VIZh, August 1975:22. 이런 예외적인 상황은 스탈린그라드 공세, 코르순-셉첸콥스키 작전, 야시-키시네프 작전에서 나왔다. 제5전차군은 스탈린그라드 작전에서 처음으로 소총사단들과 같이 제1 제파로 투입된 전차군이었다. 다른 두 작전에서는 전차군과 소총사단 모두 강화되었다.

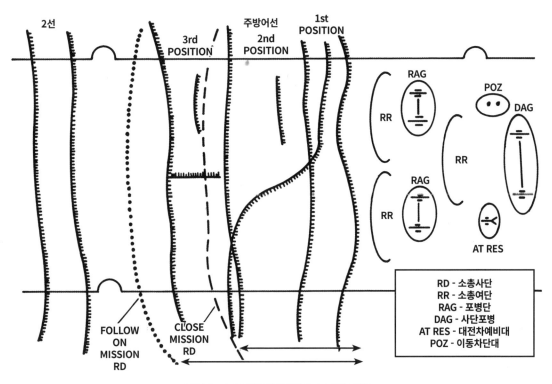

도표 2. 소총사단의 전형적인 공격 대형

에 있어 효과적 운용을 촉진하고, 지형을 극복하며, 취약한 측면 방어를 용이하게 했다.

전선군 전력은 작전 지역의 특성, 적의 전력, 작전에서 필요한 진격 시간에 따라 1~2개 제파로 전개했다. 일반적으로 강력한 적 방어를 상대로 한 작전은 2개 제파를 필요로 했다. 다만 넓은 전선에서 적 방어를 급히 돌파해야 할 경우, 혹은 빠른 진격 속도를 달성하기 위해서는 단일 제파 대형이 보다 효과적이었다.

야전군 제파는 일반적으로 전선군과 동일했다.[081]

경우에 따라, 즉 적의 방어력이 극히 강하고 공격정면이 좁은 경우에는 3개 제파로 전개하는 경우도 있다. 그러나 일반적인 야전군은 포병, 전차, 대전차 부대로 강화된 2개 제파를 구성했다. 야전군 제1제파는 전력의 60%였고, 대게 2개 소총군단이 나란히 배치되었다. 제2제파는 전력의 40%로, 대게 1개 소총군단이나 야전군의 기동집단 임무를 수행하는 기계화군단이었다. 제2 제파는 공격부대의 전력과 지속성을 강화하고, 전투대형의 종심을 연장하며, 돌파구와 전과를 확대하고 공격의 지속성을 유지하는 임무를 수행했다. 일반적으로 주공 축선의 공격 전력은 조공 축선에 비해 더 강력하며, 좁은 정면에서 종심 깊이 전개했다. 소총사단은 일반적으로 연대들을 2개 제파로 배치한 반면, 소총여단은 대대들을 엇갈리게 배치한 1개 제파로 배치했다.

포병집단, 전차예비집단, 대전차예비집단은 전술기동부대를 지원했다. 이 임무집단화

081 도표 1 참조

된 기갑 및 포병 부대는 특정한 임무 완수를 위해 모든 수준의 부대에 배치되었다. 소총사단 내에서 사단포병자산을 구성하는 연대포병집단은 각 소총연대에 대한 화력지원임무를 수행했다. 사단의 장거리 포병집단은 조직적으로 사단의 전반적 화력지원임무를 맡았다.

군단과 야전군은 강력한 중곡사포 집단을 장거리 포병집단과 파괴 포병집단으로 구성했다. 이 집단들은 군단과 야전군에 장거리 화력을 지원하거나 공세 활동의 진행을 방해하는 요새화된 적 방어지역 파괴에 동원되었다. 사단 수준의 전차예비집단과 대전차예비집단은 실제 사단급 이상의 모든 부대에 배속되어 적의 반격을 격퇴하기 위한 추가적인 공세력의 원천이 되었다.

공격 목표 달성에 있어 전투대형의 중요성처럼, 행군대형 역시 중요했다. 1944년과 1945년에 달성한 소련군의 공세 성공 과정에서 침투와 추격 국면이 더욱 보편화되고 중요해졌다. 침투와 추격의 성사 여부는 행군대형의 효율과 변화하는 상황에 신속하게 대응하는 능력에 달려있었다. 이상적이고 적절한 행군대형은 신속한 집중과 효율적인 전력 전개, 성공적인 기동, 그리고 필요에 따라 견고한 방어 전환을 가능하게 한다. 그리고 적절한 행군대형은 조우전이나 급편방어를 상대할 때도 승리의 확률을 높여준다.

행군에서 가장 기초적으로 고려해야 할 것은 부대가 이용할 진격로의 수효다. 사단은 작전 지역의 넓이와 지형 특성에 따라 1~3개 이동로를 사용하고, 연대는 1개 이동로만 사용했다.

행군대형은 각각 특정한 임무를 가진 분리된 집단으로 구성되었다. 이 집단들은 행군을 위해 수색집단, 수색대, 순찰대, 전위 집단, 선견대, 전위대, 주력/측면 엄호대나 행군감시대를 포함했다. 수색집단, 수색대, 순찰대는 수색을 수행하고 행군대형에 경계를 제공했다. 1945년 당시, 선견대는 행군대형의 관건이었다. 선견대의 임무는 적의 배치를 방해하고, 지형을 선점하고, 전위부대 전개를 지원하는 것이었다. 오직 여단급 이상의 단위 부대만이 선견대가 되었으며, 전위대는 적을 직접 공격하고, 분쇄했다. 전위대가 적을 분쇄하기 어려울 경우 본대가 직접 공격을 담당했다. 행군대형의 기본적인 전투 부대는 본대로, 적과 교전하기 위해 기동하고 가능하면 적을 파괴했다. 화포, 항공기, 대전차 포화는 행군대형의 다양한 하부 집단으로 분산되었다. 전차들은 전선이나 후방 양쪽에서 이동하거나 독립된 대형으로 진격했으며, 전차들은 자주 선견대와 전위대로 강화되었다.

야전요무령-44는 공세가 군사적 승리의 원천임을 강조하면서 공세의 목적과 공세 수행 방법에 대해 자세하게 기술했다. 간단히 언급하자면, 공세 전투는 적을 무너뜨리고 적 방어종심을 공격하는 것이다. 공세 행동의 기본적인 세 가지 형태는 정면공격, 소규모 포위, 대규모 포위다. 가장 자주 쓰이고 가장 큰 대가를 치러야 하며, 공세 행동의 형태에서 최대한 지양해야 하는 정면공격은 방어 중인 적에 대한 돌파를 추구했다. 정면공격보다 선호된 소규모 포위는 정면공격의 결과로 이뤄지거나 적 방어에 돌파구를 뚫은 뒤에 진행되었다. 공세 행동의 가장 기동적인 형태인 대규모 포위는 적의 측면이나 측면들에 대한 종심 공세 작전과 관련되었다. 가끔 정면공격과 함께 진행되기도 했다. 대규모 포위는 적을 포위하고 적 주력을 격멸할 방법을 찾았다.

정면공격은 좁은 공세 정면에 강력한 병력 집중을 요구했다. 정면공격 상황에서는 오직 제한된 기동만을 필요로 하는데, 이와 같은 공격 형태는 안전하고 형태가 간단했다. 포위, 특히 대규모 포위는 공격전에 신중한 조직과 기동 전력의 조정이 필요했다. 포위는 적 방어중심에서 모든 종류의 숙련된 병과 지원이 필요했고, 쉽게 성과를 얻을 수는 없었다. 대규모 포위는 성공한다면 위대한 승리를 불러오지만 잘못 시행하면 재앙과 같은 패배를 가져올 위험을 안고 있었다.

야전요무령-44는 정면공격 수행에서 다양한 병과의 역할에 대해, 그리고 정면공격 방법의 발전과 정면공격의 성공적인 수행을 위한 사전 준비에 대해 자세히 기술했다. 공격 전력은 적보다 전력 면에서 앞서야 하고, 특히 주공 축선에서 우위를 점해야 한다. 보병과 전차부대들은 서로 밀접하게 활동하며 적의 방어선을 돌파해야 한다. 돌파하는 동안 포병과 공군은 적지 종심에서 적을 공격한다. 전차와 기계화부대는 야전군이나 전선군의 기동 집단으로서 침투 수행을 위해 초기 돌파를 확대한다. 침투 단계에서 기동 집단은 소총 부대들을 후속해 적의 전투 대형을 무너뜨리고 적을 조각내 격멸할 방법을 찾았다. 정면공격의 전 국면에서 다양한 병과(공수 부대, 종심 수색 부대, 비정규군)가 적의 후방에서 혼란을 일으킬 다양한 작전을 수행하고 적의 지휘 통제를 망가뜨리며 적 예비대의 이동을 봉쇄한다.

정면공격의 형태는 다양했다. 정면공격은 공격 지역과 뒤이은 공세 확대, 동시에 여러 지역에서 공세를 확대하거나 연속적으로 지역에서 지역으로 공세를 확대하는 과정과 연관되었다. 야전군이나 군단의 주공 축선은 일반적으로 2개 소총사단을 전개하는 방식이었다. 제1 제파 사단들이 공세를 선도했으며, 공세 정면은 3~4㎞였다. (전쟁 초기에 비해 줄어들었다.) 제2 제파 사단들은 분리된 전투 임무를 받았고 제1 제파에서 7~8㎞ 후방에서 진격했다. 공격이 진행되는 동안, 보병, 포병, 전차, 공병의 면밀한 협조와 연관된 연속된 공격 행동이 이뤄졌다.

정면공격의 가장 어려운 형태는 적의 요새화 지대 돌파였다. 이러한 작전은 적 거점을 파괴하거나 무력화시키고 효과적인 돌파, 전과확대를 위한 상세한 계획을 필요로 했다. 구체적인 수색은 적의 방어진지에 대한 작전계획을 수행하기 위해 공격 몇 시간 전부터 필요한 행동이었다. 시간표를 철저하게 수립한 적지 종심에 대한 포병 공격준비사격은 공격 직전에 실시했다. 빈번히 실시되는, 강력한 이동 화망이나 연속된 집중 포격으로 구성된 포병 공격준비사격은 1시간에서 4시간가량 계속되었다. 공격 준비가 진행 중인 상황에서, 제1 제파 돌격 분견대의 보병 부대들은 적의 전초 기지들에 대한 공격을 선도했다. 제1 제파 소총연대의 예비 소총대대들은 돌격 분견대의 전력과 구조를 유지하기 위해 돌격 분견대를 지원했다. 돌격 분견대는 보병, 기관총수, 공병, 연대 소속 포대, 대전차포, 중전차 1~2대, 화염방사병을 포함했다. 이 요소들은 돌격 분견대를 신중하게 조직해 소대부터 중대의 전력을 늘렸고 공격 진지에서 그 강도에 의지했다. 각 돌격집단은 자세한 수색으로 얻은 정보에 기초한 적 방어진지의 지형과 유사한 훈련장을 만들어 철저하게 예행연습을 실시했다.

2개 제파로 편성된 전차들은 돌격 분견대를 따랐다. 제1 제파의 중전차(혹은 중자주포)들은 돌격집단에 배속된 독립 전차여단이나 독립 전차연대에서 적 요새들에 직사 화력을 투사하고, 보병을 화력으로 엄호하며, 점령지 확보를 도왔다. 제2 제파의 중형 전차들은 돌격집단을 후속해 확보한 진지를 더욱 공고히 하고 적의 국지적 반격을 차단했다. 대대급으로 구성된 돌격분견대를 후속한 선두 소총연대들은 2개 소총대대를 제1 제파로, 제1 제파 소총대대의 3개 소총중대를 일렬로 배치했고, 1개 소총대대를 제2 제파로 배치했다. 포병들은 지속적으로 공격을 지원했다.

적의 급하게 편성한 방어를 상대하려면 다른 기술이 필요했다. 무엇보다 공격 전력은 적 병력 전개에 신속하게 대처하기 위해서 적절한 행군대형을 운용해야 했다. 특히 공격 전력은 신속하게 행동하고 인접한 부대들과 밀접히 협조할 필요가 있었다. 주도권은 성공에 필요한 결정적 요소다. 적의 급편방어를 공격할 때, 공세 전력은 행군대형으로 움직였고, 수색 부대들을 운용하여 적의 정확한 위치들을 파악하고 전진을 엄호했다. 적의 진지에 접근할 때, 야전군 사령관들은 야전군 공격 정면과 제1 제파 소총사단들의 각개공격 정면을 축소했다. 사단 포병 부대는 소총연대들에 후속하며 화력을 지원했다. 야전군(또는 군단)의 선견대들은 교전에 돌입하고, 적의 방어 진지를 와해시켰으며, 전위 부대 전개를 용이하게 할 지역을 확보했다. 소총사단의 선두에 있는 전위 부대들은 적 부대와 교전에 돌입하고 가능하면 적을 무너뜨리며, 실패한다 해도 본대의 전개와 기동을 촉진해야 했다. 본대는 기동 운용을 최대한으로 하며 적 주력을 공격했고 격퇴시켰다.

화력과 기동성 면에서, 대규모 전차부대와 기계화부대는 특히 급편방어에 대한 정면공격에서 사용하기에 특히 적합했다. 전차를 보유한 선견대의 기반은 대개 전차여단이나 전차대대였다. 추가로 전위부대는 전차 지원을 받았다. 야전군 지휘관들은 종종 기동 집단(전차 군단과 기계화군단)을 선견대, 전위부대, 주력부대 앞에서 초기에 적 방어를 돌파하고 무너뜨리게 했다. 적 방어를 돌파한 후, 기동집단은 전과확대와 추격을 개시했다.

공세작전에서 추격 단계는 포위나 정면공격의 돌파를 달성한 후에 나타났다. 야전요무령-44는 추격이 적이 부대를 재편성하기 훨씬 앞서서 무자비하게 진행되어야 한다고 강조했다. 모든 수준의 지휘관들은 실제 돌파가 시작되기 전 지속적인 작전을 보장하기 위해 추격을 준비했다. 초기에 전차부대와 차량화소총부대들은 공병으로 증강되었고, 장거리 포병의 지원을 받으며 추격을 수행했다.

가장 결정적인 추격은 후퇴하는 적의 양익이나 단익에 평행한 축선으로 진격하는 것이었다. 거대한 전차부대들과 차량화소총부대들은 적의 후방 종심 깊은 곳에서 작전을 수행했으며, 후퇴하는 적의 퇴로를 차단하고 파괴하기 위해 중요한 도로 교차점들을 확보했다. 추격하는 소총사단들과 소총연대들은 종심 임무를 수행하기 적합하게 구성되었다. 1942~43년 동안 소련군의 추격 수행에서 소련군의 주된 문제는 보병의 진격 유지와 종심 깊이 진격하는 전차 및 기계화부대에 대한 포병의 지원 한계였다. 1944년에 적절한 차량화소총부대의 준비와 기동성 있는 포병이 나타나 전차와 기계화부대에 배속되어 문제를 해결했다.

야전요무령-44가 언급한 공세 전투의 또 다른 기본적인 유형은 전투의 가장 유동적인 형태이자 지휘관들의 가장 큰 주도권을 필요로 하는 형태인 조우전이었다. 조우전은 야전요무령이 초기 적대 행위에서 일어난다고 언급한 것과 달리, 일반적으로 공세 작전의 추격 단계에서 일어났다. 간단히 언급하자면, 교전은 두 군대가 서로를 향해 진격할 때 일어난다. 병력 전개가 가능하고 완전히 배치되기 전에 상대방을 공격할 수 있는 군대는 준비되지 않은 적을 상대로 승리를 거둘 수 있다. 따라서 조우전은 효과적인 행군대형, 급속한 병력 전개, 기교 넘치는 기동을 필요로 하는 전술적 수준의 주도권과 연관되었다.

야전요무령은 지휘관들이 조우전에 참여했을 때, 행군대형을 4개 부분으로 나누고 각 행군대형마다 적확한 조합과 임무를 부여해야 한다고 언급했다. 선견대는 행군대형의 선두였다. 선견대는 전차, 포병, 차량화소총부대로 구성되어 적의 방어진지를 흩어놓고, 중요 지역을 확보하며, 전위부대의 전개를 지원했다. 적이 성공적으로 병력을 전개하기 전에, 전위부대(연대의 1개 대대, 사단의 1개 연대, 군단의 1개 사단)는 차상위 부대 사령관이 참여하여 적을 공격하고 무너뜨리며 본대의 전개를 엄호했다. 병력 전개 이후, 본대는 이미 조직력이 약해진 적 전력을 공격했고 가능하면 기동을 통해 적을 완전히 무너뜨렸다. 작전 종심이 늘어난 기동집단은 보다 종심 깊은 포위를 수행했다. 야전요무령은 조우전 이후에 무자비한 추격이 이뤄져야 한다고 강조했다. 조우전은 추격 작전과 같이 1944년에 중요한 위치를 차지했다. 야전요무령은 일반적인 공격을 다뤘지만, 특수한 기후 및 지리적 조건 하에서 수행되는 공세전투로 수정되었다. 4년간의 전훈에서 도출된 이 단원은 만주의 다양한 지형에서 작전을 수행하는 과정에 상당 부분 적용되었다.

야간 전투는 수행 능력과 수행 의지의 측면에서 뚜렷한 장점을 제공했다. 야전요무령은 야간 공세 행동이 기습 달성에 기여하므로, 지휘관들이 적에 대한 압박을 멈추지 않기 위해 가능한 야간 공격을 시도해야 한다고 가르쳤다. 성공적인 야간 전투를 수행하기 위해서는 작전계획이 단순해야 했다. 부대는 한정적인 임무를 부여받고, 직선적으로 공격하며, 공격축선을 짧게 할 필요가 있다. 야간에는 복잡한 기동을 사용할 수 없다. 지휘관들은 기습을 보장하기 위해 포병의 공격준비사격을 거의 생략했다. 전차부대는 적절한 지형에 한해 야간 작전을 수행할 수 있었지만, 때로는 보병 부대의 필수적인 구성요소가 되었다. 야간 공격의 가장 큰 관건은 상호 지원에 대한 요구를 충족하는 범위 내에서 전차와 보병의 분리를 유지하는 데 있다.

소련은 제2차 세계대전 동안 인구 거주지 내 전투에서 어려움을 겪었다. 그러나 1944년까지 소련군은 구체적인 교리가 출현하기에 충분한 경험을 얻었다. 야전요무령은 기동을 통해 가능하면 인구 밀집 지역을 우회하고, 이런 지역에 대한 정면 공격을 피하라고 규정했다. 만약 거주지 공격이 불가피하다면, 지휘관들은 모든 병과의 전력을 통해 신중하게 돌격부대를 구성하고, 돌격부대가 상호 지원을 할 수 있게 조직했다. 돌격집단의 지속적인 효과를 보장하기 위해서는 모든 수준에 걸쳐 강력한 예비대가 필요했다.

삼림과 습지에서 수행하는 공세 행동에는 특정한 기술이 연관되어 있다. 이와 같은 지형에서는 대게 균형 잡힌 제병협동전력이 독립적인 축선을 사용해 공격을 수행했다. 선견대는 필요한 기동성을 확보하기 위해 각 축선의 선두에서 진격해 적의 병력 전개를 막고, 도로 교차점과 같은 핵심 지역을 점령했다. 행군로 통제는 교통 통제 부대가 수행했는데, 교통 통제 부대는 진격 부대 간 혼란을 막기 위한 필수 수단이었다. 지속적인 행군로 확보와 교통정리에는 막대한 공병이 필요했으며, 몇몇 경우 공병이 직접 행군로를 구축했다.

산악 지형에서 수행하는 전투에는 신중한 부대 편성 및 특정한 전술적 기술이 요구된다. 선견대가 이끄는 공세의 선봉은 계곡과 산지를 일렬종대로 진격했다. 속도는 적이 확보한 병목 지역의 통과나 보다 강력한 방어 돌파의 핵심이었다. 선견대는 보다 큰 기동 전력의 진격을 위해 기동로를 만들었다. 균형 잡힌 선견대에는 적의 소규모 전력을 극복하여 적 종심으로 더 빠르게, 더 깊게 진격하기 위하여 충분한 전력을 집중시켰다. 대규모 전차나 기계화부대는 선견대에 후속해 종심 돌파를 확대하고 넓은 지역을 포위했다. 계곡에서 작전을 수행하는 부대는 능선과 봉우리를 확보하기 위해 기동했다. 이 기동부대가 지나간 후, 후속부대는 중요한 도로 교차점과 후방의 핵심 지역을 장악했다. 산지에서 작전을 수행하는 모든 부대는 강력한 포병, 공병, 전차 지원을 받는 임무 수행을 위한 조직이었다.

사막 작전은 현격한 진격, 방대한 기동의 자유, 그리고 적 측면에 대한 공격이라는 측면에서 종심작전의 새로운 지평을 열었다. 다양한 축선에서 사막 작전을 수행하는 부대들은 행동과 생존성에서 큰 자유를 부여받는 형식으로 조직되었다. 특유의 기동성으로 인해 전차와 기계화 전력이야말로 기동의 성공에 있어 핵심적 열쇠로 간주되었다.

모든 부대는 상당한 포병과 공병 지원을 필요로 했다. 특히 작전 지속력은 물, 연료, 탄약, 식량에 달려 있으므로. 여기에 필요한 군수지원이 중요한 요소로 간주되었다. 야전요무령은 군수지원 계획이 반드시 자세하고 정확해야 한다고 강조했다. 왜냐하면 군수 수요는 사막 작전을 수행하는 지휘관들이 작전에서 수자원이 있는 지역을 핵심 지역으로 삼았기 때문이다.

야전요무령-44는 만주에서 작전을 수행하는 소련군에게 전술적 지침을 제공했다. 만주지역은 소련군이 야전요무령에서 논한 모든 작전을 모범적으로 수행할 것을 요구했다.

만주 작전이 진행되는 동안 소련군은 야전요무령의 일반적 지침을 따르게 되었지만, 야
전요무령의 내용을 상황 변화와 작전 지역에 따라 유연히 조정하게 되었다.

6. 소련군의 작전 준비와 작전 시행

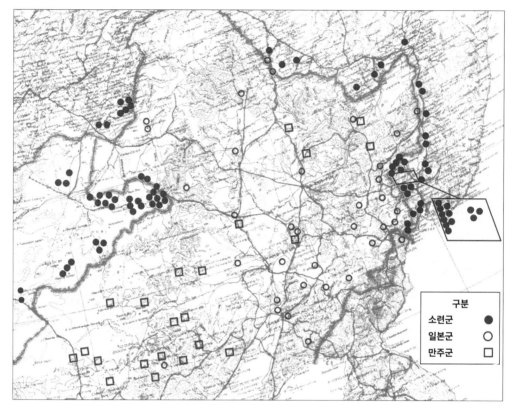

지도 16. 양군의 병력 밀집도 및 배치

극동사령부의 만주정복계획은 개념적으로는 간단했지만 계획의 규모와 계획에 대한 기대는 거대했다. 소련 역사학자들이 전략적 칸나이(Cannae)[082]라 부르는 이 계획은 소련 군이 3개 축선을 따라 전략적인 양익포위를 실시하는 내용으로, 작전의 목적은 만주의 확보 및 관동군 대다수의 격멸이었다.[083]

자바이칼전선군은 만주 서부에서 동쪽으로 진격하고, 그동안 제1극동전선군은 서쪽에서 동쪽으로 진격할 예정이었다. 이 두 공격은 만주 남부의 펑텐, 창춘, 하얼빈, 지린 방면으로 집중되었다. 제2극동전선군은 만주 북부에서 남쪽으로 하얼빈과 치치하얼을 향해 조공을 실시할 예정이었다. 남사할린과 쿠릴 열도에 대한 작전시기는 주공의 진행 추이에 맞추기로 했다.

이 계획은 일본의 방어계획에 대해 주도권을 선점하기 위한 신속한 작전의 필요성을 반영했으며, 장기전을 피하고, 일본이 극동에서 연합군에 항복하기 전에 소련의 만주 통제를 확고히 하는 데 초점을 맞췄다. 극동사령부는 1945년 7월 25일에 공격 준비를 시작

082   Zakharov, Finale, 64
083   지도 16, 17 참조

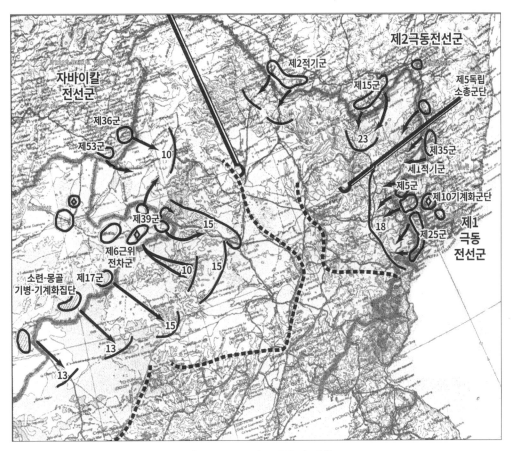

지도 17-1. 소련 극동군의 계획

하라고 명령했지만, 최종적인 공격 시간은 8월 7일에 결정되었다.[084] 당시 극동사령부는
자바이칼전선군과 제1극동전선군이 동시에 공격하기로 결정했다. 초기 계획은 제1극동
전선군의 공격 이전에 자바이칼전선군이 먼저 공격해 전선군 간 공격목표를 조율하는 것
이었다. 아마도 8월 6일에 폭발한 원자폭탄이 이 성급한 결정을 자극했을 것이다.[085]

극동군 사령부는 전략적 주공을 전략적 포위의 첫 번째 쐐기인 자바이칼전선군에 맡
기고 작전 10~15일차까지 만주 중심부를 향해 350㎞를 진격하도록 지시했다.[086] 두 제병
협동군(제17군과 제39군)과 제6근위전차군이 전선군의 제1 제파로 자바이칼 지역에서 주공
을 개시해 하이룽-아얼산 요새지역을 남쪽에서 우회하고 창춘으로 곧장 진격할 예정이었
다. 이 부대의 목표는 국경 지대의 적을 무너뜨리고 다싱안링 산맥을 넘어 작전 10~15일
차까지 만주 중부 평원으로 돌입해 뤄베이에서 쒀룬을 점령하는 것이었다. 공세의 선봉인
제6근위전차군은 내몽골 사막을 넘어 다싱안링 산맥의 통로들을 확보하고, 작전 5일차에

084   Vnotchenko, Pobeda, 69; cf. Zakharov, Finale, 88~89; Shtemenko, Soviet General Staff, 348~49. 가장 정확한 수치는 A. M. Vasilevsky,
       "Pobeda na dal'nem vostoke", pt. 1, VIZh, August 1970:8~10에 나와 있다.
085   Shtemenko, Iz istorii razgroma, 65~66; Shtemenko, Soviet General Staff, 339~49; Zakharov, Finale, 83~95. 시테멘코에 따르면 원래 예정된
       공격일은 8월 20~25일이었다.
086   Vnotchenko, Pobeda, 69~70, 85~90; IMMV, 11:201~2; Zakharov, Finale, 82~89

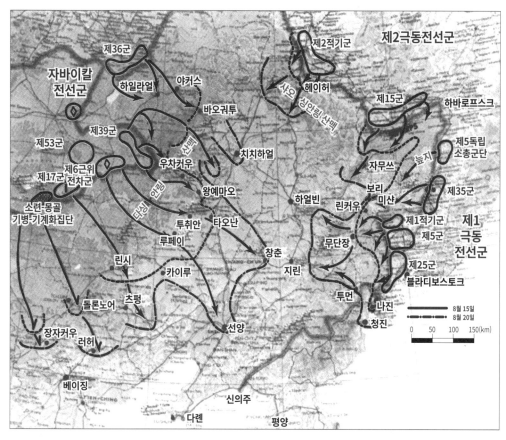

지도 17-2. 실제 작전 수행

뤄베이를 점령해야 했다. 뒤이어 전선군은 츠펑(赤峰)에서 펑톈과 창춘 선을 따라 모든 목표들을 확보하고 만주의 심장부를 장악할 예정이었다.

기병-기계화집단과 제36군은 독립된 축선에서 조공을 담당했다. 소련-몽골 기병-기계화집단은 내몽골 사막을 건너 다싱안링 산맥의 남쪽의 칼간(喀拉干, 현 장자커우張家口)과 돌론노어(多倫淖爾)를 공격하게 되었다. 제36군은 두로이(Duroy)와 스타로-츠루카이투이(Staro-Tsurukaytuy)에서 아르군강을 건너 하일라얼을 확보하고 만주 북서부에서 다싱안링 산맥으로 철수하는 적을 차단하기로 했다. 두 전선의 작전 지역이 거칠고 서로 접점이 없는 관계로 극동군 사령부는 자바이칼전선군과 제2극동전선군 사이에 별다른 전투지경선을 긋지 않았다.

자바이칼전선군의 제2 제파는 제53군으로, 제6근위전차군이 다싱안링 산맥을 넘으면 그 뒤를 후속하는 임무를 부여받았다. 전선군 예비는 2개 소총사단(제227, 317소총사단), 제111전차사단, 제201전차여단이었다.

자바이칼전선군의 성공은 속도와 기습에 달려 있었고, 기동부대는 실질적으로 모든 구역에서 일본군 방어진지를 선점해야 했다. 전차부대들은 신속성과 기습을 위해 모든 수

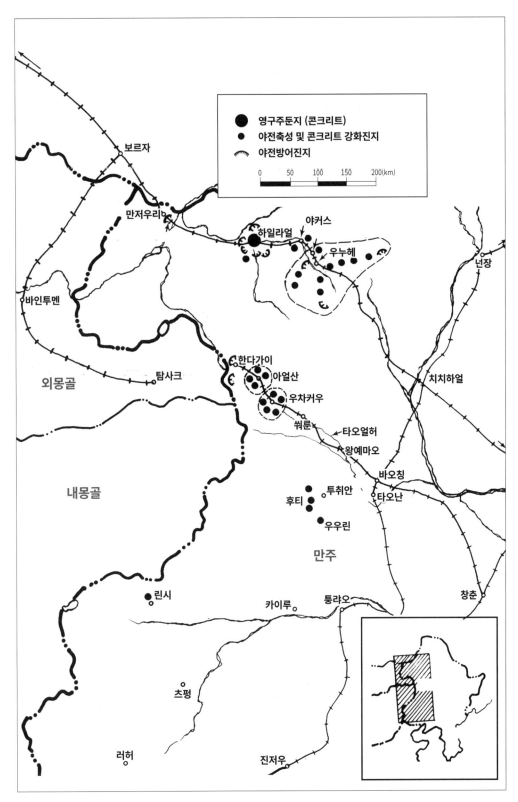

지도 18. 만주 서부의 일본군 요새지역들

준의 사령부에서 제1 제파에 편성되었다. 작전은 모든 수준의 사령부에 전차 위주의 선견대를 할당했고, 따라서 제6근위전차군이 전선군의 선봉이 되었다. 1개 전차사단이 제39군의 진격을 선도했고, 제1 제파 군단과 사단에는 모두 전차여단이 1제대가 되었다. 작전 수행을 위해 계획된 진격 속도는 매우 빨라서, 각 제병협동 부대는 매일 23㎞를, 전차부대들은 매일 70㎞를 진격해야 했다.

이 작전은 위험 요소를 안고 있었다. 만약 일본군이 소련군의 공격에 신속하게 대응하고, 특히 다싱안링 산맥의 협로에 형식적인 수준의 부대라도 배치한다면 소련군의 진격은 심각하게 지연될 가능성이 있었다. 또한, 이 작전에서 만주 깊숙이 고속으로 진격하는 전투부대들은 보급부대의 능력에 크게 의존했다. 그러나 소련군은 이 위험 부담들을 과감하게 감수했다.

제1극동전선군은 전략적 포위의 두 번째 쐐기였다. 전선군의 임무는 일본군이 요새지역을 우회하거나 돌파하여 일본군을 몰아내고 작전 15~18일 차까지 보리(勃利)를 지나 무단장에서 왕칭 선의 목표를 확보하는 것이었다.[087] 제1적기군과 제5군, 제10기계화군단이 전선군의 주공으로 블라디보스톡 북서쪽 그로데코바(Grodekova)에서 출격해 무단장으로 향할 예정이었다. 두 제병협동군과 1개 기계화군단은 무단장으로 침투한 후 지린, 창춘, 하얼빈 같은 목표들을 확보하고 자바이칼전선군과 합류하게 되었다.

2개 제병협동군이 전선군의 주공을 지원하기 위해 공격을 개시했다. 제35군은 한카 호수 북쪽인 레소자보드스크-이만(Lesozavodsk-Iman) 지역에서 출발해 미산, 린커우(林口), 보리(坡立)를 점령하게 되었다. 제25군은 우수리스크 북서쪽에서 출격해 왕칭, 옌지를 점령하는 것이었다. 제25군은 일본군이 한반도로 탈출할 퇴각로를 차단하고 한반도로 진격하게 되었다.

제1극동전선군은 만주 동부의 일본군을 최대한 압박하기 위해 전력을 단일 제파로 배치했다. 전선군의 기동 집단인 제10기계화군단은 제5군 지역에 전개되었다. 전선군 예비는 제87, 88소총군단, 제84기병사단이었다. 일본군의 조밀한 방어전력 배치에도 불구하고 무단장과 왕칭 점령 과정의 작전계획상 진격 속도는 일평균 8~10㎞에 달했다.

제1극동전선군과 자바이칼전선군은 창춘에서 합류해 랴오둥 반도에서 일본군의 저항을 최종적으로 일소한 후 뤼순(여순, 旅順)을 확보하기로 했다.

제2극동전선군은 하바롭스크 남쪽의 블라고베셴스크에서 아무르강과 우수리강을 도하하여 넓은 정면에서 진격할 예정이었다. 제2극동전선군은 만주 북부의 일본군에 최대한 압박을 가해 격멸하거나, 만주 중부로 후퇴하여 소련군의 주공에 저항하는 일본군이 남쪽으로 질서정연하게 철수하지 못하도록 막는 지원 임무를 부여받았다.[088]

전선군의 주공으로 제병협동 제15군이 아무르강을 레닌스코예(Leninskoye) 지역에서 건

087   Vnotchenko, Pobeda, 70~71; IVMV, 11:202~3; Zakharov, Finale, 89~92
088   Vnotchenko, Pobeda, 71~72; IVMV, 11:203~4; Zakharov, Finale, 93~94

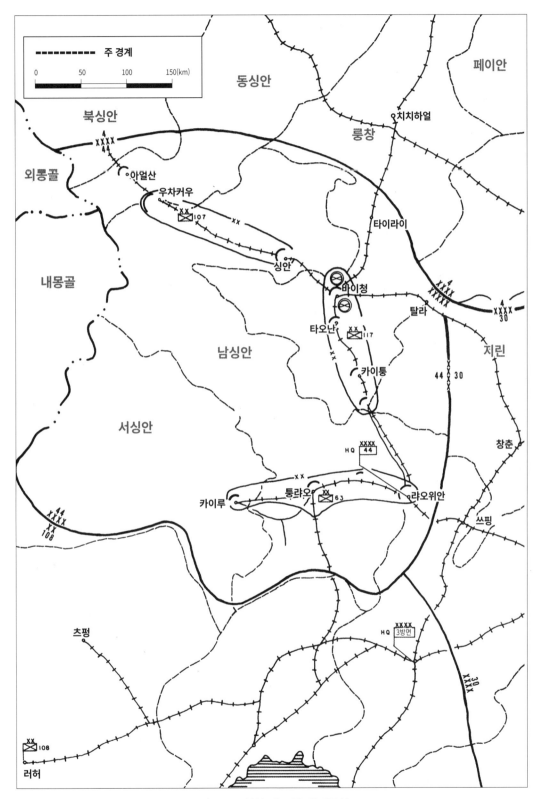

지도 19. 일본 제44군 방어구역

너 쑹화강과 루허강으로 진격했다. 제15군의 당면임무는 아무르강과 쑹화강의 일본군 요새지역을 고립시키거나 파괴하고 쑹화강, 아무르강, 우수리강의 일본군 돌출부들을 일소하는 것이었다. 제15군은 산싱(三姓, 현 이란依蘭)과 하얼빈의 다음 목표들을 확보하기 위해 진격한 후, 제1극동전선군과 하얼빈에서 합세하게 되었다.

두 조공이 전선군의 주공을 지원했다. 제2적기군은 블라고베셴스크 지역에서 쑨우로 진격하고, 아무르강을 도하해 치치하얼 남쪽으로 침투하기로 했다. 제5독립소총군단은 하바롭스크 남쪽 우수리강에 전개한 후, 비킨(Bikin)에서 공격을 시작해 첫 번째 목표인 바오칭(宝清)을 점령하고, 이후 보리로 진격해 제1극동전선군 병력과 합류하게 되어 있었다.

복수의 정면에서 진행되는 작전계획의 초점은 만주에서 관동군을 완전히, 최대한 빨리 격파하는 데 맞춰졌다. 이를 통해 일본군을 중국 북부나 한반도의 증원병력으로부터 빠르게 분리시켜야 했다. 소련군은 일본군이 공격받는 모든 지역에서 방어를 강요했다. 넓은 전선에 걸친 동시다발적인 기동 공격은 일본군이 병력을 재배치하지 못하도록 방해하고, 병력을 분단시켜 패퇴시킬 수 있었다.

극동사령부는 1945년 8월 9일에 공격을 시작했다.

7. 자바이칼전선군의 공세

    1945년 8월 9일 자정 10분 이후, 자바이칼전선군의 수색 부대, 선견대, 전위부대가 만주-몽고 국경을 넘었다. 포병이나 항공기의 공격준비사격 및 폭격은 없었다. 초기에 공격부대가 저항을 받은 곳은 국경에 일본군 요새가 있던 제36군 지역뿐이었다. 다른 지역에서는 돌격부대들이 저항을 받지 않고 전방으로 이동했다. 0430시에 자바이칼전선군의 주력 병력이 돌격부대를 후속해 진격했다.[089]

    전선군의 우익인 I. S. 플리예프 상장의 소련-몽골 기병-기계화집단이 두 개의 행군 종대로 200㎞를 진격했다. 집단의 선견대인 제25기계화여단과 제43독립전차여단이 종대를 선도했다.[090] 8월 9일 밤, 선견대는 내몽골의 불모지를 90㎞ 가까이 남쪽으로 침투하며 돌론노어와 칼간을 점령하고 몽강군의 소규모 특공대를 일소했다. 보다 동쪽에서 A. I. 다닐로프(Danilov) 중장의 제17군도 내몽골에 저항 없이 돌입했다.

플리예프, 이사 알렉산드로비치
(Pliyev, Issa Aleksandrovich, 1903~1979) **소련-몽골 기병-기계화집단 사령관**

1922년 - 붉은 군대에 가담
1926년 - 레닌그라드 기병학교에서 수학
1926년 - 크라스노다르 기병학교에서 지휘관 역임
1933년 - 프룬제 군사대학에서 수학
1933-36년 - 제5기병사단 작전과장
1936-38년 - 몽골군 군사고문
1939년 - 제6기병사단에서 연대장 역임
1941년 - 참모대학에서 수학
1941년 - (6월), 제50기병사단장 (1941년 11월 제3근위기병사단으로 개칭)(모스크바 작
       전 참여)
1942년 - (4월) 제5근위기병군단장, 제3근위기병군단장, 제4근위기병군단장 역임 (스탈린
       그라드, 멜리토폴, 베레지나보바토예-스네게렙카, 오데사, 벨로루시 작전 참여)
1944년 - (11월) 제1기병-기계화집단 사령관 (부다페스트, 프라하 작전 참여)
1945년 - 소련-몽골 기병-기계화집단 사령관
1946년 - 야전군 사령관
1953년 - 북캅카스 군관구 부사령관
1956년 - 북캅카스 군관구 사령관
1968년(6월) 국방부 총감단 감찰관 겸 고문

    제17군은 제70전차대대와 제82전차대대를 선견대로 삼아 2개 종대로 진격했다. 그날 밤, 제17군 선견대는 70㎞를 진격했고 본대는 선견대에서 20㎞ 후방에 있었다.[091]

....
089   Vnotchenko, Pobeda, 174.
090   I. A. Pliyev, Konets kvantunskoi armii (Ordzhonikidze: Izdatel'stvo "IR" Ordzhonikidze, 1969), 54.
091   Zakharov, Finale, 86

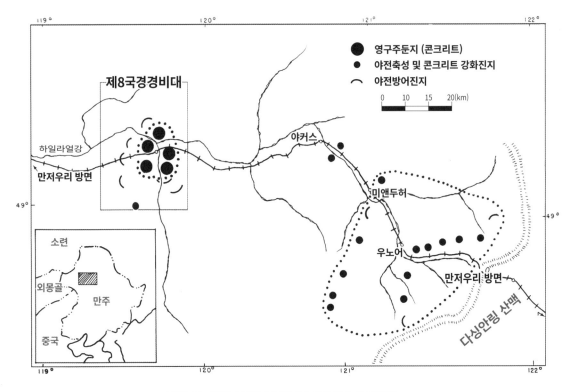

지도 20. 만주 북서부의 제4독립야전군 요새지역

다닐로프, 알렉세이 일리치
(Danilov, Aleksei Il'ich, 1897~1981) **제17군 사령관**

1917년 - 제정 러시아군에 입대. 알렉세예프 군사학교에서 수학
1918년 - 붉은 군대에 가담, 중대장 역임(남서 전선군과 서부 전선군에서 활동)
1920년 - 중대장, 연대 교육대장
1924년 - 비스트렐(프룬제 군사대학의 고급 교육훈련) 과정 이수
1931년 - 프룬제 군사대학에서 수학
1931년 - 제29소총사단 작전과장, 참모장, 이후 제49소총군단 참모장, 군단장 역임.
1940년 - (7월) 키예프 군관구 방공포병 부사령관.
1941년 - (6월) 북서전선군 방공포병 사령관
1941년 - (1월) 제21군 참모장(하리코프 작전 참여)
1942년 - (6월) 제21군 사령관
1942년 - (10월) 제5전차군 참모장 (스탈린그라드 작전 참여)
1943년 - (5월) 제12군 사령관 (돈바스, 우크라이나 좌안, 자포로제 작전 참여)
1943년 - (11월) 제17군 사령관 (몽골 배치)
1946~68년 - 야전군 사령관, 참모대학 고급교육과 과장과 자바이칼 군관구사령관 역임
1968년 - 퇴역

　　제17군 좌측에서 자바이칼전선군의 선봉인 A. G. 크랍첸코 상장의 제6근위전차군이 2열 종대로 내몽골을 향해 진격했다. 제9기계화군단은 우익에서, 제5근위전차군단은 제2제파로 후속했다. 북동쪽 80㎞ 지점에는 제7근위기계화군단이 좌익을 구성하여 진격 중이었다. 각 군단 종대는 4~6개 종대였고, 이 종대는 폭이 15~20㎞에 달하는 기갑의 물결

제6근위전차군 사령관 크랍첸코 상장(중앙)이 후댜코프(Khudiakov) 제12항공군사령관(좌측), 솔로마틴(Solomatin) 극동군 기갑-기계화 사령관(우측)과 함께 있다.

을 형성했다. 1개 소총연대, 1개 전차여단이나 연대, 1개 포병대대로 구성된 선견대가 다른 군단 종대보다 앞서갔다.[092] 제6근위전차군은 미미한 저항을 돌파하며 엄청난 속도로 진격했다. 그날 밤에 제6근위전차군의 선견대는 150㎞를 진격했고 다싱안링 산맥의 서쪽 고지와 호로혼(Khorokhon) 고개 북쪽에서 정지했다.

크랍첸코, 안드레이 그리고리예비치
(Kravchenko, Andrei Grigorevich, 1899~1963) **제6근위전차군 사령관**

1918년 - 붉은 군대 가담. 당시 계급 상병
1921년 - 소총 하위부대 지휘관 역임 후 소총연대 참모장, 전술교관 역임
1923년 - 폴타바 보병학교에서 수학
1928년 - 프룬제 군사대학에서 수학
1939년 - (5월) 소총사단 참모장 역임 후 차량화소총사단장 참모장, 전차사단 참모장 역임(핀란드 전쟁 참전)
1941년 - (3월) 제18기계화군단장
1941년 - (9월) 독립 전차여단장(모스크바 작전 참여)
1942년 - (10월) 제4전차 군단장(이후 제5근위전차군단으로 개칭)(스탈린그라드, 쿠르스크, 드네프르, 우크라이나 우안 작전 참여)
1944년 - (1월) 제6근위전차군 사령관(코르순-셉첸콥스키 작전, 야시-키시네프 작전, 헝가리 작전 참여)
1946년 - 야전군 사령관 역임 후 다양한 군관구에서 전차 및 기계화부대 사령관 역임
1954년 - (1월) 극동 군관구 전차부대 부사령관
1955년 - (10월) 예편

092   I. E. Krupchenko, ed., Sovetside tankovie voiska 1941~45 (Moskva; Voennoe Izdatel'stvo, 1973), 312~13; Vnotchenko, Pobeda, 175~76

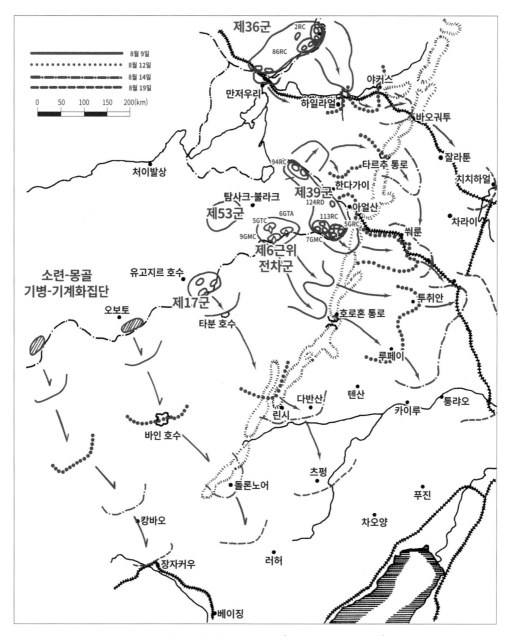

지도 21. 자바이칼 전선군의 작전 (1945년 8월 9~19일)

제6근위전차군의 좌측에서는 I. I. 류드니코프 상장의 제39군이 두 축선으로 갈라져 진격했다.[093] 주공 축선은 하이룽-아얼산 남쪽과 일본군 제107사단의 2개 연대가 방어 중인 우차커우 요새지역이었다. 제5근위소총군단과 제113소총군단은 선견대인 제206전차여단과 제44전차여단을 후속했다. 야전군 선견대인 제61전차사단은 두 군단보다 앞서가 요새지역을 남쪽에서 우회했다. 추가로 각 군단의 6개 소총사단 소속 선견대들이 진격에 합

093　지도22 참조, I. I. Lyudnikov, Cherez bol'shoi khingan (Moskva; Voennoe Izdatel'stvo, 1967), 50~53

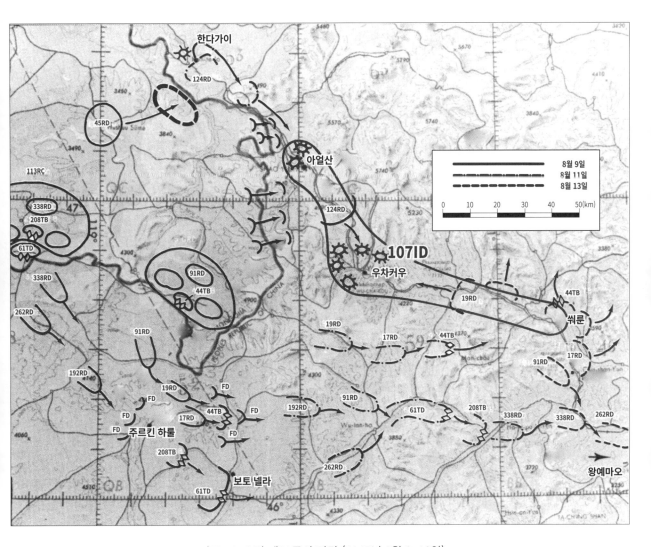

지도 22. 소련 제39군의 진격 (1945년 8월 9~13일)

세했다. 보다 북쪽에서는 제94소총군단이 2개 소총사단을 평행하게 배치한 채 옛 할힌골 전투가 일어났던 곳을 지나 북동쪽으로 공격해 하일라얼 요새지역의 후방으로 진입하며 하일라얼 북쪽에서 진격하던 제36군 병력과 합세했다. 일본군의 소대급 저항과 만주국군 기병부대의 국지적 반격은 신속하게 일소되었다. 제94소총군단 124소총사단은 제9소총 군단과 제5소총군단 사이에 생긴 간격을 메우며 하이룽-아얼산 요새지역의 일본군과 교 전에 돌입했다. 1945년 8월 9일, 제124소총사단의 수색 부대는 사단 주력이 8월 10일 진 격을 준비하는 동안 요새지역을 정찰했다. 제39군 주공 축선의 선견 부대는 하이룽-아얼 산을 우회해 공세 첫날에 60㎞를 진격했다. 그러나 곤란한 지형으로 인해 사단 선견대들 은 야전군 선견대 및 군단 선견대보다 뒤처졌다.

류드니코프, 이반 일리치
(Lyudnikov, Ivan Il'ich, 1902~1976) **제39군 사령관**

1917년 - 적위대 가담
1925년 - 보병 학교 졸업 후 제13 다게스탄 소총사단에서 소대장, 중대장 역임. 이후 대대
　　　　참모장 역임 후 블라디보스톡 보병 학교에서 수학
1938년 - 프룬제 군사대학에서 수학
1938년 - 총참모부 근무
1939년 - 지토미르 보병학교 교장
1941년 - (3월) 제200소총사단장(오데사 작전 참여)
1942년 - 제138소총사단장(스탈린그라드 작전 참여)
1943년 - 제15소총군단장(쿠르스크 전투 참여)
1944년 - (3월) 제39군 사령관(비텝스크 작전, 동프로이센 작전 참여)
1946년 - 야전군 사령관
1949년 - 주독소련군 군집단 부사령관
1952년 - 오데사 군관구 부사령관
1954년 - 타브리치 군관구 사령관
1959년 - 비스트렐 과정 책임자
1963년 - 참모대학 학부장
1968년 - 퇴역

　　결국 군단장들은 사단 자주포 대대를 활용해 새로운 기동 선견대를 편성했다.[094] 일본
제107사단 소속 2개 연대가 하이룽-아얼산과 우차커우 요새지역 방어를 준비할 동안, 남
은 연대는 우차커우에서 뤄베이 방면 철도선에 남았다. 그러나 소련군의 주공이 이 지역
을 향할지 확신할 수 없었다.[095] 한편, 소련 제39군의 주력은 철도선을 차단하고 요새화된
일본군 방어지역을 고립시키기 위해 쒀룬과 왕예마오를 향해 동쪽과 남쪽으로 돌입했다.

루친스키, 알렉산드르 알렉산드로비치
(Luchinsky, Aleksandr Aleksandrovich, 1900~1990) **제36군 사령관**

1919년 - 붉은 군대 가담, 제50타만사단과 제14마이코프기병사단에서 기병중대장 역임
　　　　후 투르케스탄 전선군의 한 기병사단에서 기병중대장으로 근무
1936년 - 연대장 역임
1937년 - 1938년까지 중국 근무
1940년 - 프룬제 군사대학에서 수학
1940년 - 소총사단 참모장
1941년 - (4월) 제38산악소총사단장(캅카스 작전 참여)
1943년 - (5월) 제3산악군단장(타만-세바스토폴 작전 참여)
1944년 - (5월) 제28군 사령관 (벨로루시 작전, 동프로이센 작전 참여)
1945년 - (6월) 제36군 사령관
1946년 - 야전군 사령관
1949년 - 주독소련군 부사령관
1949년 - 레닌그라드 군관구 사령관
1953년 - 투르케스탄 군관구 사령관
1958년 - 국방부 제1감찰감
1964년 - 국방부 감찰단 감찰관 겸 고문

　　보다 북쪽에서, 자바이칼전선군의 좌익인 A. A. 루친스키 중장의 제36군이 2개 축선으
로 진격했다.[096] 제2소총군단과 제86소총군단은 8월 9일 0020시를 기해 주공에 돌입, 장

094　Vnotchenko, Pobeda, 177
095　JM 155, 83, 86, 104
096　지도23 참조, A. A. Luchinsky, "Zabaikal'tsy na sopkakh Man'chzhurii", VIZh, August 1971:70~71; Vnotchenko, Pobeda, 177~78

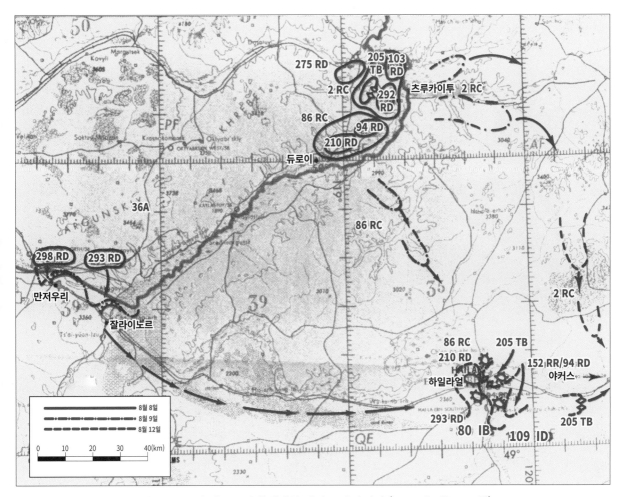

지도 23. 소련 제36군의 하일라얼-야커스 방면 진격 (1945년 8월 9~12일)

마로 범람한 아르군강의 도하점을 확보했다. 각 소총사단의 제1 제파 소총대대들이 초기 공격대 임무를 수행했으며, 뒤를 이어 제2소총군단 소속 2개 소총연대를 수륙양용차량 30대를 이용해 도하시켰다.

0600시에 제36군 주력이 도하를 시작했으며, 이 과정에서 강을 지키던 소대-중대 규모의 일본군도 일소했다. 제205전차여단으로 구성된 야전군 선견대는 하일라얼을 향해 남쪽으로 60㎞가량 진격했고, 요새지역의 일본군을 선제공격하며 만저우리에서 만주 중부로 향하는 주 철도선을 차단했다. 일본 제119보병사단과 5개 보병대대 및 지원부대로 구성된 제80독립혼성여단이 하일라얼과 하일라얼 요새지역을 방어 중이었고, 만주국군 기병들이 일본군을 지원하고 있었다.

8월 9일 저녁, 제205전차여단이 하일라얼 북쪽의 중요 교량을 확보했다. 제36군 사령부는 자군의 전력이 하일라얼 방면 일본군의 방어력을 압도하기를 기대하며 제205전차여단에게 야간에 남쪽으로 공격해 도시를 포위하라고 명령했다. 제205전차여단은 북동

제6근위전차군 수색대 대원들

쪽에서, 제94소총사단 152소총연대가 남동쪽에서 도시를 공격했다. 공격은 부분적으로
성공했다. 제205전차여단은 도시 북쪽에 있는 하일라얼 철도역을, 10일 아침에는 제152
소총연대가 도시 남쪽과 동쪽을 점령했다.[097] 일본 제80독립혼성여단은 소련군의 진격을
지연시키며 점령을 저지하고, 남서쪽과 북서쪽의 요새지역에서 방어를 준비했다. 8월 9일
에 일본 제119보병사단은 동쪽으로 이동해 야커스에서 바오궈투로 향하는 다싱안링 산
맥의 통로들을 방어했다.[098] 제36군의 우익에서는 2개 소총사단과 2개 포병여단으로 구
성된 작전집단이 국경을 넘어 만저우리의 소규모 초소들을 장악하며 일본군을 다각도로
압박했다. 8월 9일 저녁까지, 제36군은 만주 방면으로 60㎞를 진격했으며, 초기 목표인
하일라얼을 부분적으로 점령했다. 일본 제80독립혼성여단이 완강하게 저항하기 전에 진
행된 격렬한 전투는 일본군이 하일라얼 요새지역을 포기하게 만들었다.

　　자바이칼전선군의 제2 제파인 I. M. 마나가로프 상장의 제53군은 몽골 집결지에서 8월
10일까지 대기했고, 제6근위전차군의 국경통과와 동시에 진격을 시작했다. 일본군은 8월
9일 이후 창춘과 달라이로 후퇴하는 통로를 절단당하지 않도록 일선부대에게 명령했다.
그러나 일본 제3방면군 사령관 우시로쿠 준 대장은 자신의 전력을 펑텐 서쪽과 남쪽에 집

097　Luchinsky, "Zabaikal'tsy", 70
098　JM 155, 185

다싱안링 산맥으로 접근하는 제6근위전차군

결시켜 부하들의 가족을 지키려 했다. 이 일방적인 결정은 관동군 사령관 야마다 오토조 대장의 승인을 받지 않았다. 야마다 대장은 보다 후방에 방어선을 구축하도록 지시하며 우시로쿠 대장과 충돌했고, 이 충돌은 일본군의 지휘계통에 혼란을 야기했다.[099]

자바이칼전선군의 선견대를 이용한 급속한 진격은 8월 10일에도 계속되었다. 8월 11일 저녁, 소련-몽골 기병-기계화집단은 칼간과 돌론노어로 급속히 기동해 다싱안링 산맥의 고개에 도달하며 출발점부터 200㎞를 진격했다. 제17군은 당시까지 미약한 저항만 받으며 8월 10일 동안 40㎞를 진격했고, 8월 11일 저녁에는 출발점에서 180㎞ 지점에 해당하는 다싱안링 산맥의 서쪽 언덕에 도달했다.

8월 9일 저녁, 다싱안링 산맥 서쪽 구릉지에서 진격 중이던 선견대가 일본군의 부대 단위 저항에 직면하자, 제6근위전차군 사령관 크랍첸코 상장은 산맥의 통로들을 장악하고 어려운 통로들을 통과할 마지막 계획을 준비했다. 크랍첸코 상장은 제5근위전차군단의 야지 기동력이 더 뛰어났으므로 제5근위전차군단을 제1 제파로 변경했다. 크랍첸코는 제9기계화군단을 후열로 배치했는데, 이는 해당 군단이 보유한 차량의 성능적 제약과 연료 부족이 그 이유였다.[100] 제파 변경은 8월 10일 오후에 시작되었다. 다싱안링 산맥을

099 JM 154, 10~18
100 제9근위기계화군단은 미제 셔먼(Sherman) 전차를 장비하고 있었는데, 셔먼은 기동력이 T-34보다 떨어졌고 연료 소비량도 더 많았다.

넘는 축선은 두 갈래였다. 북쪽에서 제7근위기계화군단이 모코단(Mokotan) 근처에서 두 오솔길을 이용해 진격했다. 남쪽에서 제5근위전차군단과 제9근위기계화군단이 유코토(Yukoto)에서 도로 하나를 따라 진격했다. 제5근위전차군단은 8월 10일 오후 늦게 산맥을 넘기 시작했고, 제7근위기계화군단은 다음 날 아침에 그 뒤를 따랐다.

마나가로프, 이반 메포디예비치
(Managarov, Ivan Mefod'evich, 1898년~1981) **제53군 사령관**

1917년 - (4월) 적위대 가담, 예나키옙스크 적위대 지휘관, 연대장 역임
1923년 - 기병학교에서 수학
1923년 - 기병 하위부대 지휘관 (레닌그라드 군관구, 투르케스탄 군관구)
1926년 - 기병연대 당조직 비서 (볼가 군관구)
1931년 - 군사정치대학에서 수학
1938년 - (11월) 기병사단장 역임
1941년 - 제26소총군단장 (극동)
1942년 - 제16기병군단장, 제7기병군단장 역임 (브랸스크, 칼리닌, 북서전선군 소속)
1942년 - (12월) 제41군 사령관
1943년 - (3월) 제53군 사령관 (쿠르스크, 벨고로드-하리코프, 우만-보토샤니, 야시-키시네프, 부다페스트, 프라하 작전 참여)
1946년 - 야전군 사령관
1949년 - 방공군 근무
1953년 - 퇴역

8월 10일 2300시, 제5근위전차군단은 다싱안링 산맥의 가장 높은 고지대인 차곤다보(Tsagondabo)에 도착했다. 어둠과 빗줄기 속에서 군단은 동쪽으로 계속 진격했다. 제5근위전차군단은 차량이동만으로 7시간동안 40km를 진격했다. 보다 북쪽에서 제7근위기계화군단도 차량이동을 통해 11일 저녁동안 무사히 산맥을 넘었다. 두 축선의 병력들은 만주 중부 평원에 진입한 후 동쪽을 향해 계속 질주했다. 8월 11일에는 제5근위전차군의 선견대가 뤼베이에 도착했다. 다음 날 제7근위기계화군단의 선견대가 투취안(突泉)에 도착했다. 제6근위전차군은 작전 4일 차에 초기 목표를 모두 달성했는데, 이는 원래 계획된 목표일보다 하루가 일렀다.[101] 이 과정에서 일본군의 저항은 없었다. 대담무쌍한 진격은 큰 성과를 가져왔다. 소련군의 진격 속도는 자신들의 예상조차 뛰어넘었다. 제6근위전차군은 3일 동안 험난한 지형을 극복하며 350km를 진격했고, 일본군이 기민하게 대응해 전차군의 진격을 가로막을 시간을 주지 않았다. 8월 12일 이후 소련군의 진격을 가로막는 장애물은 오직 보급뿐이었다. 다른 전선군들의 압박과 서부 국경의 붕괴는 일본군이 가시적인 방어선을 회복하기 어렵게 만들었고, 이는 일본군의 총체적 붕괴로 이어졌다.

소련 제6근위전차군, 제17군, 소련-몽골 기병-기계화집단에 대한 일본군의 저항은 미미하거나 없었다. 몽강군의 제1기병사단의 소규모 기병대가 칼간 북쪽 국경을 넘었지만, 소

101 Vnotchenko, Pobeda 184~87. 제6근위전차군의 다싱안링 산맥 돌파 당시 수송과 전력 유지 문제는 N. Kireev, A syropyatov, "Tekhnicheskoe obespechenie 6-i gvardeiskoi tankovoi armii v Khingano-Mukdenskoi operatsii", VIZh, March 1977:36~40에서 다루고 있다. 제6근위전차군의 침투를 가장 포괄적으로 다룬 자료는 I. E. Krupchenko, "6-ia gvardeiskaia tankovaia armiia v Khingano-Mukdenskoi operatsii", VIZh, December 1962, 그리고 G. T. Zavizion, P. A. Kornyushin, I na Tikham Okeane... (Moskva: Voennoe Izdatel'stvo, 1967)이 있다.

휴식을 취하는 소련군 전차병들

련군 기계화-기병부대의 진격에 대한 저항이 거의 없었으므로 그들은 기지로 복귀했다.

사령부를 러허(열하, 熱河)에 둔 일본 제108보병사단의 산하 부대인 츠펑 주둔 1개 보병대대 및 린시 주둔 1개 보병중대가 제17군의 진격로 상에 있었다. 둥랴오(東遼)에 주둔한 일본 제63보병사단의 1개 보병대대가 카이루(開魯)에 있었지만, 제6근위전차군의 진격을 막기 위해 북서쪽으로 이동한 사단급 부대는 하나도 없었다. 8월 10일에 타오난에 있는 일본 제117보병사단이 1개 보병대대와 1개 대전차대대를 투취안 도로 서쪽 30㎞ 지점에 급파해 소련 전차들을 막으려 했다. 같은 날, 일본 제44군 사령부는 제63사단과 제117사단을 각각 펑톈과 신징(新京, 창춘) 동쪽에 재배치할 것을 명령했지만[102] 두 사단 모두 소련군과 교전하지 못했다. 제6근위전차군, 기병-기계화집단, 제17군의 진격을 막는 저항은 오직 칼간의 몽강군과 일본 제108보병사단 소속 소규모 부대뿐이었다. 만주 서부의 다른 부대들은 중부로 후퇴했다. 제39군의 진격 축선에서는 오직 일본 제107보병사단, 제117보병사단 소속 소규모 부대, 그리고 만주국군 약간만이 저항하고 있었다.[103]

반면, 만주 북서부에서는 일본군이 제36군의 진격을 심각하게 방해했다. 제6근위전차군 좌익의 제39군은 진격을 계속해 본대가 하이룽-아얼산과 우차커우의 일본 제107보병

---

102 당시 창춘은 만주국의 수도였다. (역자 주)
103 JM 155, (pt. A) Map 1, (pt F) map 2. 102~9

만저우리

사단을 우회했다. 제5근위소총군단은 각 소총사단을 일렬종대로 전개해 동쪽 쒀룬과 테포쓰(Tepossi) 철도역으로 진격시켰고 이 과정에서 일본군의 저항은 거의 없었다. 제113소총군단도 일렬종대로 소총사단들을 진격시켜 왕예마오를 향해 남동쪽으로 진격해 구불구불하고 좁으며 비로 불어난 우란허(烏蘭河)의 계곡을 통과했다. 제44, 206전차여단이 두 군단의 진격을 선도했다. 제39군은 8월 12일 오후에 최초로 일본군의 저항에 봉착했다. 일본 제107보병사단 소속 부대들은 우차커우로 가는 철도를 따라 남동쪽으로 후퇴해 자리를 잡고 제5근위전차군의 진격을 막으려 했다. 소련군은 일본군을 수송 중인 열차 몇 대를 파괴하고 쒀룬으로 가는 통로를 개방했다. 오직 늪지와 강 같은 자연적 장애물만이 소련군의 진격 속도를 늦출 수 있었다.[104]

　제39군의 좌익에서는 제94소총군단이 남쪽에서 하일라얼로 진격했다. 제36군이 하일라얼 작전을 성공적으로 마치고 참모들이 하이룽-아얼산 지역의 일본군이 제124소총사단을 상대로 계속 저항하고 있다고 보고하자, 류드니코프 상장은 8월 10일 저녁에 제94소총군단 소속 사단들을 남쪽으로 돌려 본대와 합류하게 했다. 제221소총사단은 만주국 제10군관구 사령관인 궈원린(郭文林) 중장의 항복을 받았고, 그의 부하 1,000명을 하일라얼 남쪽에서 포로로 잡은 뒤 다싱안링 산맥의 고개에서 타르추(Tarchu)를 향해 계속 동쪽

104　Lyudinikov, Cherez, 59; Vnotchenko, Pobeda, 176~77, 188

하일라얼

으로 행군했다. 제358소총사단은 남쪽으로 방향을 틀어 제124소총사단과 합류해 하이룽-아얼산 요새지역 공략에 참여했다.[105]

제36군 지역에서는 8월 10일에 제205전차여단과 제152소총연대가 하일라얼 시의 남서쪽과 중심에서 전투를 계속했다. 일본군은 도시 남쪽과 북서쪽의 고지에서 강력한 화력을 투사했다. 제36군 사령관 루친스키 중장은 그의 전력을 하일라얼 너머로 진격하는 데 집중시키기로 결정했다. 루친스키는 제205전차여단이 하일라얼로 후퇴하고 하일라얼 동쪽에서 제2소총군단과 공조하라고 명령했다. 제2소총군단이 하일라얼을 완전히 우회한 후, 제205전차여단과 함께 야커스 철도를 따라 진격했다. 일본군 제119보병사단은 야커스와 바오궈투로 이어진 철도선을 따라 설치된 요새지역에서 방어전을 수행했다. 제36군 사령부는 제86소총군단 94소총사단이 제205전차여단의 위치로 들어가고 하일라얼을 확보하기 위한 작전을 계속 진행하라고 명령했다. 8월 11일 1400시, 제94소총사단은 항공 지원과 포병 지원을 받으며 하일라얼 시의 남서쪽을 공격한 끝에 시를 점령했다. 일본군은 북서쪽과 남서쪽의 고지에 설치된 요새지역으로 후퇴했다.

제36군 사령부는 제86소총군단 잔여병력을 하일라얼 요새들을 무력화시키기 위한 특

---

105   Lyudinikov, Cherez, 74

다싱안링 산맥을 넘는 제6근위전차군의 전차들

별 집단으로 편성해 전방으로 보냈다.[106] 같은 날, 제36군 우익의 소련군 작전집단은 만저우리의 일본군을 격파하고 동쪽으로 철도선을 따라 진격해 하일라얼의 아군과 합류했다.

소련군은 작전 4일차(8월 12일)에 일본군의 전초 기지들을 고립시킨 후 일소하거나, 후퇴 후 재편성을 시도하는 일본군 부대를 추격했다. 이 과정에서 후퇴 중인 일본군 사이에 관동군 사령부가 저항을 중지하라고 명령했다는 헛소문이 퍼져 큰 혼란이 일어났다.

자바이칼전선군의 우익인 기병-기계화집단은 8월 12~13일에 걸쳐 내몽골 사막을 휩쓸며 돌론노어와 칼간을 향해 매일 90~100㎞가량을 진격했고, 그 과정에서 적 기병의 국지적 반격을 밀어냈다. 플리예프 상장의 원칙은 사막을 횡단하는 그의 부대에 충분한 식량, 연료, 물, 마초를 제공하는 것이었다. 8월 14일, 플리예프의 좌익은 돌론노어 동쪽으로 접근하며 소규모 만주국군 특공대를 물리치고 다싱안링 산맥의 동쪽 끝을 통과했다. 제17군도 다싱안링 산맥을 성공적으로 넘었고 8월 14일에 선견대가 판진(盤錦)을 점령했다.[107]

막대한 규모의 장갑차량들에 대한 재보급 문제에도 불구하고 제6근위전차군의 진격은 여전히 탁월했다. 제7근위기계화군단이 투취안을 점령하고 제5근위전차군단이 뤄베이를 점령한 후, 두 군단은 심각한 연료 부족에 시달렸다. 제7근위기계화군단은 원래 연료의

106   Luchinsky, "Zabaikal'tsy", 70~72; Vnotchenko, Pobeda, 190; IVMV, 11:224; I. V. Shikin, B. G. Sapozhnikov, Podvig na dal'nem vostochnykh rubezhakh (Moskva: Voennoe Izdaltel'stvo, 1975), 128~31
107   Pliyev, Konets, 91~100; Vontchenko, Pobeda, 192~94

만주 중부 평원으로 돌입하는 제20전차여단(제6근위전차군 소속)

반, 제5근위전차군단은 40%밖에 남지 않았다. 제9근위기계화군단은 다싱안링 산맥에 도착하기 전에 연료가 바닥을 드러냈으므로 뤄베이까지 갈 연료가 없었다.[108] 수송망은 이미 700㎞까지 늘어나 과도하게 연장된 상태였다. 전역이 시작되었을 때 제6근위전차군은 수송 차량 6,489대를 보유했으나, 원 편제상 정족수는 9,491대였다. 야전군 수송대대의 보유량은 규정 대비 50~60%에 불과했으므로, 고작 500톤의 물자만을 나를 수 있었다. 일련의 수송 문제는 일대의 거친 지형과 전선-집결지 간 거리로 인해 발생했다. 제6근위전차군의 수송차량 부족현상이 심화되자, 자바이칼전선군사령부는 제6근위전차군에 제47수송연대 소속 6개 대대로 구성된 트럭 1,000대를 보내 주었다. 또 전선군사령부는 필수적인 연료 공급을 위해 제453수송기대대의 수송기 400대를 추가로 파견했다.[109]

전차군의 급속한 진격은 연료 부족으로 인해 방해를 받았다. 8월 11일, 제6근위전차군사령부는 공세력을 유지하기 위해 적정한 수준까지 연료를 보급하도록 8월 12~13일 중에 진격을 정지하라는 명령을 내렸다. 제6근위전차군은 8월 13일에 둥랴오와 타오난으로 수색 부대를 보내면서 공세를 재개했다. 각 군단의 증강된 전차여단이나 기계화여단은 군단 선견대로서 수색 부대의 뒤를 따랐다. 다른 부대는 정지 상태에서 연료를 보급 받았

108 Vnotchenko, Pobeda, 194~95
109 Ibid.

하일라얼에 위치한 일본군 진지를 향해 포격하는 소련군

다. 8월 14일 밤, 습한 날씨와 일본군의 지속적인 자살 공격 속에서 제7근위기계화군단의 선견대가 타오난을 점령하고, 그동안 제9근위기계화군단은 둥랴오와 카이루를 향해 남쪽으로 진격을 계속했다.[110]

8월 13일, 제39군은 하이룽-아얼산과 쒀룬에 대한 공격을 멈추지 않았다. 그날 오후 내내 강력한 포병과 항공기의 공격준비사격 및 폭격을 실시한 후 제17근위소총사단 소속 돌격집단과 제44전차여단이 공격을 시작했고, 쒀룬은 곧 소련의 손에 떨어졌다. 소련군은 다음날에 일본군의 몇몇 대대급 역습을 격퇴시켰다. 제5근위소총군단의 제17, 91소총사단은 쒀룬에서 남쪽으로 뻗은 철도를 향해 왕예마오로 진격했다. 제44전차여단은 선견대로 활동하며 군단 제1 제파 소총사단들에 앞서서 소총 부대들과 함께 진격했다. 제44전차여단의 연료 부족으로 인해 군단 사령부는 제735자주포연대에 1개 포병대대, 1개 대전차대대, 1개 자주포대대로 구성된 새로운 선견대를 조직했다.[111] 남쪽을 향한 진격으로 소련군은 일본군 제107사단과 제2기병대대를 테포쓰에서 상대하게 되었다.[112] 일본군은 그날 밤부터 다음날까지 이어진 전투로 무너졌다. 제5근위소총군단 19소총사단은 우차커

110 Ibid. 제6근위전차군에 대한 항공 지원은 I. Sykhomlin, "Osobennosti vzaimodeistviia 6-i gvardeiskoi tankovoi armii a aviastsiei v Man'chzhurskoi operatsii", VIZh, April 1972:85~91 참조
111 Lyudinikov, Cherez, 63; Vnotchenko, Pobeda, 196~97
112 Lyudinikov, Cherez, 64; JM 155, 108

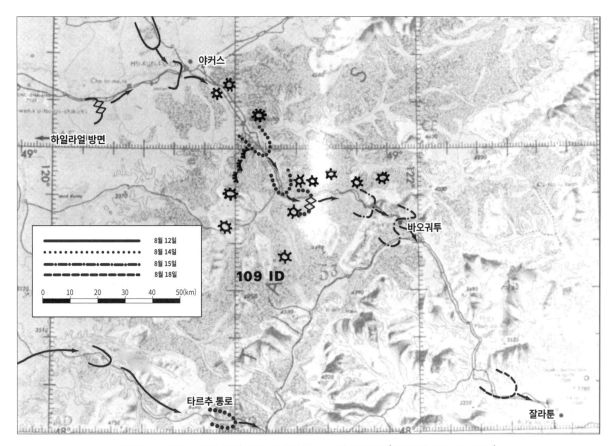

지도 24. 야커스에서 잘라툰으로 진격하는 소련 제36군 (1945년 8월 12~18일)

우 지역에서 후퇴해 오는 일본군 병력을 쒀룬 철도 서쪽에서 상대했다. 이 일본군은 하이 룽-아얼산 동쪽에서 온 제19, 124소총사단에 사이에서 포로로 잡혔다. 그동안 제206전차 여단이 선도하는 제113소총군단은 왕예마오로 진격을 계속했다. 8월 15일, 소련군 제113 소총군단과 제61전차사단은 왕예마오를 점령했다. 일본군은 몇몇 성공적이지 못한 역습 으로 도시를 탈환하려 했지만, 왕예마오 북쪽 고지에서 격퇴되었다.

자바이칼전선군의 북익인 제36군은 하일라얼 요새지역 공략을 계속했고, 야커스 남동 쪽에서 다싱안링 산맥의 통로를 통과하는 고난이도 행군을 진행 중이었다.[113] 제86소총 군단은 대규모 포격지원 하에 제94, 393소총사단으로 하일라얼 요새지역을 다시 공격했 다. 한편, 제2소총군단은 8월 12일에 제205전차여단을 앞세우고 야커스를 점령하기 위한 전투에 돌입했다. 제275소총사단은 야커스 너머로 진격했지만, 우누헤(臥牛河)에서 참호 를 파고 방어선을 구축한 일본군과 조우한 후 정지했다. 다음 이틀간 (8월 13~14일) 소련 제2 소총군단은 바오궈투 서쪽에서 다싱안링 산맥의 통로들을 지키던 일본 제119보병사단과 전투를 벌였다. 바오궈투 주변의 개활지 방면에 다싱안링 산맥을 통과하는 도로와 철도

113 지도24 참조

제9근위기계화군단 46근위전차여단이 도하하고 있다.

를 따라 설치한 일본군 요새지역이 소련군의 진격을 지연시켰다. 전투는 치열했고 목표를 탈취하기 위한 전진은 미터 단위로 진행되었다.[114]

관동군을 목표로 소련군이 진격을 계속하는 동안, 일본 정부가 항복을 결정했다. 소련군의 만주 침공과 미국의 원자폭탄 투하는 일본에게 있어 새로운 재앙이었다.

8월 14일, 일본은 연합국과 접촉해 포츠담 선언을 수용할 의사를 밝혔다. 일본군 주둔지들은 포츠담 선언 수용의 의미에 혼란스러워했다. 이 혼란에도 불구하고 덴노는 8월 14일에 교전 중지 명령을 내렸고, 대본영은 덴노의 명령을 배포했다. 야마다 장군은 명령을 위반하고 소련군에 대한 적대행위를 지속하라고 명령했고, 그 결과 교전 중지 명령의 일선 전달이 지연되었다. 많은 일본인들이 교전 중단 명령을 덴노에 대한 개인적 맹세와 상충된다고 여기면서 지휘체계 혼란의 원인이 되었다. 결국, 대본영이 개인적 맹세 문제를 해결한 8월 19일에나 소련-일본 간에 구체적인 협상이 시작될 수 있었다.[115]

극동군 사령부는 일본군의 의도에 대한 혼란 속에서 공세를 계속하기로 결정했다. 개별 일본군 부대들이 정부의 명령을 전달받지 못하거나 무시한 채 저항을 계속한 것이 그 이유였다.[116] 부분적으로 교전 중지 명령이 통한 곳도 있었고, 소련군의 공세가 일본군을 전반적으로 마비시키고 있었지만, 소련군은 끝까지 만주 전역을 통제하기 위해 움직였다.

8월 14일, 자바이칼전선군은 모든 지역에서 다싱안링 산맥을 돌파했다. 전선군은 전역의 최종 목표인 펑톈과 창춘을 점령하기 위해 움직였다. 8월 15일, 말리놉스키 원수는 칼

114   Luchinsky, "Zabaikal'tsy", 72; Vnotchenko, Pobeda, 197~98
115   Sttemenko, "Iz istorii razgroma," 56~60; Vnotchenko, Pobedo, 242~44, 277~78; Zakharov, Finale, 145-46, 153; IVMV 11:247—53; cf. JM 154, 18~25
116   Vnotchenko. Pobedo, 279.

창춘에 입성하는 소련군 자주포들

소련군이 뤼순으로 가는 수송기에 탑승하고 있다.

간, 츠펑, 펑텐, 창춘, 치치하얼을 8월 23일까지 점령하라고 명령을 갱신했다.[117]

8월 15일, 소련-몽골 기병-기계화집단은 2열종대로 넓은 독립된 경로로 진격해 캉바오(康保)에서 몽강군 제3, 5, 7기병사단의 강력한 저항을 상대했다. 남쪽 종대의 선견대인 제27차량화소총여단이 몽강군의 공격을 무너뜨렸다. 이틀간의 격렬한 전투 끝에 플리예프 상장의 남쪽 종대는 부대를 집중해 몽강군을 격파하고 포로 1,635명을 잡았으며, 캉바오시를 점령했다.[118] 8월 18일에 소련군과 몽골군은 칼간 외각에 도달했다. 대본영이 8월 18일에 관동군에 항복을 선언하라고 전달했지만, 칼간 북서쪽 요새지역의 일본군은 8월 21일까지 저항을 멈추지 않았다. 소련-몽골 기병-기계화집단은 형식적으로 만리장성을 넘고 베이징(北京)으로 진격해 중국의 팔로군과 합세했다.[119]

츠펑으로 진격하던 제17군은 적보다는 물 부족, 강렬한 더위, 사막 환경에 고통을 받았다. 힘겨운 행군 끝에 제17군은 일본군 제108사단의 잔존 병력을 격파하고 8월 17일에 츠펑을 점령했다. 다음 날 동안 제17군은 해안으로 이동해 핑취안(平泉)과 링위안(凌源)을 점령했고, 마침내 랴오둥 반도 해변의 산하이관(산해관, 山海關)에 도착했다.

8월 15일, 제53군은 제6근위전차군을 후속해 제17군과 제6근위전차군 사이에 생긴 간격을 메웠다. 제53군의 임무는 카이루 점령이었다. 일본군은 진격을 방해하지 못했고, 제53군은 9월 1일에 카이루, 차오양(朝陽), 푸순(撫順)과 구산(孤山)을 점령했다. 제53군 선견대는 랴오둥만의 진저우(錦州)를 점령했다.

제6근위전차군은 8월 14일에 2개 축선으로 진격해 일본군 제53보병사단과 제117보병사단 및 만주국군 특공대를 상대했다. 제7근위기계화군단은 동쪽으로 진격해 창춘으로 향했고, 그동안 제9근위기계화군단과 제5근위전차군단은 남쪽의 펑텐으로 향했다.

두 군단의 간격은 100㎞ 이상이었다. 수색 부대(모터사이클 대대)들은 정찰기들의 도움을 받으며 군단들 사이에서 움직였다. 8월 16일에 제5근위전차군단의 선견대와 제9근위기계화군단의 선견대가 둥랴오와 카이퉁(開通)을 점령했다. 8월 19일에는 전차군의 본대도 두 도시에 접근했다. 둥랴오에서 제5근위전차군단과 제9근위기계화군단은 일렬종대로 철도를 따라 진격해 펑텐으로 행진했다. 8월 31일에 제6근위전차군이 창춘과 펑텐을 점령했고, 이틀 후 소련군 공수부대가 도착했다. 연료가 부족했던 제6근위전차군은 철도를 통해 뤼순과 다롄(대련, 大連)으로 이동했다.[120]

8월 16일, 제39군은 왕예마오에서 창춘으로 향하는 철도로 이동했다. 적지 않은 규모의 병력이 보급선을 보호하고 우회한 일본군과 만주국군을 일소하기 위해 남았다. 그날 밤, 제39군의 선견대가 타오난을 점령했다. 다른 소련군은 하이룽-아얼산과 왕예마오로 향하는 길 양쪽에서 일본군과 전투를 벌였다. 특히 쒀룬 북쪽에서 강력한 일본군의 반격이 있

117 Ibid., 245~46
118 Vnotchenko, Pobedo, 280~81
119 중국 공산당은 일본군 및 장제스의 중국 국민당군을 상대로 작전을 수행하고 있었다. 소련군은 만주를 정복한 이후 공산당에 노획한 일본제 무기들을 넘겨주었고, 공산당에게 국민정부를 상대로 작전을 수행할 기지를 제공했다.
120 Vnotchenko, Pobedo, 280~81

펑톈에 착륙하는 소련군 공수 부대

었다. 이 시기에 제94소총군단 소속 2개 사단이 야전군의 주 작전 지역에 합류했다.

제358소총사단이 하이룽-아얼산 요새지역에 고립된 일본군 주둔지들을 소탕했고, 타르투(Tartu) 통로를 통해 다싱안링 산맥을 건너온 제221소총사단은 왕예마오 북쪽의 일본 제107보병사단 병력들과 교전했다. 제39군의 본대는 8월 17일에 타오난에 집결했고, 다음 날에 열차에 승차해 창춘으로 이동한 후 랴오둥 반도로 건너갔다. 제94소총군단은 야전군 후방에서 일본군 저항을 일소하라는 명령을 받고 전선군 예비대로 전환되어 왕예마오에 사령부를 설치했다. 일본 제107보병사단의 잔존 병력들은 제94소총군단을 상대로 8월 내내 저항을 계속했다. 8월 30일, 일본군 사단장은 마침내 포로 7,858명과 치치하얼 남서쪽 차라이(泰来)에서 제221소총사단에 항복했다.[121]

제36군 지역에서는 하일라얼 요새지역과 다싱안링 산맥을 넘어 바오궈투로 가는 경로상에 강력하게 저항하는 일본군이 남아있었다. 일본 제119보병사단의 바오궈투 방어는 거센 강우 속에서 치러졌고 소련군 제2소총군단은 8월 15~17일에 걸쳐 공격을 중단했다. 8월 17일에 바오궈투를 점령한 소련군은 남쪽으로 이동해 자란툰(札蘭屯) 철도역을 점령했다. 8월 18일, 일본군이 항복하기 시작했다. 제36군은 바오궈투에서 8,438명을, 자란툰에서 985명을 잡았다. 자란툰에서 치치하얼로 이동한 제36군은 별다른 저항을 받지 않았고,

121 Lyudnikov, Cherez, 101

부대이동 역시 거의 행정적이었다. 제36군은 최종목표인 치치하얼을 8월 19일에 점령하면서 일본군 6,000명의 항복을 받았다.[122] 제36군은 후방 하일라얼에서 일본군의 지속적이면서도 격렬한 저항을 상대했다. 제86소총군단은 중포를 사용해 도시 남서쪽과 북서쪽의 일본군 요새들을 순차적으로 정리해 나갔다. 일본군 거점들은 소련군 포병, 전투 공병, 보병들의 공격에 무너졌다. 소련군은 8월 18일에 하일라얼에서 일본군 수비대의 마지막 저항을 격파하고 이곳에서 포로 3,827명을 잡았다.[123]

결국 자바이칼전선군은 예정된 시간 내에 공세목표를 달성했다. 모든 실질적 목표를 달성했고, 적의 조직적 저항은 8월 18일에 멈췄다, 이 시기의 활동은 포로 이송, 일본군의 무장해제, 남은 지역 점령을 위한 행정 이동뿐이었다.

자바이칼전선군의 성공은 소련군의 대담한 진격과 일본군이 서부 만주에서 보여준 멍청한 대응의 합작품이었다. 일본군은 공격을 받자 중부 만주를 향해 후퇴하기로 결정했으며, 소련군의 진격에 도전하지 못했다. 일본 제107보병사단이나 제80독립혼성여단 같은 국경에 남은 부대들은 초기에 압도당하거나 고립되고 우회당한 끝에 결국 무너졌다.

그러나 일본군의 저항은 소련군을 긴장하게 했다. 만주로 철수하던 일본군 부대(제117보병사단)나 이미 만주 중부에 전개된 부대는 소련군에 대해 별다른 저항을 하지 못했다. 소련군 부대들이 타오난과 왕예마오에 도착하자 일본군은 사격을 멈추고 항복하기 시작했다. 만약 일본군이 소련군 부대가 이동하기 어려운 지형에서 진지를 구축하고 방어했다면 일본군의 저항은 한층 강해졌을 것이고, 뤄베이 서쪽 다싱안링 산맥의 협로에 소규모 부대라도 배치했다면 소련군의 진격을 심각하게 지체시켰을 것이다.

소련군의 연료 부족 문제를 감안하면 뤄베이와 투취안을 지키기 위해 전개된 병력이 제6근위전차군의 이동에 결정적 전환점을 만들었을 것이라고 해석할 수 있다. 일본군은 하일라얼과 하이룽-아얼산에서 어떻게 저항해야 하는지 보여주었다. 일본 제119사단이 수행한 야커스에서 바오궈투로 가는 다싱안링 산맥의 통로 방어는 다싱안링 산맥 내부 지대에서 수행 가능한 저항의 잠재적 가치를 보여주었다. 하지만 당시 소련군의 전력은 말할 나위 없이 압도적이었고, 공격 역시 과감했다.

반면, 예하부대와 협조하지 않고 명령 거부에 직면한 관동군 사령부의 적절하지 못한 행동은 상황을 급격히 악화시켰고, 소련군이 그들의 가장 낙관적인 시간표조차 뛰어넘는 성과를 거두게 했다. 따라서 자바이칼전선군의 행동은 만주 전역에 있어 가장 결정적인 행동이었으며, 소련군이 만주 전역에서 거둔 모든 승리를 압축해 놓았다고 할 수 있다.

··································
122   Vnotchenko, Pobedo, 218; Luchinsky, "Zabaikal'tsy."
123   Vnotchenko, Pobeda. 281

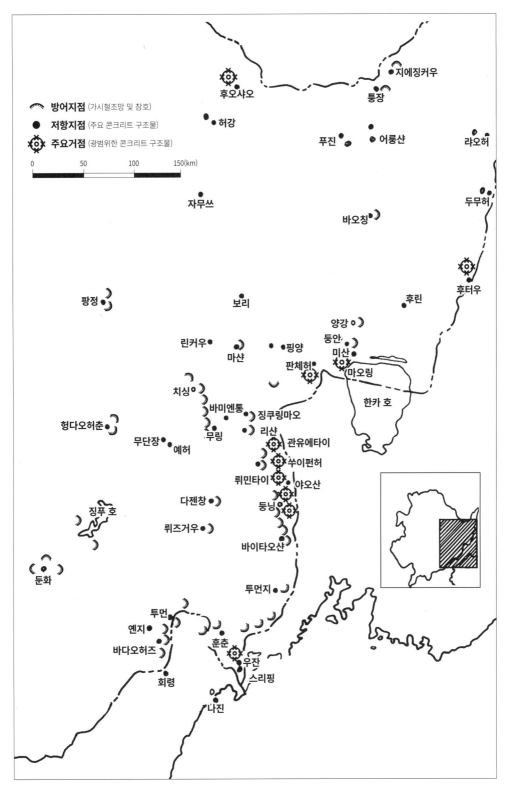

지도 25. 만주 동부의 일본군 요새지역

방어지점 (가시철조망 및 참호)
● **저항지점** (주요 콘크리트 구조물)
✹ **주요거점** (광범위한 콘크리트 구조물)

0   50   100   150(km)

후오샤오
허강
지에징커우
통장
푸진   어룽샨
랴오허
두무허
자무쓰
바오칭
후터우
팡정
보리
후린
양강
린커우
마샨
핑양
둥안
미산
판체허
마오링
치싱
한카 호
헝다오허춘
바미엔통
징쿠링마오
무단장 예허
무링
리샨
관유에타이
쑤이펀허
뤼민타이
야오산
다젠창
둥닝
징푸 호
뤼즈거우
바이타오샨
둔화
투먼지
투먼
옌지
훈춘
바다오허즈
우잔
스리핑
회령
나진

8. 제1극동전선군의 공세   107

8. 제1극동전선군의 공세

메레츠코프 원수가 지휘하는 제1극동전선군의 상황은 자바이칼전선군과 크게 달랐다. 우수리강에서 한카호수 북쪽 이만강에서 동해까지 이어지는 제1극동전선군의 공세 정면은 자바이칼전선군의 공세 정면보다 좁았고, 만주 동부의 일본 국경들은 서부 국경에 비해 요새화되어 있었다. 게다가 몇몇 요새들은 보다 규모가 크고 보다 기능적인 철근 콘크리트 구조물이었다. 이런 요새들은 다소 취약한 부분도 있었지만, 예허, 후터우, 쑤이펀허, 둥닝, 훈춘 등 만주 동부로 향하는 거의 모든 양호한 경로들을 통제하고 있었다. 만주 동부의 일본군은 국경에 소규모 부대를 배치하고 유사시 국경에서 80㎞가량 서쪽으로 떨어진 주 방어선에 대부분의 전력을 집중시킬 계획이었다.[124] 따라서 소련군의 임무는 일본 측이 대규모 부대 이동이 어렵다고 여기던 지형을 돌파해 국경지대를 신속히 통과하고, 국경의 요새지대를 우회-고립시키며, 만주 동부 지역으로 신속히, 그리고 종심 깊이 침투해 일본군 주 방어선 형성에 필요한 여유를 허락하지 않는 데 초점을 맞췄다.

제1극동전선군은 격렬한 뇌우라는 최악의 기상조건 속에서 야간 진격을 시작했다. 제35군의 후터우 공격을 제외하면, 진격에 투입된 제1극동전선군 소속 부대 모두가 포병의 공격준비사격 없이 악천후 속에 진격해야 했다. 비는 8월 9일 0600시까지 계속 쏟아졌고, 소련군은 이런 악조건 속에서도 일본군을 상대로 기습에 성공하며 일본군의 국경 초소들을 신속하게 제거했다. 0030시를 기해 전선군 수색 부대가 폭우 속에서 국경을 넘었다. 돌격부대와 선도대대가 수색대의 뒤를 따라 0100시부터 일본군 요새의 거점과 초소들을 점령하며 전선군 주력의 진격을 막는 주요 장애물들을 제거했다. 각 야전군의 주력 연대들은 0830시에 주공을 개시했다.

제1극동전선군의 주공은 N. I. 크릴로프 상장의 제5군이 담당했다.[125] 제5군의 3개 군단(좌익의 제17소총군단, 중앙의 제72소총군단, 우익의 제65소총군단)이 일본군 제124보병사단 소속 제273보병연대의 1개 대대가 방어하는 저항 거점인 볼린스크[126]를 정면과 북측면에서 공격했다.[127] 제5군의 좌익에서는 제105요새지구수비대[128]와 돌격공병들이 일본 제371보병연대 소속 1개 대대가 방어하는 쑤이펀허를 공격했다.

124 지도 26~29 참조
125 Vnotchenko, Pobeda, 200~303, 207~11. 공격 1~2일차에 대한 자세한 개관은 N. I. Krylov, N. I. Alekseev, I. G. Dragan, Novstrechu pobdde: boevioi put 5-i armii, kotiabr 1941g-august 1945g, 433~45; P. Tsygankov, "Nekotorye osobennosti boevykh deistvii 5-i armii v Kharbino-Girinskoi operatsii", VIZh, August 1975:83~89에서 볼 수 있다.
126 저자는 러시아 측의 표기와 함께 Kuanyuehtai로 병기했다. 현재의 관유에타이(观月台)에 해당한다. 이하 본문에서는 원문 통일성을 위해 볼린스크로 통일한다. (역자 주)
127 소련군의 정의에 따르면, 요새지구는 여러 저항거점으로 구성된다. 각 저항거점은 요새화된 지점, 화점, 그리고 참호 체계로 구성된다.
128 요새지구수비대는 대전 후 제105기관총-포병연대로 재명명되었다.

크릴로프, 니콜라이 이바노비치
(Krylov, Nikolai Ivanovich, 1903~1972년) **제5군 사령관**

1919년 - 붉은 군대 가담, 북캅카스에서 소대장과 중대장 역임 후 자바이칼 소총사단(블라디
　　　보스톡 배치)에서 대대장 역임
1920년 - 붉은 지휘관 보병/기관총 교육과정 이수
1920-1940년 - 참모와 지휘관직 다수 역임(극동에서 근무)
1928년 - 비스트렐 과정 이수
1941년 - 다뉴브 요새지구수비대 참모장, 해안 야전군 작전과정, 참모장 역임(오데사, 세바
　　　스토폴 근무)
1942년 - (9월) 제62군 참모장 (스탈린그라드 작전 참여)
1943년 - (4월) 제8근위군 참모장
1943년 - (10월) 제5군 사령관 (벨로루시, 동프로이센 작전 참여)
1945년 - 해안군관구 부사령관
1947년 - 극동군관구 사령관
1953년 - 극동군관구 부사령관
1956년 - 우랄군관구 사령관
1957년 - 레닌그라드군관구 사령관
1960년 - 모스크바군관구 사령관
1963년 - (3월) 전략로켓군 사령관 겸 국방차관

　　돌격부대와 수색 부대가 소총연대의 선도대대를 선도하며 0100시부터 공격을 시작했
고, 4시간에 걸친 전투 끝에 일본군의 전초 방어를 격파했다. 0830시에 소총연대의 제1
제파가 돌격부대를 따라 공격에 가세했다. 1개 전차여단과 1개 중자주포연대가 주공 축
선의 제1 제파 연대들을 지원했다. 공격은 신속하게 진행되었다. 제72소총군단은 볼린스
크 요새지구를 공격하고 몇몇 구획을 점령했다. 제2 제파가 남은 일본군 방어진지들을 소
탕한 후, 군단은 요새지역 후방 4~5㎞ 지점으로 진격했다. 1500시, 군단은 전차여단의 선
도 하에 서쪽으로 진격해 랴오차이잉(Liaotsaiying)으로 향했다.[129] 제65소총군단은 볼린스
크의 저항 거점의 북쪽 지점을 포위했다. 군단은 고립된 일본군 부대들을 제2 제파가 상
대하도록 하고 전차여단을 선견대로 세워 마치아초(Machiacho) 역을 향해 북쪽으로 진격
했다. 제17소총군단은 일본군 방어체계의 취약점을 공격했고, 남쪽으로 쇄도하며 쑤이펀
허 북쪽의 일본군 요새지역을 포위했다. 강습 공병들과 요새지구수비대들은 쑤이펀허에
서 만주 중부로 가는 주요 철도선과 터널들을 장악했다.[130]

　　8월 9일 밤에 제5군의 3개 군단은 일본군 방어선에 35㎞의 돌파구를 뚫고, 일본군 후방
16~22㎞ 지점까지 진격했다.[131] 제5군의 제2 제파인 제45소총군단이 제1 제파를 후속했
다. 전투 공병과 자주포로 강화된 제45소총군단 소속 소총연대들이 볼린스크, 쑤이펀허,
루민타이(鹿鳴台)의 일본군 요새들을 제거했다. 소련군은 3일 동안 모든 지점에서 침투해
들어갔다. 요새지역 후방 수이양의 일본군은 무링(穆棱) 지역으로 후퇴해 제124보병사단
본대와 합류했다.

129　지도29 참조
130　D. Khrenov, "Wartime Operations: Engineer Operations in the Far East", USSR Report: Military Affairs no. 1545 (20 November 1980):81~97,
　　　JPRS 76846, 러시아 간행물 즈나먀 1980년 8월호 번역
131　지도30 참조

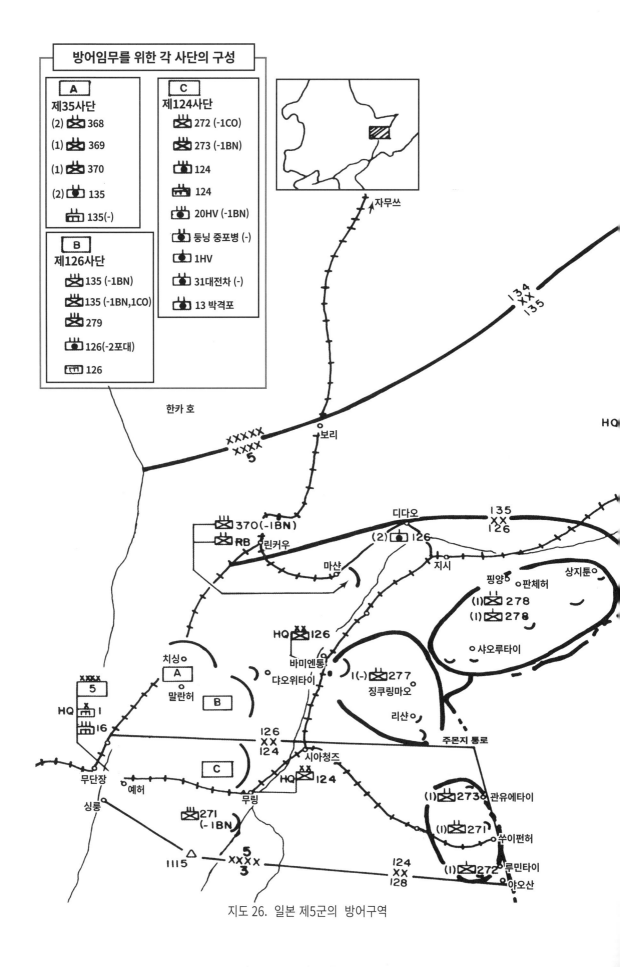

방어임무를 위한 각 사단의 구성

A

제35사단
(2) ⊠ 368
(1) ⊠ 369
(1) ⊠ 370
(2) ⊡ 135
⊟ 135(-)

B

제126사단
⊠ 135 (-1BN)
⊠ 135 (-1BN,1CO)
⊠ 279
⊡ 126(-2포대)
⊞ 126

C

제124사단
⊠ 272 (-1CO)
⊠ 273 (-1BN)
⊡ 124
⊟ 124
⊡ 20HV (-1BN)
⊡ 둥닝 중포병 (-)
⊡ 1HV
⊡ 31대전차 (-)
⊡ 13 박격포

자무쓰

한카 호

XXXXX
XXXX
5

보리

134
XX
135

HQ

370 (-1BN)
RB 린커우

디다오
(2) ⊡ 126
지시

135
XX
126

마샨

핑양 ○판체허   상지툰○

(1) ⊠ 278
(1) ⊠ 278

○샤오루타이

HQ ⊠ 126
바미엔퉁
댜오위타이

1(-) ⊠ 277
징쿠링마오

치싱○
| A |

말란허
| B |

리샨○

XXXX
5

HQ ⊡ 1
⊟ 16

126
XX
124

시아청즈
HQ ⊠ 124

주몬지 통로

| C |

무단장   ○예허   무링

(1) ⊠ 273○ 관유에타이

(1) ⊠ 271
쑤이펀허○

싱룽

⊠ 271
(-1BN)

△
1115

XXXX
5
3

124
XX
128

(1) ⊠ 272 ○루민타이
야오산○

지도 26. 일본 제5군의 방어구역

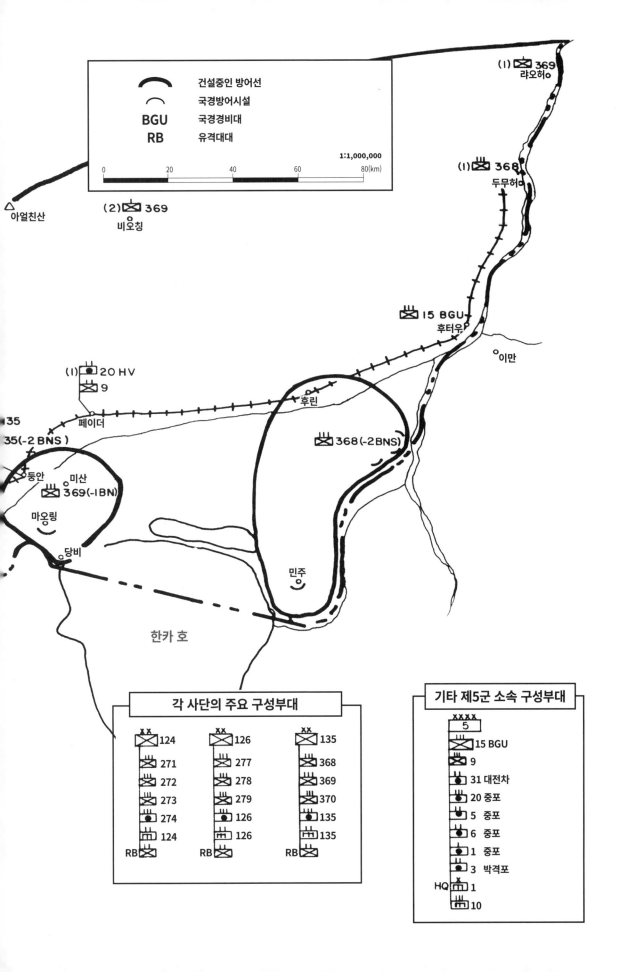

(1) 369
랴오허

(1) 368
두무허

(2) 369
비오칭

아얼친산

15 BGU
후터우

이만

(1) 20 HV
9

35

페이더

35(-2 BNS)

둥안   미산
369(-1 BN)

마옹링

당비

후린

368(-2 BNS)

민주

한카 호

건설중인 방어선
국경방어시설
BGU   국경경비대
RB   유격대대

1:1,000,000

0   20   40   60   80(km)

각 사단의 주요 구성부대

XX 124	XX 126	XX 135
271	277	368
272	278	369
273	279	370
274	126	135
124	126	135
RB	RB	RB

기타 제5군 소속 구성부대

XXXX
5
15 BGU
9
31 대전차
20 중포
5 중포
6 중포
1 중포
3 박격포
HQ 1
10

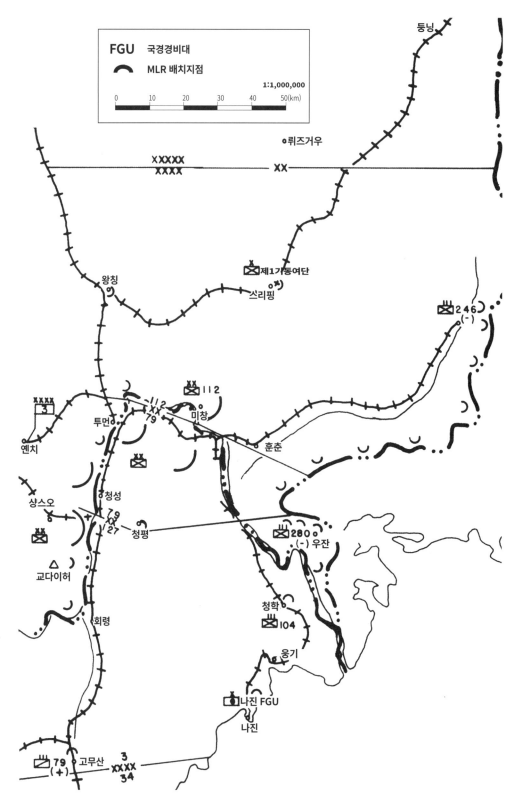

지도 26. 일본 제3군의 방어배치

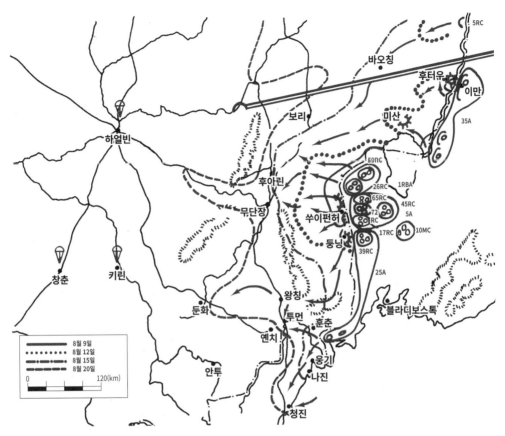

지도 27. 제1극동전선군의 작전 (1945년 8월 9~20일)

　다음날, 제5군은 일대의 다른 일본 요새지역 후방에서 서쪽과 남쪽으로 신속하게 진격했다. 일본군은 무링 서쪽의 철도로 철수를 시작했고, 일본 제124보병사단은 계획된 위치에서 제5군을 막을 준비를 했다.[132] 8월 10일 동안 제5군은 8~10㎞를 진격하며 돌파구를 75㎞로 확장했다. 제65소총군단의 주요 본대는 전차여단의 선도 하에 마치아초 역을 향해 북서쪽으로 진격했다. 제72소총군단은 소속 연대들을 일렬종대로 배열하고 선도 전차여단을 따라 무링강변의 시아청즈(下城子)를 향해 철도를 따라 북서쪽으로 진격했다. 제17소총군단은 루민타이 후방을 향해 남쪽으로 이동하며, 보다 남쪽에서 작전 중이던 제25군의 제39소총군단과 합류했다. 제72소총군단 63소총사단은 전차여단을 앞세워 남쪽으로 쇄도하고, 무링을 향해 북서쪽으로 진격해 일대에서 후퇴 중인 일본군을 포위하려 했다. 8월 10일 1700시, 전선군 사령관 메레츠코프 원수는 조정 계획에 따라 제5군 소속의 제17소총군단을 제25군에 배속시켰다.[133]

　제5군은 11일에 진격을 재개했고, 제65소총군단과 제72소총군단은 무링강에 도달한

132　JM 154, 184~85, 233~34
133　Vnotchenko, Pobeda, 222

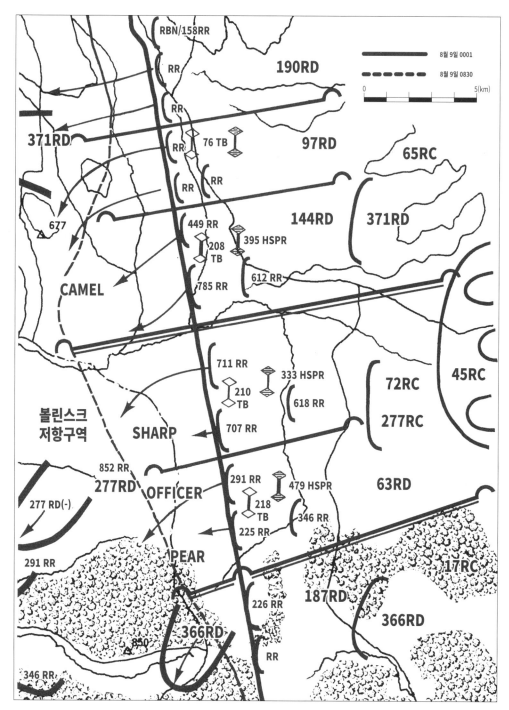

지도 28. 소련 제5군의 주공 구역 (1945년 8월 9일 0001시~0830시)

후 선견대를 강화했다. 초기 계획에 따르면 무링강 도달은 작전 8일 차에 달성하게 될 목표였다. 메레츠코프 원수는 제5군의 진격에 고무되어 무단장 방면의 진격 속도를 올리도

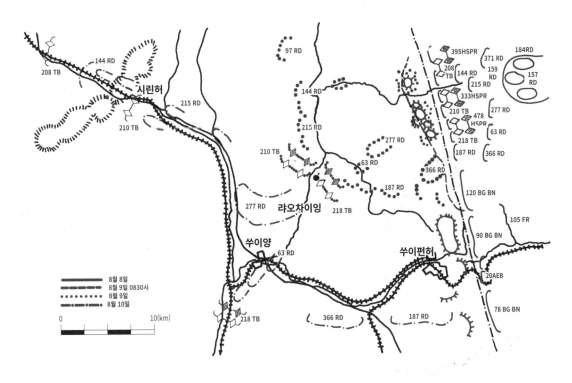

지도 29. 소련 제5군의 진격 (1945년 8월 9~10일)

록 지시했다. 초기 계획대로라면 무단장은 작전 17일 차에 점령해야 하는 목표였다.[134]

크릴로프 상장은 메레츠코프의 명령에 따라 제72전차여단에 1개 중자주포연대, 2개 소총대대를 배속하여 강력한 야전군급 선견대를 편성하고, 무단장으로 향하는 도로로 급파했다. 선견대는 8월 11~12일 밤 내내 진격을 계속했고 제5군 소속 사단들이 행군 종대로 후속했다. 12일 아침에 일본 제135군의 2개 대대로 구성된 사사키(佐佐木) 지대(支隊)[135]가 타이마커우(太馬口)에서 소련군 선견대에게 강력한 반격을 실시하여 진격을 중단시키고 상당한 손실을 강요했다.[136] 제97, 144소총사단이 도착해 선견대를 증강했고, 이후 30분에 걸친 포병 공격준비사격이 끝나자 제5군은 일본군 화점들을 일소하고 무단장을 향해 진격을 계속했다.

134 Ibid., 220; Krylov et al., Navstrechu, 442~43
135 일본군에서 지대는 특별한 임무를 수행하기 위해 임시로 편성된 부대를 말한다. 원문에서는 Detachment로 표기되었다. (역자 주)
136 Vnotchenko, Pobeda, 220~21. 일본 측의 사료와 일치하지 않으며, 일본 측 사료에 있는 제124보병사단 소속 사사키 지대의 제한적인 반격에 대한 추산이 보다 신뢰성이 있다. JM 143, 236 참조. 제5군은 전차들이 사사키 지대를 '쉽게 돌파했다'라고 기술했지만, 사실 소련 전차들은 고바야시(小林) 지대에 8월 12일 내내 붙잡혀 있었다. JM 154, 197 참조. 소련 측 추산은 제124보병사단의 추산을 뒷받침해 준다.

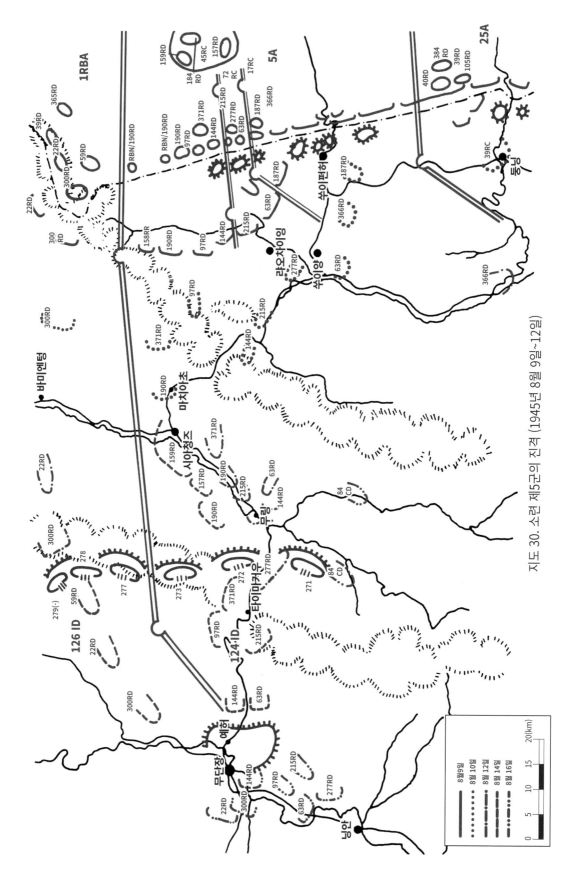

지도 30. 소련 제5군의 진격 (1945년 8월 9일~12일)

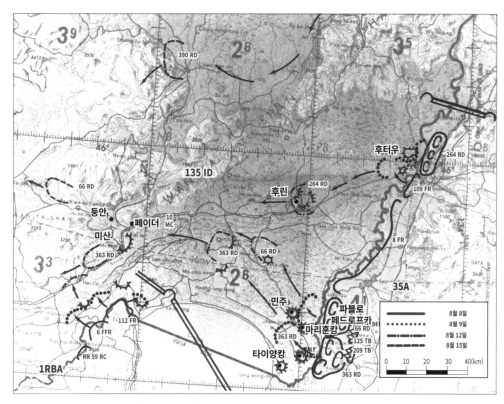

지도 31. 소련 제35군의 진격 (1945년 8월 9-15일)

8월 13일에 무단장으로 향하는 도로와 철도를 따라 폭 5~7㎞, 깊이 30㎞의 회랑이 개방되었다. 제63, 144소총사단은 각각 1개 전차여단을 선견대로 앞세우고 진격을 계속했다. 다른 소련군 사단들은 주 진격로 60㎞ 후방에 흩어져 고속도로 북쪽과 남쪽에서 일본군 저항을 일소했다. 맹렬한 공격을 받은 끝에 우회당한 일본 제124보병사단은 고속도로 북쪽 언덕으로 후퇴한 이후 난데없이 남서쪽으로 언덕을 통해 침투하는 등 혼란스러운 행동을 거듭한 끝에 8월 22일에 무단장 남서쪽 닝안(寧安)에서 항복했다.[137] 그동안 일본 제126, 135보병사단은 소련 제5군의 진격 지역 북쪽에 위치한 방어 지역에서 후퇴한 후, 사전에 방어선으로 계획된 무단장으로 향했다.

8월 13일 밤, 제5군은 일본군의 소대~대대급 반격을 격퇴한 뒤에 무단장 외곽의 요새지역으로 접근하며 회랑의 폭을 12~13㎞로 확장했다.[138] 이 전투 국면은 만주 전역에서 흔치 않은, 다수의 사단들이 동원되는 전형적 전투였다.

제1적기군은 제5군의 공격을 우측에서 지원했다. 제1적기군의 작전지역은 제5군의 우익까지 이어졌는데, 북쪽과 북서쪽은 빽빽한 산악 삼림지대였으며, 동쪽으로는 티그라(Tigra)강 계곡에서 한카호수 경계에서 개활지로 연결되었다. 제1적기군의 상대인 일본군

137   JM 154, 238~44
138   제5군의 공격을 지연시킨 일본군 전력은 고바야시 지대와 관동군 군관학교 2개에서 온 사관생도들이었다.

만주 상공을 비행하는 소련군 폭격기들

의 국경 부대와 일본 제135보병사단이 소대~대대급 전초들로 방어선을 구축해 놓고 있
었다. 동쪽 끝의 일본군 화점들은 강력히 요새화된 미산 요새지역 남쪽까지 이어져 있었
다.[139] 제1적기군 사령관 A. P. 벨로보로도프 상장은 주공으로 자신이 지휘하는 2개 군단
(좌익의 제26소총군단과 우익의 제59소총군단)을 야전군 좌익의 16㎞ 지점에 집중시켰다. 한카호수
동쪽의 남은 작전 지역에는 증강된 제112요새지구수비대와 제6야전 요새지구수비대를
배치했다.[140] 제1적기군의 주공은 빽빽한 삼림으로 뒤덮여 있는 구릉지를 10~15㎞가량
돌파하고 2개 축선에서 진격을 계속해 상대적으로 개활지에 가까운 바미엔통과 리슈(梨
樹)를 점령한 후, 무단장과 린커우 북서쪽을 향해 공격을 계속해 나갔다. 제1적기군의 우
익인 요새지구수비대가 제35군이 동쪽에서 미산을 목표로 한 작전 수행에 보조를 맞춰
미산 남쪽으로 소규모 조공을 개시했는데, 결과적으로 제1적기군은 무단장에서 제5군과,
제35군과 미산-린커우에서 합류하게 되었다.[141]

....
139   JM 154, (pt. F) map 3, 250~53, 287
140   야전 요새지구수비대는 기관총 대대와 포병 대대로 구성되었다는 점에서 정규 요새지구수비대와 유사하지만, 야전 요새지구 수비대는 정규 요새
      지구수비대과 달리 배속된 차량을 활용해 전술적인 기동이 가능했다.
141   A. Beloborodov, "Na sopkakh Man'chzhurii", pt. 1, VIZh, December 1980: 34~35

제1적기군 사령관 벨로보로도프 상장이 공세 전에 시행한 훈련을 감독하고 있다.

벨로보로도프, 아파나시 파블렌티예비치
(Beloborodov, Afanasy Pavelent'evich. 1903~1990) **제1적기군 사령관**

1919년 - (11월)이르쿠츠크의 우바로프 파르티잔 지대 소대장 역임
1923년 - 붉은 군대 가담, 니즈니네고로드 보병학교에서 수학
1929년 - 프리드리히 엥겔스 군사정치 교육과정 이수
1930년 - 극동에서 복무
1936년 - 프룬제 군사대학에서 수학
1936~39년 - 제66소총사단(독립 극동 적기군 소속) 부사단장, 작전과장 역임
1939년 - (3월) 제31소총군단 작전과장
1939년 - (6월) 제43소총군단 참모장
1941년 - (1월) 극동전선군 훈련과장
1941년 - (7월) 제78소총사단장
1941년 - (11월) 제9근위 소총사단장 (모스크바 작전 참여)
1942년 - (9월) 제5근위소총군단장(벨리키루키 작전 참여)
1943년 - (8월) 제2근위소총군단장(네벨, 비텝스크 작전 참여)
1944년 - (5월) 제43군 사령관 (동프로이센 작전 참여)
1945년 - (6월) 제1적기군 사령관
1946~47년 - 근위군 사령관
1947~53년 - 제39군 사령관(뤼순에 주둔)
1953년 - 지상군 훈련국장 역임 후 비스트렐 과정 책임자 역임, 이후 주독소련군 중부 군집단 부사령관 역임
1955년 - 보로네시 군관구 사령관
1957년 - 주간부국 국장
1963년 - 모스크바 군관구 사령관
1968년 - 국방부 감찰단 감찰관 겸 고문

소련군의 중포가 일본군 진지를 포격하고 있다

제1적기군의 주요 장애물은 빽빽한 삼림지대로, 당시 이 숲들은 폭우로 젖어 있었다. 일본군은 소대급, 중대급 전초들을 국경에, 몇 안 되는 대대급 화점은 국경 서쪽 15~20㎞ 지점에 연해 배치했다. 진격하는 소련군 소총사단들은 숲속에서 진격로를 개척해야 했는데, 이를 위해서는 막대한 공병 지원과 신중히 조직된 행군 종대 대형이 필요했다. 제26소총군단 지역에서 제22, 300소총사단이 앞장섰고, 제59소총군단 지역에서는 제39, 231소총사단이 선두로 나섰다. 전차여단들은 각 군단 소속의 진격 사단들을 후속해 각 군단이 삼림 지대에 길을 뚫으면 진격을 선도하게 되었다. 군단마다 각각 2개 소총사단이 제2 제파를 구성했다.

제1적기군의 공격은 제5군의 공격과 동시에 시작되었다. 막대한 폭우가 포병 공격준비 사격과 탐조등 사용을 방해했지만, 돌격부대들이 8월 9일 0100시부터 공격을 선도했다. 각 소총사단의 진격 대대들과 사단은 복수의 축선에서 행군 종대로 진격했다. (제300소총사단은 3열 종대로, 제22소총사단과 제39소총사단은 2열 종대로 행군했다.)[142] 행군 종대들은 진로를 개척하고, 확장했다.[143] 8월 9일 밤, 선두 사단의 부대들은 만주 방면으로 5~6㎞를 진격했고 첫 번째 장애물인 시토우허(石頭河)를 도하했으며, 삼림 지대의 반을 통과했다. 그날 밤 동안 제1적기군의 주력 부대가 진격 부대에 접근했고, 전차여단들은 진격을 선도할 준비를 했다.

8월 10일 아침, 도로 건설이 계속되었고, 아침나절에는 모든 전력이 개활지에 진입했다. 전차여단들은 이제 서쪽을 향해 급속 전진했다. 제26소총군단 지역에서 제257전차여단이 제300소총사단 전면, 제22소총사단 우측면에 섰다. 제75전차여단은 제59소총군단

142 제231소총사단의 행군 종대 구성에 대한 자료는 없다.
143 Vnotchenko, Pobeda, 205~7, supplement 5, 6

일본군 점령지를 포격하는 카츄사

무단장으로 가는 길

39소총사단 전면, 제365소총사단의 후면에 배치되었다. 소련 제257전차여단, 제300소총
사단, 제22소총사단은 일본 제126보병연대의 제277보병연대와 전투를 치르고 저항을 일
소하면서 2100시에 바미엔통 시를 점령했고 무링강의 중요한 교량들을 확보했다.[144]

....
144 Vnotchenko, Pobeda, 216~17. JM 154, 154, 186, 256~29에 있는 일본 측의 추산에 따르면 8월 10일 1600시에 공격 명령이 하달되었으며 8
    월 11일에 소련군이 마을을 점령했다. Beloborodov, "Na sopkakh Man'chzhurii", pt.2 , VIZh, January 1981:45는 제257전차여단이 교량과
    바미엔통에서 저녁까지 철도를 확보했으며, 8월 11일에 일본군을 마을에서 일소했다고 언급했다. 소련은 일본군 400명이 전사했다고 계산한
    데 반해, 일본 측은 전사자를 500명으로 계산했다.

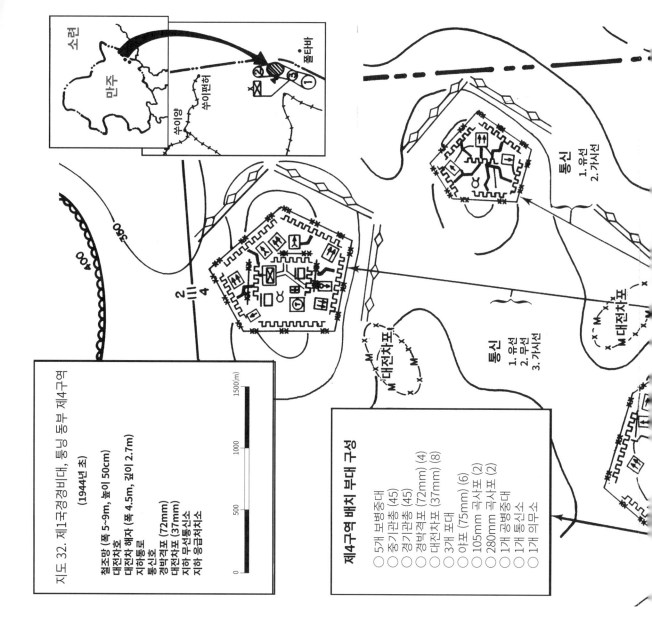

지도 32. 제1국경경비대, 둥닝 동부 제4구역
(1944년 초)

철조망 (폭 5~9m, 높이 50cm)
대전차호
대전차 해자 (폭 4.5m, 깊이 2.7m)
지하통로
통신호
경박격포 (72mm)
대전차포 (37mm)
지하 무선통신선
지하 응급저치소

0 500 1000 1500(m)

제4구역 배치 부대 구성

○ 5개 보병중대
○ 중기관총 (45)
○ 경기관총 (45)
○ 경박격포 (72mm) (4)
○ 대전차포 (37mm) (8)
○ 3개 포대
○ 야포 (75mm) (6)
○ 105mm 곡사포 (2)
○ 280mm 곡사포 (2)
○ 1개 공병중대
○ 1개 통신선
○ 1개 의무소

통신
1. 유선
2. 가시선

통신
1. 유선
2. 무선
3. 가시선

제26소총군단의 본대는 11일에 바미엔통에 도착했고 3일 동안 45㎞를 진격했다. 그동안 군단은 도시를 완전히 점령하고 제257전차여단과 제300소총사단의 부대들은 서쪽과 남서쪽으로 계속 진격하며 후퇴하는 일본군을 추격했다. 보다 북쪽의 제75전차여단은 제257전차여단이 그랬듯이 리슈에서 무링강을 건너는 다리를 확보했다. 다음 날 아침에 제39소총사단이 리슈에 도착했고, 린커우를 향해 진격하며 후퇴 중인 일본군을 추격했다. 제1적기군의 우익인 제112요새지구수비대와 제6야전요새지구수비대는 제59소총군단의 1개 소총연대를 배속받아 전력을 강화한 후, 일본 제135보병사단의 제369보병연대 관할 국경 초소들에 압력을 가하며 미산을 향해 북쪽으로 서서히 진격했다. 8월 11일 밤, 소련군은 미산 남쪽에서 무링강을 건너 미산 요새지역을 점령중이던 제35군과 합류했다.

바미엔통-미산 지역 방어를 담당한 일본 제126보병사단과 제135보병사단은 소련군의

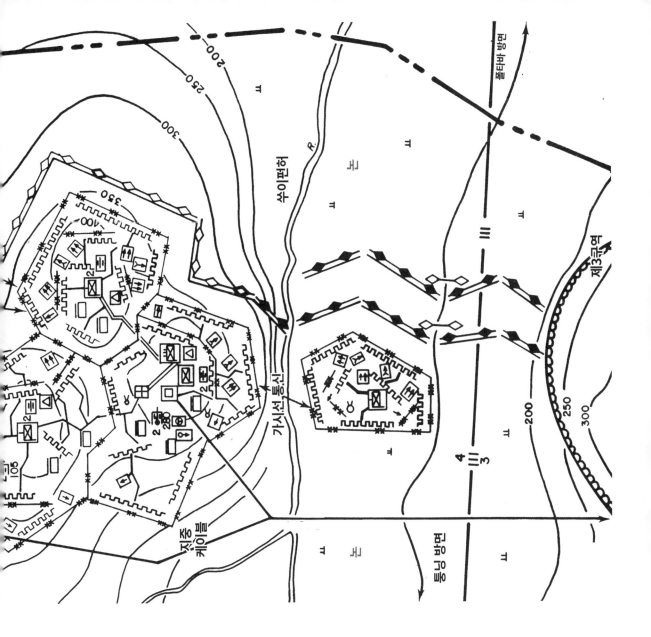

공격에 급격히 후퇴했다. 일본군의 의도는 무단장 동쪽에서 제124보병사단과 함께 북쪽에서 남쪽으로 이어지는 방어거점을 점유하는 것이었다. 제126보병사단은 지싱춘(自興村) 근처를, 제135보병사단은 치싱에서 무단장 북쪽과 북서쪽을 방어하려 했다. 일본군은 린커우를 향해 돌파해 오는 소련군을 상대로 제한적인 저항밖에 하지 못했다.[145]

소련 제1적기군은 리슈와 바미엔통을 확보한 후, 휴식 없이 진격을 계속해 일본군의 방어계획을 무너트렸다. 제257전차여단은 제300소총사단과 함께 지싱춘의 일본 제126보병사단과 조우하자 포위-우회하여 지싱춘으로 밀어냈고, 8월 12일 오후까지 린커우-무단장 철도선을 절단한 후, 잔여 일본군 부대들을 포위했다. 당시 전차여단의 가용 전력은 정

---

145   JM 145, 187~90, 199~201, 260~62, 289~92

비가 필요한 전차 19대까지 줄어들었다.[146] 전차여단은 전력 감소에도 불구하고 남쪽으로 진격을 계속해 후아린(樺林)에서 무단강을 건너는 철교 점령을 시도했다. 8월 13일 0500시, 제257전차여단이 후아린의 철도역을 점령했다. 중요한 철교가 역 남쪽 2㎞ 지점에 있었지만, 여단이 철교에 도달하기 전에 일본군이 철교를 폭파했다. 일본 제135보병사단 370보병연대 소속 타키가와(瀧川) 대대의 강력한 저항으로 인해 전차여단은 그날 내내 무단강의 도하점을 확보하지 못했다.[147]

전투가 진행되는 동안 열차가 북쪽에서 후아린으로 진입해 일본 제135사단 사단장과 사단 참모, 보병연대 병력을 내려놓았다. 제257전차여단이 다수의 열차들을 파괴했지만 일본군은 전반적으로 전력을 유지하며 방어선으로 집결했다. 8월 13일 1800시, 전차여단은 후아린 외곽에서 일본군의 강력한 공격에 후퇴했다. 그날 밤, 일본군은 전차여단의 포위망을 돌파하고 후아린 북동쪽에 방어선을 구축하며 증원병력을 기다렸다. 여타 소련군들은 제257전차여단 지원을 위해 바미엔통과 지싱춘에서 남서쪽을 향해 두 경로로 달려왔다. 제22, 300소총사단이 남쪽으로, 제77전차여단과 제59소총사단은 북쪽으로 왔다.[148]

제1적기군의 우익(북익)인 제75전차여단과 제59소총군단 39소총사단은 8월 13일에 린커우를 점령했다. 일본 제135보병사단 370보병대대와 사단 사령부는 치싱과 무단장을 향해 남쪽으로 후퇴했다. 제369보병연대는 린커우 남쪽에 남아 있다 8월 17일에 얼다오허춘(二道河村)으로 철수했다. 제75전차여단과 제39소총사단은 무단장을 향해 남쪽으로 선회해 제365소총사단을 따라 린커우에서 일본 제369보병연대를 추격했다. 8월 14일부터 전투 국면은 무단장 전투의 도입부로 넘어갔다. 일본 제126, 135보병사단의 주요 부대들은 북쪽에서 접근 중인 소련 제1적기군과 동쪽에서 접근중인 제5군을 저지할 준비를 하며, 제1방면군사령부로 연결되는 주요 통신경로인 무단장을 잃지 않기 위해 노력했다.

무단장 전투는 이틀 동안 격렬하게 진행되었다.[149] 제1적기군의 제22, 300소총사단이 제77, 257전차여단의 지원을 받으며 도시 북쪽과 동쪽, 무단강 동안의 예허(葉赫) 역을 공격했다. 제5군은 쑤타오링의 일본군 우익이 위치한 도시 남동쪽의 고지들을 공격했다. 결국 제1적기군은 8월 16일까지 시가지로 진입했고, 제5군은 도시 남쪽을 타격한 후 닝안을 향해 남서쪽으로 진격을 계속했다. 일본 제126, 135보병사단은 8월 16일 오후 동안 헝다오허춘(橫道河村)을 향해 서쪽으로 후퇴했다. 각 사단의 부대들, 특히 제126보병사단의 제278보병연대와 제135보병사단의 타키가와 대대는 후퇴 명령을 따르지 않았다. 제278보병연대는 무단장에서 저항하다 한 명도 살아남지 못했다. 타키가와 대대는 후방까지 돌파당했고 소규모 부대로 줄어든 채 낙오되었다.[150]

....
146 Beloborodov, "Na sopkakh Man'chzhurii", pt. 2, 45~46; Vnotchenko, Pobeda, 218
147 Beloborodov, "Na sopkakh Man'chzhurii", pt. 2, 46~47; Vnotchenko, Pobeda, 218~19; JM 154, 207~8, 292~94
148 Vnotchenko, Pobeda, 218~19; JM 154, 200~201, 297~98; V. Ezhakov, "Boevoe primenenie tankov v gorno-taezhnoi mestnosti po opytu 1-go Dal'nevostochnogo fronta", VIZh, January 1974:80
149 Vnotchenko, Pobeda, 253~60; Beloborodov, "Na sopkakh Man'chzhurii", pt. 2, 47~51; Krylov et al., Navstrechu, 445~46; V. Timofeev, "300-ia Strelkovaia diviziia v boiakh na Mudan'tsyanskom naparvlenii", VIZh, August 1978:53~55; JM 154, 202~8, 263~73, 292~97
150 JM 154, 212, 272

일본군 주둔지를 공격하는 포병

　무단장 함락 이후, 제1적기군이 하얼빈 방면인 북서쪽으로 진격을 계속했다. 제5군은 닝안, 둔화, 지린을 향해 남서쪽으로 진격했다. 8월 17일에 제1적기군은 주변지역 14㎞가량을 점령하며 적의 소규모 부대를 일소했다. 제5군 72소총군단은 무단강 동안에서 남쪽으로 진격했고, 닝안 북쪽에서 강을 도하하는데 실패했다. 제277소총사단은 8월 17~18일 밤에 일본군의 강한 저항을 상대로 성공적인 야간 도하에 성공했다. 다음 날, 제72소총사단의 나머지 부대가 무단강을 건넜다. 8월 18일, 마침내 일본군이 항복하자 제1적기군과 제5군 병력들은 항복한 일본군을 후송했다. 8월 20일에 제1적기군 선견대가 하얼빈에 도착해 소련군 공수 부대와 제2극동전선군의 제15군 병력들과 합세했다.[151]

　제1극동전선군과 한카호수 북쪽, 제1적기군 우익에 배치된 제35군은 서쪽을 향해 공격하도록 전개되었다. 이 지역의 상황은 다른 지역과 완전히 달랐다. 제35군의 임무는 후터우와 미산 요새지역, 보리와 린커우 시 점령이었다. 이 목표를 위해 소련군은 우수리강과 쑹화강을 건너 한카호수와 쑹화강, 무링강 사이의 늪지대를 건너고 후터우, 미산 요새지역을 극복해야 했다. 일본군은 후터우를 제15국경수비대로 방어하고, 제135보병사단 368보병연대를 쑹화강 서안을 따라 설치한 중대급 거점에 전개시켰다. 제135보병사단의 잔

151　공수부대는 제20차량화강습공병여단에서 출발했다. D. S. Sykhroukov, ed., Sovetskie vozdushono-desantyne, (Moskva: Voennoe Izdatel'stvo, 1980), 253~54; Khrenov, "Wartime Operations", 94~96 참조

여 연대는 둥안 근처에 전개하고, 바오칭과 라오허 북쪽에 중대급 지대를 배치했다.[152]

제35군 사령관 N. D. 자흐바타예프 중장은 주공으로 야전군 전개 지역 남쪽인 쑹화강 도하를 실시하기로 결심했다. 제363소총사단이 좌익, 제66소총사단이 우익으로 파블로-페데롭카(Pavlo-Pederovka) 서쪽에서 강을 도하하고, 한카호수 동쪽 일본군 초소들을 격파한 후, 2개 전차 여단을 선봉으로 한카호수 북쪽 지역의 늪지대를 통과해 미산을 점령하고, 미산-후터우 간 보급선을 절단하여 요새들을 고립시켰다. 제35군의 북익인 제264소총사단과 제109요새지구수비대는 이만에서 우수리강을 건너 후터우 남쪽으로 공격해 후터우 요새지역을 고립시킨 후 우회하여 후린(虎林)을 점령하고, 궁극적으로 야전군 좌익 사단들과 둥안(東安)과 페이터(菲特)에서 합류하게 되었다. 둥안에서 재집결한 제35군은 독립된 축선으로 보리와 린커우로 진격했다. 제8요새지구수비대는 야전군의 중앙인 레소나보드스크에서 이만 남쪽으로 우수리강을 건너 국지적인 공격을 수행하게 되었다.[153]

자흐바타예프, 니카노르 드미트리예비치
(Zakhvatayev, Nikanor Dmitrievich, 1898~1963) **제35군 사령관**

1916년 - 제정 러시아군 입대
1916년 - 사관후보학교 졸업 후 연대 기관총대 지휘
1918년 - 붉은 군대에 가담
1920년 - 포병학교 졸업 후 포병 대대 부관 역임
1921년 - 연대 참모장 후 붉은 군대 감찰통제단(군사훈련단)에서 근무. 이후 연대장 역임
1930년 - 비스트렐 과정 이수
1935년 - 프룬제 군사대학에서 수학
1939년 - (9월) 참모대학 고급전술 교관
1941년 - (6월) 남서 전선군 작전과 부과장
1941년 - (11월) 제1충격군 참모장(모스크바 작전 참여)
1942년 - (5월) 제1근위소총군단장(데만스크 작전 참여)
1942년 - (12월) 제12근위소총군단장
1944년 - (5월) 제1충격군 사령관
1945년 - (3월) 제4근위군 사령관
1945년 - (7월) 제35군 사령관
1945년 - 해안 군관구 사령관 역임 후 벨로루시 군관구 참모장 역임
1951년 - (12월) 돈 군관구 사령관
1953년 - (10월) 벨로루시 군관구 부사령관
1955년 - (4월) 총참모부 부참모장
1957년 - (6월) 헝가리 인민군 수석 군사고문
1960년 - 퇴역

8월 9일 0100시, 소련 제75국경경비대의 돌격 분견대가 우수리강과 쑹화강을 경비정으로 도하했고, 0200시에는 일본군 초소들로 침투해 쑹화강 서안에 도하점을 확보했다. 15분간의 공격준비사격 이후 제66, 363소총사단의 2개 진격 대대가 강을 건넜다. 일본군의 저항은 없었지만[154] 폭우와 강의 범람으로 인해 일대의 통과는 쉽지 않았다. 통로를 개척

152   JM 154, 274~76, 281, 287
153   S. Pechenenko, "Armeiskaia nastupatel'naia operatsiia v usloviiakh dal'nevostochnogo teatra voennykh deistvii", VIZh, August 1978:44~45; S. Pechenenko, "363-ia strelkovaia diviziia v boiakh na Mishan'skom napravlenii", VIZh, July 1975:38~40, Vnotchenko, Pobeda, 203~4
154   당시 소련군의 공격준비사격 시행 여부는 사료별로 상이하게 기록되어 있다.

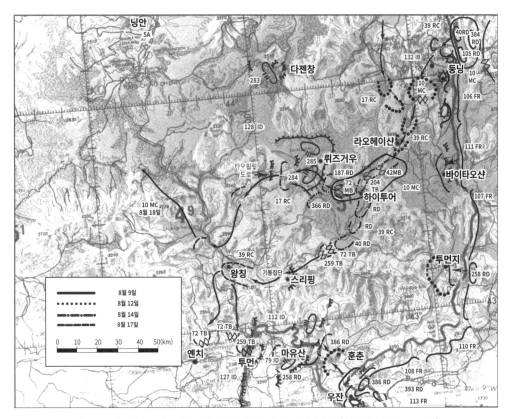

지도 33. 왕칭 및 옌치 방면을 향한 소련 제25군의 진격 (1945년 8월 9-17일)

하기 위해 야전군 사령부는 각 사단에 추가적인 공병 지원을 할당했다. 제66소총사단은 늪지대 깊숙이 침투하여 12㎞를 진격했으며, 2000시를 전후해 민주(民主) 마을 북서쪽 2㎞ 지점에 도착했다. 제363소총사단은 0900시에 쑹화강 도하를 완료하고 1100까지 늪지대를 건넌 후, 마리훈캉(馬里环康)에서 일본군의 강력한 저항에 직면했다. 5개 특화점에 있던 1개 일본군 중대는 소련 보병들의 강습을 상대하다 76mm 연대포병의 직사화력에 노출되었다. 제363소총사단은 1900시경에 일본군의 저항을 격파하고 진격을 재개해 2300까지 민주 남서쪽 경계에 도달했다.[155]

8월 10일, 제66, 363소총사단은 북서쪽으로 진격을 계속했다. 연료 부족과 좋지 않은 지형으로 인해 전차여단들이 뒤처졌음에도 진격속도는 매우 빨랐다.[156] 제363소총사단이 8월 12일에 미산을 점령했고, 제66소총사단은 8월 13일에 둥안을 저명하여 후터우 방면의 고속도로와 철도를 차단했다. 일본군의 저항은 제135보병사단이 린커우로 후퇴하고 무단장에서 방어진지를 구축하라는 명령을 받으면서 사라졌다.

제35군의 우익인 제264소총사단과 제109요새지구수비대가 후터우 공격을 준비했다.

155 Pechenenko, "Armeiskaia", 45; Pchenenko, "363-ia strelkovaia diviziia", 42~44
156 Ibid., 47

35분간의 공격준비사격 이후 돌격부대가 후터우 남쪽에서 우수리강을 건넜다. 소련군 폭격기들은 2시간에 걸쳐 이 지역을 폭격했고 일본군 방어를 교란시켰다. 8월 9일 밤에 제254소총사단이 후터우를 남쪽에서 포위하고 철도 교차점을 점령했으며, 후린으로 가는 고속도로를 차단했다. 다음날 후터우 시가 소련군의 손에 떨어졌고, 잔존 일본군은 후터우 북쪽과 북서쪽의 강력한 요새지역에 틀어박혔다. 제264소총사단 1056소총연대와 제109요새지구수비대는 강력한 포병 지원을 받으며 요새를 체계적으로 무너뜨릴 준비를 했고, 이 어려운 과정은 8월 18일에 끝났다. 소련군은 후터우의 격렬한 방어전에서 일본군 3,000명이 죽었다고 주장했다.[157] 그동안 제264소총사단의 본대는 서쪽으로 이동해 후린 방면 철도를 따라 35㎞가량 일대를 소탕한 끝에 8월 12일 오후에 후린 시를 점령했다. 제254소총사단이 제35군의 나머지 병력과 둥안과 미산에서 8월 13일에 합류했다.

8월 13일 이후, 제35군은 저항중인 잔여 일본군 부대들을 격파하며 진격에 박차를 가했다. 보리 축선에서 선견대와 작전을 수행하던 제66소총사단은 일본군의 경미한 저항을 몰아내고 8월 15일 저녁까지 선견대로 보리를 점령했다. 제66소총사단의 본대는 8월 17일까지 보리에 도착했고, 8월 19일에는 바오칭에서 산을 건너온 제2극동전선군 5독립소총군단과 합류했다. 제363소총사단은 린커우 축선에서 작전중이었고, 제125전차여단을 선견대로 운용했다. 제363소총사단은 8월 17일에 지시(鷄西)를 통과한 후, 8월 19~20일까지 린커우에서 6일가량 앞서 도착한 제1적기군 병력과 합세했다. 제35군은 8월 19일에 작전을 모두 마쳤고 일본군 포로들을 인솔하는 임무로 전환했다.

제1극동전선군 최남단에서 I. M. 치스챠코프 상장의 제25군이 작전을 개시했다. 치스챠코프는 2개의 축선에서 주요 공세를 실시하기로 결정했다[158]. 3개 소총사단으로 구성된 제39소총군단과 제259전차여단, 제5군에서 전환된 제72전차여단이 노보게오르기엡카(Novogeorgievka) 역에 집결해 공세를 준비했다. 제39소총군단의 임무는 둥닝 요새지역을 고립시키고 둥닝을 함락하며 왕칭으로 향해 만주와 한반도의 일본군 연결을 끊어버리는 것이었다. 야전군의 좌익에서는 국경경비대와 제108, 113요새지구수비대가 훈춘으로 압박을 가하고 두만강을 건너 훈춘과 한반도의 일본군을 상대하게 되었다. 제39소총군단과 제108요새지구수비대 사이의 넓은 간격에 제106, 109, 110, 111요새지구수비대가 배치되어 일본 국경 시설을 공격할 예정이었다. 제88소총군단의 2개 사단은 전선군 예비대로 배치되었다 남진하며 한반도로 진격해 웅기, 나진, 청진을 점령하기로 했다.[159]

제25군의 상대는 일본 제1방면군 소속 제3군이었다. 제1방면군 지역에서 4개 보병대대와 1개 유격대대로 구성된 제132독립혼성여단이 둥닝에 주둔하며 남북으로 30㎞에 걸쳐 이어지는 방어 정면을 담당했다. 일본 제128보병사단 사령부와 2개 연대는 둥닝에서 남서쪽 8킬로미터 지점의 뤼즈거우에 주둔하고 있었다. 제128보병사단의 나머지 1개 연대

157   Vnotchenko, Pobeda, 285~86
158   지도33 참조
159   Chistyakov, Sluzhim, 278; Vnotchenko, Pobeda, 94~95

는 둥닝 서쪽에서 80킬로미터 떨어진 다젠창에 있었다. 둥닝에서 동해까지는 소규모 일본국 국경 초소들이 설치되었다. 제3군은 3개 보병사단, 1개 기동여단, 1개 독립 보병연대를 보유했다. 제112사단은 투먼강 북안에 주둔하며 훈춘 서쪽을 지켰다. 제79보병사단은 투먼 남서쪽에, 제79보병사단 소속 제280연대는 우잔(五站) 인근의 전방 요새지역에 배치되었다. 제101독립연대는 웅기 북쪽에 주둔했다. 제1기동여단은 왕칭 동쪽 스리핑(十里坪)의 주요 철도선과 철도역을 지켰다.[160]

치스챠코프, 이반 미하일로비치
(Chistyakov, Ivan Mikhailovich, 1900~1979) **제25군 사령관**

1919년 - 붉은 군대에 가담. 당시 계급 상병. 부소대장 역임
1920년 - 기관총 학교에서 수학
1921년 - 소대장과 대대장 역임 이후 소총연대 부연대장 역임
1927~1930년 - 비스트렐 과정 이수
1936년 - 소총연대장
1936년 - 소총사단장
1939년 - 소총군단 부군단장
1940년 - 블라디보스토크 보병학교에서 지휘관 역임
1941년 - 소총군단장
1942년 - 제63소총여단장(모스크바 작전 참여), 제2근위소총군단 8근위소총사단장 역임.
1942년 - (10월) 제21군 사령관(1943년 4월에 제6근위군으로 개칭)(스탈린그라드, 쿠르스크, 벨고로드-하리코프, 벨로루시, 메멜, 쿠를란트 작전 참여)
1945년 - 제25군 사령관
1946년 - 평양 소련군정 최고사령관 외 다양한 지휘관직 역임
1954년 - 자바이칼 군관구 부사령관
1957년 - 지상군 감찰국 총감
1968년 - 퇴역

제39소총군단은 일본군에게 공격 의도를 숨기기 위해 늦어도 8월 8일 저녁까지 최종 공격 진지에 집결해야 했다. 치스챠코프는 참모들과 논의한 후 요새지역들과 국경수비대에서 차출된 돌격 분견대를 선두에 세우기로 결정했다. 치스챠코프는 국경수비대와 요새지구수비대들이 일대에서 오래 복무해 지형에 익숙하고 후방에서 특별한 훈련을 받았으므로 일본군 화점 제압과 돌파구 형성에 보다 확실하게 공헌할 것이라 판단했다. 각 소총연대별로 1개 소총 대대가 돌격집단을 후속했고, 1개 전차여단이 선두부대 직후방에서 진격하다 선두가 일본군 진지들을 돌파하면 그 돌파구로 침투하도록 준비했다.[161] 제39소총군단은 기습을 위해서 공격준비사격을 생략했다.

부슬비가 내리는 가운데, 돌격집단들과 선봉 대대들은 2330시까지 공격진지에 집결을 마쳤다. 2400시가 되자 공병들이 비를 맞으며 국경선의 철조망을 제거했다. 9일 자정을 기해 메레츠코프 원수의 공격 명령이 떨어졌다. 소련군의 머리 위로 비가 쏟아지고 있었지만, 오히려 비 덕분에 기습 효과가 높아졌다. 당시 일본군은 악천후 하에서 소련군의 공격은 불가능하다고 여기고 있었다.

....
160 JM 154, 85~86, 118~21, 140~43
161 Chistyakov, Sluzhim, 280~82; Khrenov, "Wartime Operations", 92~93

8월 9일 0100시에 전투 공병들과 돌격부대가 국경을 넘어 일본군의 화점들을 공격했다. 일본군은 빗소리 때문에 한 시간 동안 아무 소리도 듣지 못했고, 그동안 소련군은 일본군 전방 초소들을 기습하여 신속하게 점령했다.[162] 0300시에 선두 대대들이 진격을 시작했다. 0830시부터는 제259전차여단을 선두로 제40소총사단과 제105소총사단이 파드센나야(Pad sennaya)강과 계곡 북안의 둥닝 요새지역으로 진격했다. 9일이 끝나갈 무렵, 제39소총군단은 20㎞를 진격해 들어갔고, 선견대인 증강 제72전차여단은 투먼으로 연결되는 주요 철도를 따라 전진하며 둥닝 마을에서 전투를 벌였다. 다른 소련군 병력은 국경 요새에서 나와 둥닝 남쪽의 창안(長安)과 더 남쪽의 백두산, 투먼으로 진격했다.

소련군은 8월 10일에 진격을 속개해 일본군의 저항을 상대했다. 제132독립혼성여단장 오니다케 고이치(鬼武五一) 소장은 1개 대대를 요새지역에 남기고, 잔여부대는 서쪽으로 일시 퇴각시켰다.[163] 10일 오후, 제259전차여단과 제40소총사단이 둥닝에 입성했다. 그동안 제384소총사단은 둥닝 요새에서 전투를 벌였다. 그 무렵, 소련 제5군 17소총군단이 남쪽으로 진격해 쑤이펀허를 공격하다 제39소총사단과 둥닝 서쪽에서 합류했다. 8월 9일 1700시, 메레츠코프 원수는 제17소총군단에서 2개 사단을 차출해 제25군에 임시로 배속했다.

이 시점에서 메레츠코프는 상황을 재검토하고 전선군 전체를 통틀어 가장 성공적으로 전과를 확대할 수 있는 곳은 제25군이라고 판단했다. 제5군은 국경 전투에서 승리하고 있었지만 아직 제5군의 주력은 무링과 무단장 사이의 일본군 제124, 126, 135보병사단과 교전 중이었다. 결과적으로 메레츠코프는 제88소총군단(2개 소총사단)을 제25군에 배속시켜 야전군 남쪽 지점에서 작전을 수행하고, 제25군 지역에 전선군 기동집단인 제10기계화군단을 배속시켜 제25군의 진격을 보장하도록 하면서 제25군의 진격을 촉진했다.[164]

8월 10일, 제39소총군단은 둥닝 지역의 일본군을 모두 정리했고, 제17소총군단과 합류해 서쪽과 남서쪽으로 진격하며 일본군을 축출했다. 8월 11일, 제17, 30소총군단이 둥닝의 철도망을 따라 왕칭, 투먼, 둔화, 지린으로 진격했다. 8월 12일 정오, 2개 군단이 남서쪽으로 30~40㎞가량을 행군했다. 메레츠코프 원수는 형성된 돌파구가 순조롭게 안정화되자 제10기계화군단을 돌파구를 통해 왕칭으로 진격시켜 전과를 확대하도록 했다.

8월 13일과 14일, 제17, 39소총군단과 제10기계화군단은 남서쪽으로 진격해 일본군의 단선 군용 철도를 따라 산맥과 숲을 지나 라오헤이산(老黑山)에서 하이투어(海坨)로 진격했다. 선두의 공병들은 지뢰 제거, 교량 보수, 노면 장애물 청소 작업을 지원했다. 14일 밤, 제25군은 5~15㎞를 진격했고, 행군대형이 매우 길게 늘어지며 병목 현상이 발생했다. 그럼에도 불구하고 일본군은 소련군에 대응하지 못했다. 제132독립혼성여단은 다젠창에서 패배해 쫓겨났고 제128사단은 뤼즈거우 지역을 지키느라 한 발짝도 움직이지 않았다. 결

162   Chistyakov, Sluzhim, 286~91
163   JM 154, 334~38
164   Vnotchenko, Pobeda, 222

국 일본군은 라오헤이산과 하이투어에서 병목 현상으로 인해 발목이 잡힌 소련군을 공격할 중대한 기회를 놓치고 말았다.[165]

하이투어를 향한 소련군 진격은 2개 축선으로 갈라졌다. 제17소총군단은 제10기계화군단 72기계화여단을 선견대로 세우고 하이투어 서쪽으로 타이핀링(太平嶺) 도로로 향했다. 제39소총군단은 제257전차여단과 제10기계화군단 72전차여단을 선견대로 세우고 하이투어 남서쪽을 통해 왕칭으로 진격했다. 8월 15일, 제17소총군단은 일본군 제128보병사단 284보병연대 병력과 하이투어 서쪽 뤼즈거우에서 교전을 벌였다. 제366소총사단이 남쪽에서 일본군을 차단하는 동안 제187소총사단은 일본군의 공격을 받아내며 역습을 가했다. 선견대인 제72기계화여단은 일본군 집결지를 우회해 타이핀링 도로에 도달해 일본군 제285연대와 교전했다.[166] 그동안 보다 남쪽에서 제72전차여단과 제259전차여단이 왕칭에 도달했다. 후속하던 제40소총사단은 일본군 제1기동여단과 교전을 벌였다. 잠시 후, 치열한 전투 끝에 소련군은 일본군의 모든 저항을 물리치고 진격을 재개했다.[167] 제39소총군단의 선견대가 8월 15일 1700시에 왕칭을 점령했고, 제10기계화군단의 잔여 부대들과 제39소총군단은 210㎞에 달하는 도로를 뒤로하고 진격했다. 제39군의 선두 부대들은 왕칭에서 동쪽 30㎞ 지점의 진창(金昌)에 도착했다. 나머지 부대들은 하이투어에서 나오는 도로에 늘어서 있었다.

제25군과 제10기계화군단의 공세는 다음 날 절정에 달했다. 제187소총사단의 선견대와 제72기계화여단, 제17소총군단은 타이핀링 고속도로에서 전투를 벌였다. 전투 끝에 저녁이 되자 일본군은 도로에서 축출당했고 소련군이 도로를 완전히 점령했다.[168] 같은 날, 제257전차여단의 선두 전차들이 제39소총군단의 선두 병력과 함께 왕칭에서 남동쪽으로 20㎞ 떨어진 투먼으로 진격했다. 제10기계화군단의 선두 부대들, 제72전차여단은 옌지를 향해 공세를 확대했다.

제25군 공격 지역의 남쪽에서도 소련군이 성공을 거두고 있었다. 공세 첫날, 제113, 198 요새지구수비대가 훈춘과 투먼강 너머의 일본군을 정리하며 훈춘과 우잔 요새지역을 확보하고 두만강을 건너 1938년에 하산 호수에서 전투가 벌어졌던 함경북도 경흥으로 진격했다. 소련군은 일본군 제280연대를 우회하여 우잔 북쪽 산자오(三角)에 고립시켰다.[169] 8월 11일, 제88소총군단이 훈춘-투먼 축선으로 진격했다. 그리고 제541소총연대가 빠진 제393소총사단이 제113요새지구수비대와 합류해 한반도 북동 해안을 따라 진격했다.

8월 12일 이른 아침, 제393소총사단은 제113요새지구수비대와 산을 넘어 청학 남쪽에서 일본군 제101독립연대와 전투를 벌였다. 제101독립연대는 제127보병사단이 있는 회령으로 퇴각했다. 3시간 후인 0900시, 제393소총사단의 선두 부대들이 웅기에 도착했다.

165 Ibid., 225; Chistyakov, Sluzhim, 295
166 Vnotchenko, Pobeda, 261~62; Chistyakov, Sluzhim, 295~96; JM 154, 317~22
167 M. Sidorov, "Boevoe primenenie artillerii", VIZh, September 1975:20
168 Vnotchenko, Pobeda, 262, 263; JM 154, 320~22, 325~28은 제128보병사단이 항복 협상을 벌일 때까지 8월 16일 내내 버텼다고 주장한다.
169 Zakharov, Finale, 159; Chistyakov, Sluzhim, 300; JM 154, 94~95, 145~46

소련군 병사들이 '적색' 고지를 오르고 있다. (제25군 지역)

제393소총사단은 웅기항을 점령하려는 해군 부대와 합류하여 웅기를 점령했다. 제393소총사단은 1개 대대를 남겨둔 채 나진으로 진격해 14일까지 함락시켰다. 한반도 방면의 작전은 16일에 제393소총사단이 청진에서 북쪽으로 20㎞ 떨어진 산악 통로들을 통과하여 제355소총사단과 합세하고, 청진을 과감하게 공격해 점령하면서 종결되었다.[170]

보다 북쪽인 훈춘-투먼 축선에서 제88소총군단은 훈춘을 확보한 제113요새지구수비대와 난허(南河) 북서쪽 10㎞ 지점으로 진격해 일본군 제112 보병사단의 격렬한 저항을 상대했다. 15일에 제386소총사단이 제35군에서 제25군으로 보낸 제209전차여단의 지원을 받으며 투먼강을 건너 일본군 제246연대와 전투를 벌였다. 소련군의 도하를 막으려는 일본군의 시도는 실패로 돌아갔다.

그날 밤, 제258소총사단은 군단의 제2 제파로 진격해 투먼강을 건너 훈영으로 진격해 일본군 사단의 우익을 타격했다. 투먼강 남안의 일본군은 은무피(Unmupi)를 거쳐 마유산(馬玉山)으로 후퇴했다. 그곳에는 제79보병사단 291연대가 참호를 파고 방어선을 구축해 놓았다. 소련군은 이 일본군을 우회해 측방에서 공격을 시작했다. 다음 날, 제258소총사단은 투먼강에서 서쪽으로 진격을 재개해 마유산 남서쪽의 일본군 방어선을 공격했다. 제113요새지구수비대의 다른 병력은 제386소총사단의 우익에서 진격해 일본군 제112사

170 Vnotchenko, Pobeda, 223, 263; JM 154, 97, 146

단의 좌측방으로 진군했다. 이 기동을 통해 일본군 제247, 248연대는 112사단과의 연결이 단절되었지만, 일본군은 계속 자리를 지켰다.[171] 그 결과, 8월 17일, 투먼-옌지 축선의 일본군은 소련군에게 북쪽, 동쪽, 남쪽에서 일제히 공격을 받으며 괴멸당했다. 또한 만주와 한반도의 일본군 연결도 완전히 끊어졌다.

제25군 공격 지역 북쪽에서도 일본군이 완강히 저항하고 있었다. 제10기계화군단 부대들을 포함한 제17소총군단은 서쪽으로 진격해 타이핀링 도로를 지키려는 일본군 제128사단을 상대했다. 제72전차여단 전차들이 북쪽에서부터 옌지로 진격했고, 그동안 본대는 왕칭에 도달했다. 제259전차여단의 선두 부대들은 북쪽에서 투먼에 도달했다. 그리고 마지막으로 제88소총군단이 투먼 동쪽에서 나타났다. 17일, 일본군 제79, 112사단을 둘러싼 포위망이 닫혔다. 제10기계화군단의 선견대는 타이핀링 도로를 6㎞가량 주파하며 주요 철로들과 다싱커우(大興口) 교차로를 확보했다. 제10기계화군단의 다른 부대들은 제72전차여단과 함께 왕칭 남쪽에서 니엔얀춘(Nianyantsun)에 주둔한 일본군 제127사단과 전투를 벌였다. 제39소총군단은 제259전차여단과 왕칭 남동쪽에서 진격하며 투먼을 점령하고 일본 제112보병사단과 제79보병사단의 포위망 돌파 기도를 차단했다. 17일, 제88소총군단이 마유산의 일본 제291연대를 공격하며 투먼 동쪽 10㎞ 지점의 온성을 점령했다.[172] 포위된 일본군은 항복하거나 두만강 남쪽 언덕에서 강물로 뛰어들어 자살했다.

일본군이 계속 항복하자, 8월 18일까지 한반도 북동부를 확보한 제25군은 제10기계화군단을 통화와 지린을 향해 진격시켰다. 제10기계화군단의 선견대들이 제17소총군단을 뒤에 두고 북서쪽으로 30㎞가량 진격하여 둥징청(東京城)에서 제5군 소속 부대들과 합류했다. 둥징청에는 무단장과 왕칭을 잇는 주요 철도가 있었다. 제39, 88소총군단은 한반도 북동부의 잔존 일본군과 옌지 남쪽, 투먼의 잔존 일본군을 처리했다. 19일, 제10기계화군단은 서쪽으로 진격을 재개하여 랴오닝 산맥을 신속하게 돌파하고 청진이 제393, 355소총사단에게 점령된 날 밤까지 통화에 도착했다. 한편, 전날에 관동군의 항복 소식이 무선을 통해 전달되자 대부분의 일본군은 사기가 꺾여버렸고, 상당한 규모의 병력이 저항을 포기한 채 줄지어 항복했다.

8월 18일, 바실렙스키 원수는 만주의 전 소련군에게 특별 기동부대를 통해 주요 인구밀집 지역을 점거하여 주둔지를 건설하라고 명령했다.[173] 제1극동전선군 부대들은 차출병력으로 소규모 특별 집단을 편성해 하얼빈과 지린 비행장을 점거하고 일본군 포로들을 그곳에 임시 수용했다.[174] 8월 20일에는 제1극동전선군 전체의 4개 선견대가 두 도시에서 공수 부대와 합류했다. 같은 날, 제2극동전선군 소속 제15군 부대들도 아무르 분함대의 선박들을 타고 하얼빈에 도착했다. 제25군의 남쪽에서는 제88소총군단과 제10기계화군

171 Vnotchenko, Pobeda, 261~62; JM 154, 98~100, 125~33
172 Vnotchenko, Pobeda, 264; JM 154, 131~32
173 Vnotchenko, Pobeda, 279~80
174 Sykborokov, Souetskie, 253~54; G. Shclakhov, "S vozdoshnym desantam v Khorbin" [With the airlanding at Harbin], VIZh, August 1970:67~71

일본군이 소련군에게 항복하고 있다.

단 병력들이 소련군과 미군의 점령지역 관할선으로 합의한 38선까지 진격했다.

제1극동전선군 지역에서 일본군 최후의 조직적인 저항은 8월 26일을 기해 종료되었다. 둥닝 요새지역의 일본군은 소련 제106요새지구수비대와 1개 독립 포병여단, 2개 포병대대에게 8월 9일부터 공격을 받고 있었다. 소련군은 차근차근 일본군의 특화점을 공격하여 총 82개의 특화점을 제거했다. 둥닝은 8월 25일에 함락되었고 다음 날 일본군 901명이 항복했다.[175] 관동군의 항복을 인정하지 않거나 항복 소식을 듣지 못한 다른 일본군들이

....
175 M- Sidorov, "Boevoe," 19; K- P- Kazakhov, Vsegda s pekhotoi, usegda s tankami [Always with the infantry, always with the tanks] (Moskva: Voennoe Izdatel'stvo, 1973), 미국 육군 재외과학기술센터를 위한 1975년 2월 5일자 번역본. 396~97; Vnotchenko, Pobeda, 286

곳곳에서 소규모로 소련군과 교전을 계속했다.

제1극동전선군의 공격은 자바이칼전선군의 과감한 공격을 보완해 주었다. 만주 동부의 일본군을 효과적으로 격퇴함에 따라 일본군의 주의는 서쪽과 동쪽으로 분산되었다. 서쪽에서 일본군은 계획대로 전방 병력을 내부 방어선까지 후퇴시킬 수 없었다. 소련군은 작전 수행에 적합하지 않은 기상 환경에서도 기습을 달성했고, 중대한 작전을 수행하기 어려운 지역을 공격 축선으로 설정했으며, 만주 동부의 모든 일본군에 막대한 압박을 가했다. 무자비한 압박은 일본의 전방 병력들을 압도하여 일본군이 후방 방어선을 구축하지 못하게 했다. 그 결과, 일본 제124, 127, 135보병사단의 무단장 동쪽 방어, 제128보병사단과 제1기동여단의 타이핑링 남쪽 방어, 제79, 112보병사단의 투먼 동쪽 방어는 그리 성공적이지 않았다. 만주의 모든 곳에서 그랬듯이 기동성, 화력, 기갑과 포병의 운용이 주제가 되었다. 증원 전차여단인 선견대는 일본군 방어선을 휩쓸고 에워쌌으며 모든 체계적 방어를 무너뜨렸다. 후속 소총부대도 모든 고정 방어를 무너뜨리거나 우회했다.

8월 16일의 무단장, 왕칭 점령은 소련군의 성공을 보장했다. 일본군의 기갑 전력 부족과 대전차 능력 부족은 막대한 부정적인 효과로 이어졌다. 일본군은 소련군의 기갑 돌파를 막을 수 없었다. 일본군은 지형에 의존하며 지형이 소련군의 군수보급 효율을 낮추고 보병들의 희생으로 소련군의 진격을 늦출 수 있기를 기대했다. 일본군 국경 요새지역 수비대들은 용감하고 격렬하게 싸웠다. 그러나 아무 의미도 없었다. 후터우, 둥닝, 쑤이펀허에서 일본군은 최후까지 싸웠지만, 일본군의 용감한 방어는 소련군의 물결에 미미한 영향밖에 주지 못했고, 소련군은 요새지역을 우회해 침투해 들어가며 보다 후방의 목표들을 휩쓸고 요새지역을 후방에서 공격했다.

일본 대본영은 만주 동부에서도 서부에서 그랬듯이 슬프게도 소련군의 공세 능력과 기동성을 오판했고, 관동군은 끔찍한 대가를 치렀다.

9. 제2극동전선군의 공세

제2극동전선군의 작전은 상대적으로 그리 중요하지 않았지만, 넓은 전선에 걸쳐 작전을 수행했고, 작전의 복잡성은 작전지역의 광대함 이상이었다. 그리고 몇몇 부대는 일본 제124, 134보병사단, 제135독립혼성여단과 치열한 전투를 치렀다.[176]

푸르카예프, 막심 알렉세예비치
(1984~1953, Purkayev, Maksim Alekseevich) **제2극동전선군 사령관**

1916년 - 제정 러시아군 사관후보학교 재학
1917년 - 연대 군사위원회 위원, 붉은 군대 가담 이후 동부 전선에서 중대장과 대대장 역임
1919년 - (8월) 제24사마라강철 사단에서 연대장 역임
1923년 - 비스트렐 과정 이수
1923년 - 연대장과 연대 정치위원 역임 이후 소총사단 부참모장, 군관구 참모부의 과장직과
　　　　 부참모장 역임
1936년 - 프룬제 군사대학에서 수학
1936년 - 소총사단장
1938년 - 벨로루시 군관구 참모장
1940년 - (7월) 키예프 특별군관구 참모장
1941년 - (6월) 남서전선군 참모장
1941년 - (7월) 제60군 사령관(12월에 제3충격군으로 개칭)(모스크바, 포로페츠 작전 참여)
1942년 - 칼리닌전선군 사령관(벨리키루키 작전 참여)
1943년 - (4월)극동전선군 사령관 역임 후 제2극동전선군 사령관 역임
1945년 - 극동 군관구 사령관
1947년 - 극동군 참모장 겸 제1부사령관 역임
1952년 - (7월) 국방부 고급군사교육국 국장

M. A. 푸르카예프 대장의 제2극동전선군은 전력을 3개의 독립된 지역으로 나눴고, 각 진격 축선별로 독립된 목표를 부여했다.

S. K. 마몬노프(Mamonnov) 중장의 제15군은 3개 소총사단으로 전선군 중앙에서 주공을 가하고, 레닌스코예(Leninskoye) 근처의 도하점에서 아쿠르강을 건너 허강(鶴崗), 푸진(富錦)의 적 요새지역을 극복하고 쑹화강을 따라 자무쓰, 산싱, 하얼빈으로 진격해 제1극동전선군 병력들과 합세하기로 했다. M. F. 테료힌(Terekhin) 중장의 제2적기군은 3개 소총사단과 1개 독립 산악소총연대로 제15군의 우익(서쪽)에서 8월 9일부터 블라고베셴스크 지역에서 아이훈(瑷琿, 현 아이후이愛輝)과 쑨우 요새지역을 극복하고 치치하얼과 하얼빈으로 샤오싱안링 산맥을 건너는 조공을 가하게 되었다. 제2극동전선군의 보다 좌측에서는 2개 소총사단으로 구성된 I. Z. 파시코프(Pashkov) 소장의 제5독립소총군단이 비킨(Bikin)에서 공격을 시작해 우수리강을 건너 라오허(饒河) 요새지역을 공략하고, 바오칭과 보리로 행군해 제1극동전선군 소속 제35군과 합세할 예정이었다.

---
176 지도 37~39 참조

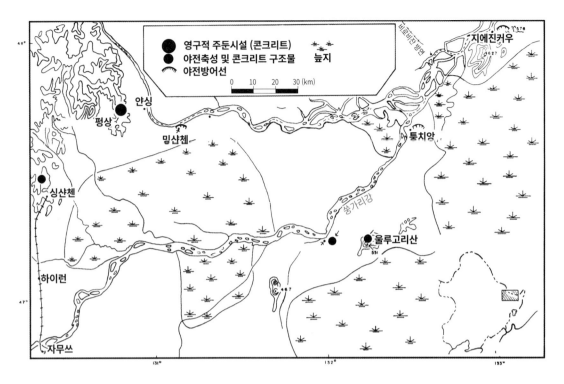

지도 34. 자무쓰 방면, 일본군 제134보병사단 요새지대

모든 야전군은 아무르 분함대와 밀접하게 공조하도록 훈련했다. 아무르 분함대는 아무르강과 우수리강 도하에 필수적 전력이었으며, 쑹화강에서 초기 목표를 달성하는데 귀중한 수송 수단을 가지고 있었다. 제2극동전선군에는 제16군도 배속되었다. 제16군의 주요 전력인 제56소총군단은 남사할린의 일본군을 공격하는 작전을 수행할 예정이었다.[177]

마몬노프, 스테판 키필로비치
(Mamonov, Stepan Kipillovich, 1901~74) **제15군 사령관**

1924년 - 소대장, 역대장 역임 이후 연대 교육과장 역임
1932년 - 연대 참모장 역임 후 연대장, 사단 참모장 역임
1938년 - 제22소총사단장, 제40소총사단장 역임
1942년 - (1월) 제25군 부사령관(극동 주둔)
1942년 - (8월) 제39소총군단장(극동 주둔)
1942년 - (10월) 제15군 사령관(극동 주둔)
1947년 - 소총군단장
1950년 - 우랄 군관구 부사령관
1957년 - 보로네시 군관구 부사령관
1960년 - (12월) 예편

177 Vnotchenko, Pobeda, 96~98; IVMV 203~4; V. N. Bagrov and N- F- Sungorkin, Krasnoznamennaia amurskaia flotiliia [The Red Banner Amur Flotilla] (Moskva: Voennoe Izdatel'stvo, 1976), 145~53

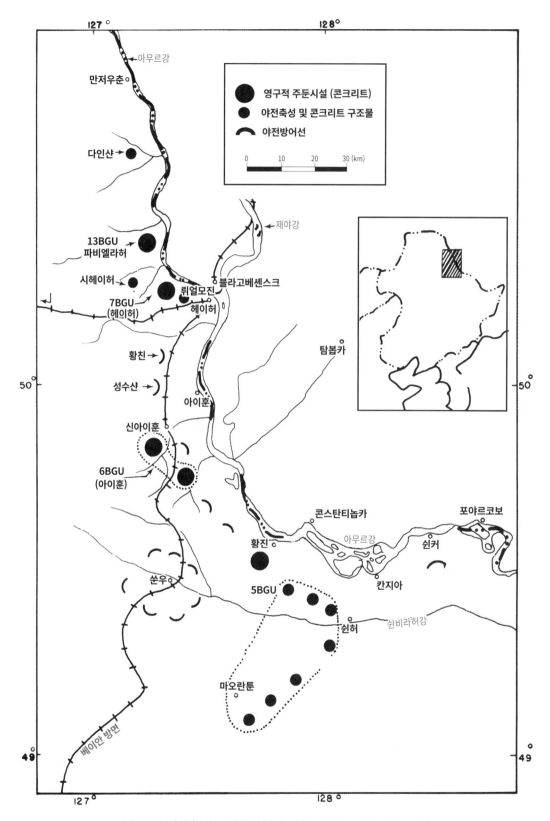

지도 35. 아이훈-쑨우 지대의 일본 제4독립야전군 요새지대 배치

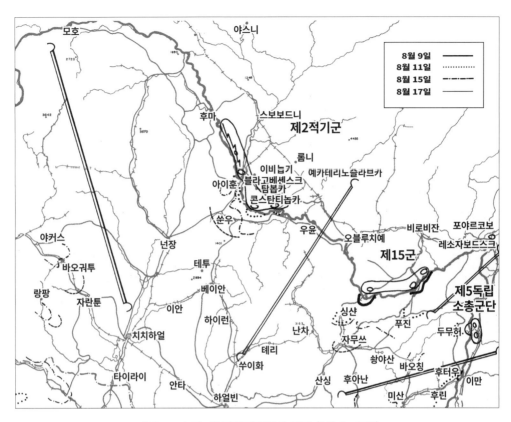

지도 36. 소련 제2극동전선군의 작전 (8월 9~17일)

제2극동전선군은 강력한 자연적 방벽에 직면했다. 제15군과 제2적기군의 경계를 따라 흐르는 아무르강과 샤오싱안링 산맥 사이에는 폭이 150㎞에 달하는 늪지대가 있었다. 제15군과 제5독립소총군단 경계에도 숭화강과 하오리노강 사이에 폭 80㎞가량의 늪지대가 있었다. 세 부대는 모두 작전 목표에 도달하기 전에 샤오싱안링 산맥을 넘어야 했다.

제15군은 300㎞ 이상의 정면에서 작전을 수행했지만, 전력은 3개의 한정적인 지역에 집중되었다. 제361소총사단과 제165, 171전차여단은 레닌스코예 근처에 전개되어 아무르강을 건너 푸진 남쪽에 주공을 가할 예정이었다. 레닌스코예 30㎞ 동쪽의 보스크레센스코예(Voskresenskoye)에 제388소총사단이 전개되어 제361소총사단의 좌익인 아무르강 남안에 설치된 일본군 화점들을 확보했다. 레닌스코예 서쪽 70㎞에 위치한 블라고슬로벤노예(Blagoslovennoye)에서는 제34소총사단과 제203전차여단이 아무르강을 건너 뤼베이와 허강 요새지역을 점령했다. 제34, 361, 388소총사단들은 쑹화강의 자무쓰에서 합세하기로 했다. 제102요새지구수비대는 레닌스코예와 블라고슬로벤노예 사이의 아무르강 선 방어임무를 부여받았다. 보다 강 하류에 있는 하바롭스크 서쪽에서는 제630소총연대가 아무르강을 도하해 푸유안(撫遠)의 일본군 요새를 점령할 준비를 했다. 하바롭스크 남쪽에서 제2극동전선군 직할 제255소총사단이 도시를 지키며 제15군의 잠재적 예비대 역할을

아무르 분함대 소속 함선에서 하선하는 병력들

했다.[178] 제15군의 공격지역에 연한 자무쓰에는 일본 제134보병사단이 주둔 중이었다. 이 사단은 다수의 화점과 요새지역에 주둔한 대대급, 중대급 병력으로 구성되었다.[179]

8월 9일 0100시, 모든 선두 사단의 수색 부대와 진격 부대가 포병 공격준비사격 없이 공격을 개시하여 아무르강의 주요 섬들을 장악했다. 거친 장맛비가 내리는 동안 제361소총사단의 진격 대대들이 쑹화강 하류의 타타르(Tatar) 섬을 아무르 분함대의 공조 하에 점령했다. 진격 대대들은 강의 모든 주요 섬들을 점령했고, 남은 밤 동안 소총사단들이 강 남안으로 수색 부대를 보냈다. 보다 남쪽의 강 하류에서는 제630소총연대 1대대와 아쿠르 분함대 제2여단이 니시네-스파스코예(Nishne-Spasskoye)에서 아무르강을 건너 푸유안을 점령했다. 아무르 분함대의 포함들이 마지막 공격을 지원했다. 푸유안 전투는 8월 9일 0730시에 끝났다. 당일 남은 시간 동안 제15군의 수색 부대와 진격 대대들은 본대가 도하에 집중할 동안 섬과 강 남안의 점령지를 확고히 했다. 장맛비와 불어난 강의 유량, 그리고 진흙으로 인해 모든 움직임이 어려웠다.[180]

8월 9일 늦은 저녁부터 8월 10일 아침까지, 제15군은 레닌스코예를 마주보고 있던 퉁장 요새지역과 보스크레센스코예를 마주보고 있던 지에진커우(街津口) 요새 등, 강 남쪽

178　Vnotchenko, Pobeda. 209
179　JM 154, 61
180　IVMV, 234-36

의 일본군 주요 요새에 수색 부대를 파견했다. 8월 10일 저녁, 제34소총사단 소속 연대들이 진격을 시작해 뤼베이를 점령했으며, 남쪽의 적 화점으로 수색 부대를 파견했다. 수색은 8월 9~10일 밤에 종료되었고, 각 제1 제파 사단들의 선견대들이 아무르강을 건너 본대를 따라갔다. 아무르 분함대의 함선들은 강폭이 좁은 곳에서 전차들을 수송했는데, 이 과정은 극도로 느렸다. 제171전차여단의 전차들은 30시간 만에 강을 도하했고, 그동안 후방 지원 부대들도 이틀에 걸쳐 강을 건넜다.[181] 그 결과, 후방 부대들은 진격 초기에 선두 부대들에 비해 150~200㎞가량 뒤처졌고, 이 문제는 지속적으로 작전의 걸림돌이 되었다. 공병들은 도하와 도로 구축, 적 요새 공격 임무로 인해 관심이 분산되었다. 예를 들어 아무르강 도하 지원을 위해 배속된 공병은 8개 부교가설대대뿐이었다. 8월 10일이 끝나갈 무렵, 제15군은 쑹화강과 우수리강 사이의 모든 아무르강 유역을 점령했다. 제34소총사단과 제203전차여단은 뤼베이로 진격해 허강 요새지역에서 요새를 공격할 전력을 남긴 채 우회했다. 3일 동안 이어진 강력한 포격은 일본군의 의지를 무너뜨려 일본군이 자무쓰나 요새지역 서쪽의 산지로 후퇴하도록 강요했다.

8월 10일에 아무르 분함대와 제361소총사단이 쑹화강을 따라 퉁장에 접근했다. 소련군은 일본군 후방 병력과 2시간에 걸쳐 전투를 벌인 후 마을을 점령했다.[182] 제388소총사단은 지에진커우를 확보한 후, 남서쪽으로 이동해 퉁장 근처에 있던 제361소총사단과 합류했다. 두 사단은 제171전차여단 및 선견대인 1개 소총대대와 함께 푸진으로 통하는 남쪽 도로로 이동했다. 제15군 사령관 마몬노프 중장은 본대의 진격을 지원하기 위해 제345, 364소총연대에서 각각 1개 대대를 선박으로 수송해 장차 상륙할 상륙 지점을 형성하도록 명령했다. 이 대대들은 8월 10일 저녁에 최초로 푸진 북쪽에 상륙했다. 8월 11일 0700시, 아무르 분함대 제1여단이 푸진을 포격했다. 반시간 후, 분함대가 보병 중대를 강습시켜 도시에 교두보를 형성하고, 0830시에 제364소총연대 제3대대가 상륙해 교두보를 강화했다. 대대는 일본군의 강력한 화력과 반격으로 인해 진격이 더뎠다. 그러나 0900시에 제171전차여단이 제361소총사단과 함께 도시에 도착해 합동 공격을 실시했다. 일본군과 만주국군은 도시 남쪽 요새지역에서 항복하거나 도망쳤고, 도시 동쪽의 위에얼쿨리산(Wuerhkuli Shan) 요새지역들도 연이어 항복했다.[183] 푸진 요새지역은 8월 13일에 완전히 항복하기까지 이틀을 더 버텼다.[184]

푸진에서 전투가 벌어지는 동안 제171전차여단은 제15군을 선도하며 자무쓰로 향하는 남서쪽 도로로 달렸다. 물에 잠긴 도로와 좋지 않은 기상이 행군 종대의 진격을 지연시켰다. 그동안 허강의 일본군이 강력히 저항해 제34소총사단의 허강-자무쓰 축선 진격을 지연시켰다. 이 병목은 8월 14일에 아무르 분함대 제1여단이 제361소총사단 349연대와 제

181 Vnotchenko, Pubeda, 231~32
182 이 전투의 강도에 대한 기록은 자료별로 상이하다.
183 Ibid., 233~34- 이곳의 주둔부대는 쑹화 해군 전단 소속인 2개 해군육전대 대대와 제23경비대대, 그리고 만주국군 부대였다.
184 Shikin and Sapozhnikov, Podvig, 137~38; Zakharov, Finale, 143~44

34소총사단 83연대를 자무쓰 북쪽 40㎞ 지점, 쑹화강 동안의 화촨(樺川)에 상륙시키면서 해소되었다. 포위된 일본군은 자무쓰로 후퇴했다. 8월 16일에는 제632소총연대가 자무쓰에 강습 상륙했다. 이 부대는 아무르 분함대 제2여단, 제171전차여단, 제361, 388사단과 공조해 북동쪽 길을 따라 진격하며 일본군 저항을 무너뜨리고 만주국군 제7보병여단의 항복을 받았으며, 자무쓰 시를 점령했다.[185]

자무쓰 함락 이후 제15군은 쑹화강을 따라 남쪽으로 진격해 산싱으로 향했다. 아무르 분함대의 무장 경비정들이 산싱 근처에서 수색을 실시했고, 그동안 아무르 분함대는 제532소총연대를 수송해 도시를 점령했다. 이 부대는 8월 19일에 산싱을 점령했고, 이 지역에서 후퇴하려던 일본군을 추격해 포로로 잡았다.[186] 제15군은 도로를 따라 추격을 계속했으며, 8월 21일까지 아무르 분함대의 함정들에 분승중이던 선견대가 제1극동전선군과 하얼빈에서 합류하면서 21일, 700㎞에 걸친 전역의 마침표를 찍었다.

제15군의 좌익에서는 제5독립소총군단이 라오허, 바오칭, 보리를 확보하기 위한 공세를 개시했다. 제390소총사단과 제172전차여단이 공격에 돌입했고, 그동안 제35소총사단이 제2 제파로 후속했다. 8월 9일 0100시에 군단의 돌격부대와 수색대가 우수리강을 도하하고, 아무르 분함대 제3여단이 강습상륙을 지원했다. 소련군의 돌격 전력이 상대한 병력은 일본 제135보병사단 369보병연대 소속 1개 중대와 라오허 인근의 요새진지에 있던 만주국군 2개 대대였다.[187] 8월 9일 아침에 선두 부대가 30~50분의 공격준비사격 이후 돌격부대를 투입해 라오허 북쪽 우수리강 서안에 교두보를 확보했다. 사단 주력은 다음 날에 선두 병력을 따라 이동했다. 아무르 분함대는 보트, 바지선, 증기선, 페리선, 뗏목을 활용해 15시간에 걸쳐 제172전차여단을 강 너머로 수송하여 8월 10일로 예정된 작전에 적시 참가하도록 했다.

8월 10일에는 제390소총사단이 랴오허 요새지역과 랴오허 시에서 나오는 일본군 병력을 일소하고, 다음날에 제5소총군단의 행군종대가 제172전차여단을 선두에 세우고 바오칭을 향해 남서쪽으로 진격했다. 이 행군은 매우 어렵게 진행되었는데, 문제의 주된 원인은 상태가 불량한 도로였다. 8월 14일에는 증원된 제172전차여단이 바오칭에 도착해서 그곳의 주둔 병력을 쫓아내고 보리로 진격을 계속했다. 제5소총군단의 주력이 그 뒤를 따랐다. 군단의 진격은 미미한 저항만을 받았고, 군단의 선두 부대가 8월 19일에 보리에서 제35군 병력과 합류했다. 군단은 행군 과정을 통틀어 포로 2,786명을 잡았다.[188] 제5소총군단이 전역에서 맡은 역할은 보리에 도착하며 끝났다.

제2극동전선군의 우익에서는 제2적기군이 아이훈과 쑨우 요새지역 공격을 위한 배치를 끝마쳤다.[189] 제2적기군 공격 지역의 중앙과 좌익에 사령관 테료힌 중장은 제3,12소총

185 Vnotchenko, Pobeda, 235
186 Ibid., 266~267, 당시 소련이 산싱 일대에서 잡은 포로는 3,900여명에 달했다.
187 Ibid., 236; JM 155, 176~77
188 Vnotchenko, Pobeda, 232, 267; IMMV, 236
189 지도37 참조

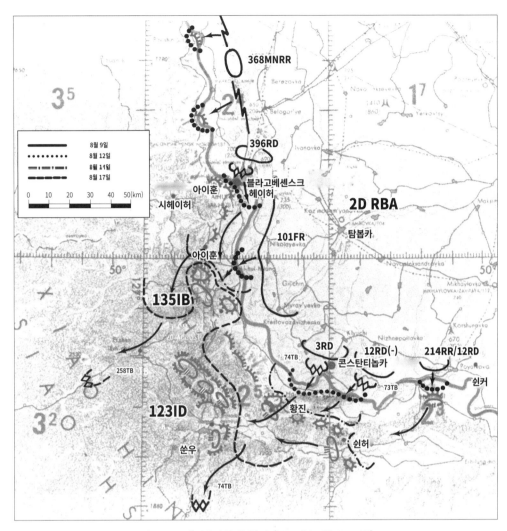

지도 37. 제2적기군의 작전 (1945년 8월 9-15일)

사단과 제73, 74전차여단으로 구성된 작전집단을 구성했다. 작전집단은 콘스탄티놉카 (Konstantinovka)에서 출발해 아무르강을 건너 남쪽으로 진격해 쑨우 시를 확보하고 요새 지역을 고립시킨 후, 더 남쪽에 있는 베이안과 하얼빈을 향해 진격하기로 했다. 두 번째 작전집단은 제396소총사단, 제386산악소총연대, 제258전차여단으로 구성되며, 블라고베 센스크에서 진격해 아이훈 요새지역을 점령하고 난청을 향해 남쪽으로 진격한 뒤 궁극적 으로 치치하얼에 도달하는 목표를 수립했다. 두 작전집단의 벌어진 틈은 제101요새지구 수비대가 메우며 아무르강 도하를 지원하게 되었다.[190]

제2적기군이 상대할 일본군은 제123보병사단과 5개 대대로 구성된 제135독립혼성여 단이었다. 제135독립혼성여단(5개 대대)은 사령부를 아이훈 요새에, 1개 대대를 산셴푸(山神 府)에, 1개 중대를 자오시(旱市)에 전개하고 있었다. 제123사단은 쑨우에 사령부를 두고 3

---

190   도하에 대한 자료는 Vnotchenko, Pobeda, 236~38; IVMV, 235 참조

개 연대를 도시 북쪽의 쑨우 요새지역에 배치했는데, 제269연대의 1개 대대 병력은 쑨우에서 동쪽으로 오는 경로에, 기타 소부대들을 아무르강 도하점에 배치했다. 여타 일본군과 달리 2개 부대는 지휘관들이 소련군의 공격 의도를 사전에 파악하여 1945년 초부터 강력한 방어태세를 준비하고 있었다.[191]

작전 개시 후 이틀 동안 제2적기군은 해당 위치에서 계속 공격 명령을 기다리며 아무르강 유역에서 제한된 정찰활동만을 실시했다. 주력은 수색부대에서 12~18㎞ 후방에 대기 중이었으므로, 정찰대는 일본군의 강한 공격에 불가피하게 노출되곤 했다. 8월 10일, 푸르카예프 대장은 제2적기군에게 8월 11일을 기해 공세를 개시하라고 명령했다. 공세 목표인 아이훈, 쑨우, 순허(遜河)를 향한 공세는 아무르 분함대 소속인 지-부레이스크(Zey-Bureisk) 여단이 지원하기로 했다. 제2적기군 병력들은 8월 10일 늦은 시간부터 공격 진지로 들어갔다.

8월 11일 이른 아침, 작전집단의 선견대들이 포병의 공격준비사격의 지원을 받으며 헤이허, 아이훈, 그리고 뤼얼모진(霍爾莫津)에 상륙해 일본군 부대들을 상대했다. 선견대들이 일본군을 쫓아내고 아무르강의 선착장들을 장악하자 본대가 도하를 시작했다. 제3, 12소총사단은 각각 1개 연대를 남겨둔 채 콘스탄티놉카 서쪽과 동쪽에서 도하를 시작했으며, 제396소총사단과 제386산악소총연대는 블라고베셴스크에서, 제101요새지구수비대는 블라고베셴스크 남쪽에서 도하를 시작했다.[192] 보급을 위한 물자들을 함께 도하시켜야 하므로, 도하에는 총 5일의 시간이 할당되었다.[193] 다소 느린 도하 속도로 인해 지휘관들은 부대들을 소규모 전투에 투입할 수밖에 없었다. 8월 12일에 후방에서 충원 병력이 도착하는 동안 선견 부대들은 뤼얼모진 남쪽과 아이훈 북쪽에서 일본군과 전투를 벌였다.

다음날인 8월 13일, 공격을 실시하기에 충분한 병력이 집결했다. 제3소총사단은 제70소총연대와 제74전차여단 소속 전차들을 선두에 세우고 쑨우 북동쪽 고지대에 주둔한 일본 제269연대 소속 무라카미(村上) 대대를 돌파했다. 쑨우 동쪽에서 제12소총사단 214소총연대가 쉰커(遜克)에서 아무르강을 건너 쑨우로 향하는 도로를 따라 서쪽으로 진격하며 일본 제269연대 소속 히라미(平見) 소좌의 제3대대를 상대로 일본군 좌익을 압박해 들어갔다. 그동안 제396소총사단과 제258전차여단, 제668산악소총연대는 아이훈 요새지역의 제135독립혼성여단을 몰아넣었다.[194] 제2적기군의 소규모 부대들이 주공이 진행 중인 보다 북쪽의 후마(呼瑪)와 산다오치아(三道卡)에서 도하해 일대의 소규모 일본군 부대들을 정리했다.

8월 14일과 15일, 일본군 요새지역을 차지하기 위한 격전이 벌어졌다. 소련군 제3, 12소총사단은 제73전차여단의 지원을 받으며 무라카미 대대를 선우탄(Shenwutan) 지역에서

191 JM 155, 199~205, 219~20
192 Vnotchenko, Pobeda, 238
193 Ibid.
194 Ibid.; Krupchenko, Souetskie, 319; JM 155, 205~9, 221~22.

분쇄하고, 히라미 대대를 쑨우 동쪽의 난양(南陽) 언덕으로 몰아붙이며 쑨우 요새지역의 일본 제123보병사단 본대를 공격했다. 두 사단이 요새지역에서 일본군의 저항을 힘겹게 물리치는 동안, 제74전차여단은 1개 소총중대, 1개 포병대대, 1개 대전차연대를 증원받아 남쪽으로 달려 쑨우를 우회하고 베이안으로 진격했다. 소련 제396소총사단과 제368산악소총연대는 일본 제135독립혼성여단을 아이훈 요새지역에 가둬 버렸다. 작전집단은 선견대인 제258전차여단을 넌장 도로를 따라 남서쪽으로 보냈다.[195] 작전집단의 모든 부대들은 일본군 요새지역이 야포들을 정리하고 선견대를 따라 남쪽으로 향했다. 장맛비로 도로 사정이 악화되는 바람에 진격에 차질이 생겼다. 진격을 원활하게 하기 위해 제2적기군 사령부는 2개 공병대대를 각 선견대에 할당했다. 두 작전집단은 150㎞ 이상 간격을 벌린 채 남쪽으로 진격했다.

테료힌, 마카르 포미치
(Terekhin, Makar Fomich, 1896~1967) **제2적기군 사령관**

1915년 - 제정 러시아군 입대, 소대장 역임
1918년 - 붉은 군대에 가담
1920년 - 랴잔 보병학교에서 수학
1921년 - 중대장, 대대장 역임
1925~1931년 - 비스트렐 과정 이수
1935년 - 기계화 및 차량화 교육과정 이수
1935년 - (1월) 기계화 연대장 역임
1939년 - (3월) 제20전차군단장 (할힌골 전투, 핀란드 전쟁 참전)
1940년 - (3월) 제19소총군단장
1940년 - (6월) 제5기계화군단장
1941년 - (4월) 제2적기군(극동) 사령관
1946년 - 소총군단장 역임
1949년 - 백해 군관구 부사령관 역임 이후 북부 군관구 부사령관 역임
1954년 - (8월) 예편

아이훈 요새지역과 쑨우 요새지역의 일본군은 소련군의 포위 기동에 맞서 줄기차게 반격을 시도했지만, 테료힌 중장은 보다 강한 포격과 제18혼성항공군단의 맹렬한 공습으로 대응했다. 결국 쑨우 요새지역은 17~18일 사이에 완전히 무너졌으며, 17,061명의 일본군이 항복했다. 아이훈 요새지역의 일본군 제135독립혼성여단도 소련군 제396소총사단 614소총연대와 제101요새지구수비대에 맞서 8월 20일까지 저항했지만, 결국 4,520명이 항복하고 말았다.[196] 아이훈과 쑨우가 무너지자 제2적기군의 선견대는 남쪽으로 천천히 진군해 8월 20일과 21일에는 넌장과 베이안을 점령했다. 관동군이 항복하자 제2적기군의 진격은 치치하얼과 하얼빈을 향한 행정적인 이동으로 변모했다.

제2극동전선군은 어려움 속에서도 임무를 완수했다. 1,300㎞의 공세 정면 가운데 실제 활동한 정면은 520㎞뿐이었고, 전선 전체가 악천후와 험난한 지형, 그리고 여타 지역들에

195   Vnotchenko, Pobeda, 238~39; JM 155, 210~12, 222~23; Krupchenko, Souetskie, 319
196   Vnotchenko, Pobeda, 268

비해 강한 일본군의 저항을 상대했다. 제15군은 지상군과 해군의 완벽한 협동을 통해 지형적 어려움을 극복했다. 상륙작전은 작전술적 성공에서 가장 큰 역할을 했다. 제2적기군의 소련군은 자바이칼전선군의 제36군과 비슷한 수준의 저항을 경험했다. 일본 제123보병사단과 제135독립혼성여단은 제80독립혼성여단, 제119보병사단과 비슷한 역할을 했다. 이 지역에서 전투는 치열했고, 전투 진행이 소련군 지휘관들의 예상보다 잘 진행되지 않았다. 지지부진한 진척의 원인은 소련군의 공격에 대비한 일본군이었다. 제2적기군이 작전 초기 며칠 동안 아무르강을 완전히 도하하는 데 어려움을 겪은 것도 걸림돌로 작용했다. 제2적기군은 만주 북부의 일본군을 고착시키고 만주 중부로 후퇴해 관동군 본대와 합류하지 못하도록 저지하는 임무를 확실히 완수했다. 그러나 제2극동전선군은 임무를 수행하는 중에도 만주에서 힘겨운 전투를 치러야 했다.

10. 공세 분석

소련군은 만주 전역을 수행하는 과정에서 야전요무령-44에 포함된 개념과 함께 일반적인 전술개념을 고수했다. 필수 불가결한 속도와 광대한 작전지역, 다양한 지역과 속도의 필요성, 작전 지역의 광대함, 지형의 다양함, 상대한 적의 특성은 소련군 공세 전술의 성격을 최종적으로 결정지었다. 소련군은 만주 전역의 환경에서 필요한 속도를 달성하기 위해 규정상에 명시된 사항들을 일부 조정했다. 그러나 규정 자체는 공세가 직면한 구체적 조건에 따라 융통성 있는 조정을 권장했다. 따라서 소련군은 적을 상대로 기습을 달성하기 위해 독특하면서도 다양한 전술을 사용했다. 또 기습과 공격의 기세를 유지하기 위한 핵심 요소로 주도권을 강조했다.

만주 전역의 소련군 지휘관들은 모든 방면, 모든 단위부대에 걸쳐 큰 위험을 감수하며 대담한 작전을 실시하고, 자유롭게 계획을 수행했다. 소련군이 작전 초기에 실증했던 엄청난 유연성은 작전 전구의 특정한 요구에 따른 결과가 아니라, 소련군 지휘관들의 전반적 지휘력 상승과도 연관되어 있다. 전쟁은 새로운 세대의 야전군, 군단, 사단, 여단, 연대 지휘관을 잉태했으며, 그들의 전문성은 최대 4년에 걸친 전투의 산물이었다. 이 세대의 지휘관들은 만주 전역이 기나긴 전쟁의 마지막 단계임을 깨달았고, 따라서 전역을 단기간 내에, 성공적으로 종결지으려 했다. 평화를 되찾으려는 의지는 전쟁에서 마지막으로 격렬하게 싸울 수 있는 힘을 주었다. 소련군은 외과수술처럼 정밀하게 전투를 수행했고, 11일에 걸친 싸움 끝에 치열한 전쟁을 종결지었다.

유럽과 아시아에서 벌어진 전투들을 나열해 보면, 만주 작전은 주목할 만한 특징을 드러낸다. 이와 같은 특징은 대부분의 작전 지역의 특성이나 소련군이 전역 수행 중 사용한 전술에서 확인할 수 있다. 만주 전역의 가장 큰 특징은 지형이 소련군 지휘 통제 구조에 주는 영향이었다. 상이한 지형으로 구성된 다양한 지역에서는 인접 부대와 연계된 합동전투를 기대할 수 없었다. 소련의 3개 전선군은 전역에서 정면 4,400㎞, 종심 400~900㎞에 걸쳐 작전을 수행했다. 크고 작은 산맥, 능선, 호수와 강, 늪지대와 사막이 작전지역을 분리했으므로 새로운 유형의 지휘 체계가 필요했고, 소련군은 군사작전 전구사령부인 극동군 사령부를 편성해 요구사항을 충족시켰다.

전선 전체에 걸쳐 산과 강, 사막이 있었고, 이런 지형들은 종종 전선을 갈라놓았다. 각 전선군들이 지형으로 인해 인접부대와 측면이 연결되지 않은 채로 작전을 수행하도록 강요당했으며, 야전군, 군단, 사단들도 동일한 문제에 노출되었다. 이와 같은 환경에서 수행하는 작전은 세부적인 계획이 요구되지만, 그 이전에 변화하는 상황에 따라 각 부대가 독립적으로 대응할 수 있도록 지휘관의 주도권을 부여해야 했다. 고위 지휘관들은 한 번에 여러 지역에 위치할 수 없었고, 무선 통신도 한계가 분명했다.[197]

만주의 지형적 다양성은 개별 단위부대의 유형과 전투경험에 따른 대규모 조정으로 이어졌다. 이 과정에서 단위부대의 경험은 특정한 임무를 할당하는 데 있어 가장 중요한 고려 사항이 되었다. 이 조정 작업은 제6근위전차군, 제5군, 제39군과 같은 전선군 예하 부대들에 적용되었다. 그 결과, 오랫동안 만주에 주둔하여 지형에 익숙한 국경 수비대와 요새지구수비대들이 강습 작전을 담당했다. 소련군은 지형에 따라 투입할 부대를 신중히 조정했다. 수목이 우거진 언덕이 많은 지역을 통과해야 하는 제1적기군 300소총사단과 같은 부대들은 충분한 공병을 지원받았고, 강화된 요새지대를 공격하는 부대에는 전투공병과 강력한 포병 지원을 할당했다. 만주의 크고 작은 강을 건너야 하는 부대들은 추가적인 도하장비를 지급받았다.[198] 자바이칼전선군은 지상군이 접근할 수 없는 지역의 정찰을 지원하고 광범위한 영역에서 여러 갈래로 분산된 축선을 따라 작전하는 부대들 사이에 통신체계를 구축하기 위해 제6근위전차군에 추가적인 항공자산을 할당했다.[199]

소련군은 만주 전역에서 전략적 기습을 추구했으며, 이 목표를 달성했다. 극동 지역에 막대한 규모의 병력을 재배치하는 과정에서 취해진 보안조치가 전략적 기습 달성에 기여했다. 보안 대책은 주요 지휘관의 이동이나 이동하는 병력의 규모를 숨기는 데 초점을 맞췄다. 소련군은 전략적 기습을 달성하기 위해 전투배치를 최대한 지연시켰고, 이는 전략적 기습 효과의 극대화는 물론 전술적인 기습으로도 이어졌다. 부대들은 전선에서 20~80㎞ 후방에 위치한 지점에 집결한 후 행군했다. 제6근위전차군의 경우 최종집결지에서 정지하지 않고 그대로 진격해 국경을 통과했다.[200] 제2적기군의 경우 다른 전선에서 교전이 시작된 지 이틀째 되는 날부터 후방에서 공격지점으로 이동했다.[201]

공격계획은 철저히 기밀을 유지했고, 제한된 지휘관들만이 접근할 수 있었다. 공격계획 착수를 지시한 스타브카의 지령은 다음과 같은 경고로 끝났다.

전선군 지휘관들, 전선군 정치위원들, 전선군 참모장들, 전선군 작전과장들은 작전계획 작업에 모두 참여할 수 있다. 각 참모부서들의 책임자들은 작전계획의 모든 내용을 파악해서는 안 되며, 해당 부서의 역할에 한해 접근이 허용된다. 야전군 지휘관들은 전선군의 모든 명령을 문서화하지 않고 구두로 전달해야 한다. 야전군의 작전계획 작성에 참여하는 인원은 전선군과 동일하다. 부대 행동 계획에 대한 모든 문서는 반드시 전선군 사령관이나 야전군 사령관의 개인 금고에만 보관되어야 한다.[202]

197 Vnotchenko, Pobeda, 360~364
198 Ibid., 344~58; Khrenov, "Wartime Operations" 81~97
199 Sykhomlin, "Osobennosti" 87~91
200 Zakharov, "Nekotorye voprosy voennogo iskusstva v sovetsko-iaponskoi voine 1945-goda" [Some questions of military art in the Soviet Japanese War of 1945], VIZh, September 1969:17~
201 Vnotchenko, Pobeda, 237~
202 Shtemenko, Soviet General Staff, 343~

소련군이 작전을 준비하고 시행하던 시기도 기습의 효과를 강화했다. 8월 2일, 사령부는 8월 9일까지 모든 전선군이 병력을 집결하고 전투준비를 완료하도록 지시했다. 8월 7일 1630시, 사령부는 이틀 후 공격을 이행하는 최종 결정을 내렸다.

일본군의 사료들은 소련군이 달성한 전략적 기습의 수준을 보여주는 강력한 증거다. 관동군의 정보원은 대부분 장마철이 끝난 1945년 가을까지 소련군이 주공을 실시할 수 없다고 평가했고, 심지어 1946년 봄까지도 그와 같은 상태를 유지할 것이라는 예측을 내놓았다. 가장 비관적인 예측조차도 소련군이 1945년 9월 이전에는 대규모 공세를 실시할 능력이 없다고 평가했다.[203] 이 가운데 정확한 평가를 내린 극소수의 인물 가운데 한 명이 일본 제4군 사령관 우에무라 중장이었다. 우에무라는 소련군이 1945년 8월에 공세를 시작할 것이라고 경고했으며 그의 휘하 부대들이 그때를 대비하도록 했다.[204] 그러나 일본군의 낙관주의는 대부분의 경고를 희석시켰다. 일본군은 소련군의 전력 증강을 분명히 인식하고 있었지만, 소련군이 조기에 공격하기에는 전력이 부족하다고 생각했다.

일본군의 행동은 이런 예측에 대한 믿음의 산물이었다. 일본군의 새로운 방어 계획에 영향을 받은 전력 재배치는 (개전 당시까지) 부분적으로만 완료되었다. 전방 부대들의 재보급 및 재정비는 진행단계에 있었고, 부대에 따라서는 시작조차 하지 않은 상태였다. 일본 제5군의 고위 지휘관들은 공격 당일 밤에 예허에 모여 회의를 진행하는 바람에 아침까지 자리를 비웠고, 관동군 총사령관 야마다 대장도 본부에 머무르지 않고 다롄으로 가 있었다.[205] 이와 같이 자만보다는 허술함에 가까운 태도는 일본군 진영 곳곳에서 명확하게 드러났는데, 여기에는 소련군의 공세 시기에 대한 예측에 대한 신뢰나 일본군 자신의 방어 능력에 대한 믿음도 어느 정도 반영되었다. 아마도 소련군의 능력에 대한 과소평가 경향도 뒤섞였을 것이다. 일본군의 무기력함이 그들의 낮은 수준과 부족한 정신력의 산물이라는 주장도 있지만, 이는 부대들의 전투기록을 통해 논파된다. 많은 부대들이 전투에 참여하지 못했지만, 전투에 투입된 부대들은 제 역할을 해냈다. 1945년 여름 당시 일본의 행동과 나태함은 소련군이 달성한 전략적, 전술적 기습의 수준을 입증해주는 증거다.

전략적, 작전술적, 전술적 수준에서 소련군의 공격 방식과 위치는 일본인들을 경악시켰다. 동쪽과 서쪽에서 두 전선군으로 관동군을 포위하는 공격계획은 일본인들의 예상이나 방어배치를 완전히 어긋나게 했다. 소련군이 만주 서부 방면에서 공격을 실시할 가능성이 높다고 판단한 일본군은, 해당 방면에 자군의 요새지역으로 접근할 수 있는 적절한 진격로가 한정되어 있으므로 소련군의 공격 규모도 제한될 것이라고 예상했다. 그들은 다싱안링 산맥을 넘어 대공세를 실시할 가능성을 완전히 무시했다. 몽골 동부 방면으로 군대를 이동시키고 보급하는 과정에서 야기될 커다란 문제들이 일본군이 해당 방면으로 대

203   JM 154, 155~
204   Boeich"o B'oei Kenshuj'o Senchishitsu [Japan Self Defense Forces, National Defense College Military History Department], Senshi sosho: Kantogun (2) [Military History Series: The Kwantung Army, vol. 2] (Tokyo: Asagumio Shinbunsha, 1974), 440
205   JM 154, 3, 179~80

규모 소련군이 배치될 가능성을 배제하게 했다. 소련군은 이 보급 문제를 해결했지만, 일본군은 대규모 부대가 물을 보급받아 거대한 사막을 가로지르고 다싱안링 산맥의 방벽을 극복할 가능성을 배제해버렸다. 일련의 판단에 따라 일본군은 부대들을 만주 중앙과 동부에 집중 배치하고, 비상사태에 대한 계획을 수립하지 않았다. 일본군은 1939년 할힌골 전투의 교훈을 전부 잊었고, 그 결과 1945년에 재차 고통스러운 재교육을 받아야 했다.[206]

소련군의 작전술적 기술은 일본인들을 상대로 기습을 달성하게 하고, 일본군을 혼란에 빠트렸다. 특히 요새화된 지역에서 우회로를 탐색하고 우회하는 소련군의 성향은 일본군 지휘관들을 당황하게 했다. 그리고 소련군은 통과가 불가능하다고 여겨지던 지형들을 극복했지만, 일본군은 사전에 예측한 전진축선에서도 소련군의 공격을 견제하지 못했다. 소련군은 제1파로 기갑전력을 운용하여 공세 초기나 공세 직후에 투입해 일본군을 무력화했다. 일본군은 험난한 지역에서 전차의 위협을 경시했으므로 부대 단위로 전차에 대응할 능력이 없었다. 적절한 대전차포가 없던 일본의 사실상 유일한 대전차 공격수단은 폭발물을 들거나 몸에 두른 병사들의 돌격뿐이었다. 이 방식은 엄청난 희생을 각오해야 했지만, 가끔은 효과적이고 쉽게 사용할 수 있었다.

소련군은 전술적으로도 일본군이 예상치 못한 방법을 사용했다. 소련군은 강력한 공병 및 화력 지원을 받는, 임무지향적인 소규모 돌격집단을 사용했으며, 이는 보병의 인해전술 돌격과 같은 소련군에 대한 보편적 인상과는 거리가 먼 방식이다. 이런 돌격집단들은 인해전술보다 훨씬 방어하기 어려움을 입증했다. 일본군은 소련군이 인력 소모보다 기계화와 화력에 의존한다는 사실을 배웠다. 일본군은 아마 소련이 1939, 1941, 1942년에 빈번히 사용한 인해전술에 대한 외국 자료(아마 독일과 핀란드에서 얻었을 듯하다)에 주목했을 것이다. 일본군은 소련군이 인력 의존을 감소시키고 소련군 지휘관들이 화력 운용과 전차 및 돌격포의 기동 전술을 발전시켰음을 전혀 알지 못하고 있었다. 그 결과, 일본군은 소련군이 사용하지 않게 된 전쟁 초기의 전술에 대한 잘못된 고정관념에 사로잡혀 있다 그 희생양이 되고 말았다. 아마 대부분의 일본군 지휘관들은 계속해서 기동하고, 우회하고, 종심 깊이 공격하는 소련군의 선견대에 절망했을 것이다. 소련군 선견대는 일본군의 통일성 있는 방어선 형성을 막았고, 진격을 정지하거나 피해를 입을 때마다 간단히 재편성을 진행했다. 일본군에게 있어 가장 놀라운 사실은 소련군 지휘관들이 모든 단위부대에 걸쳐 주도권을 유지했다는 점이었다. 1941~1942년의 소련군은 주도권을 잡지 못했으나, 1945년에는 명백히 주도권을 유지했고, 이를 통해 일본인들을 경악과 혼란에 빠트렸다.

소련군의 기동 강조는 기습의 긍정적 효과를 강화했다. 야전요무령-44에 따라 소련군은 모든 영역과 단위부대에서 기동 기술을 강조했다. 그 성과는 매우 컸다. 전반적인 전역계획은 관동군의 대규모 병력을 포위와 잔여부대를 무력화를 위해 기동에 의존했다.

206　향후 원수로 진급하게 될 주코프는 1939년 8월, 몽골 동부 할힌골에서 50,000명 이상을 동원한 대규모 기동을 통해 일본군 2개 사단을 몽골 동부에서 섬멸했다. 여기서도 일본군 지휘관들은 소련군의 능력을 과소평가했다. 이후 프랑스군과 미군이 각각 1940년과 1944년에 '기동이 제한된 지형'인 아르덴에서 동일한 오류를 범했다.

기동의 이점은 자바이칼전선군의 작전에서 더욱 확실해졌다. 자바이칼전선군은 험난한 지형에서 전차군을 제1제파로 활용하며 소련군의 기동에 대한 믿음과 기동을 통해 궁극적 성공을 거둘 수 있다는 자신감을 보여주었다. 소련-몽골 기병-기계화집단, 제17군, 제6근위전차군, 제39군의 광범위하고 종심 깊은 행군은 과감한 기동의 핵심이었다. 해당 방면에서 소련군의 성공 여부는 기동에 달려 있었다. 제1적기군, 제25군, 제10기계화군단의 종심작전을 포함한 제1극동전선군의 작전은 지형으로 인해 기동이 제한되었음에도 기동에 의존했다. 소련군은 기동으로 전선군과 야전군 간의 공간적 분리를 보완했다. 일본군 지휘관들은 효율성이 배증된 소련군의 기동에 대응할 능력이 없었다. 제36군은 하일라얼 방면에서 하일라얼을 우회하고 요새화된 다싱안링 산맥을 통과하기 위해, 제39군도 하이룽-아얼산 요새지대 우회와 쒀룬 방면 작전 수행을 위해 기동에 의존했다. 제15군과 아무르 분함대의 합동 작전은 상륙 강습으로 부분적인 포위를 수행하는 새로운 기동의 유형이었다. 하위 제대에서는 제205전차여단이 하일라얼에서 보여준 과감한 공격과 제257전차여단이 바미엔통에서 무단장까지 실시한 공격을 통한 일본군 방어선 선점, 그리고 제39소총군단과 제10기계화군단이 두 축선에서 일본군의 후방인 왕칭과 투먼으로 진격한 사례는 야전군 작전 지역 내에서 상상력을 발휘한 기동의 사례를 보여준다. 소련군은 적 방어선을 완전히 돌파하고, 침투하고, 전술적 종심으로 추격하기 위한 지속적인 선견대 운용에서 큰 효과를 거뒀다. 전차 중심의 선견대는 모든 진격축선과 모든 전투지역에서 적절한 제병협동 지원을 받으며 일본군 지휘관들을 혼란스럽게 하고 마비시켰다.

소련군은 정면공격을 수행하는 하부 부대 지휘관들에게도 기동을 강조했다. 따라서 만주 동부의 쑤이펀허, 둥닝, 볼린스크의 일본군 요새지역 공격 과정에서 요새들을 우회하고 침투하고 고립시켰다. 소련군은 어디서든 가능하면 포격을 하기 전에 적의 후방과 측면에 자리를 잡았다. 예를 들어, 파드 센나야 계곡으로 진격해 요새의 북쪽과 후방으로 돌입하여 둥닝 요새지역을 포위한 사례나 제17소총군단의 쑤이펀허 요새지역에 대한 측면, 후방 공격과 같은 포위사례가 여기에 해당한다. 이와 같은 소부대 단위의 포위는 소련군의 대규모 포위를 반영하고 있다. 소련군은 전선군과 야전군 수준에서 포위를 기동의 원칙적인 형태로 잡았다. 만주 동부에서는 기동 공간이 제한되었지만, 소련 제1적기군과 제5군은 일본 제124보병사단을 우회하고 포위해 고사시켰다. 신속한 작전에 대한 소련군의 강조는 기동의 효과를 강화하고, 일본군에게 기습을 달성하도록 했다. 속도는 일본군이 신뢰할 수 있는 방어선을 형성하지 못하도록 방해했으며, 일본이 항복하기 전에 소련군이 만주, 남사할린, 쿠릴 열도 일대를 점령하는 데 기여했다. 소련군은 전차부대들을 주공 부대의 제1 제파로 배치하거나 선견대로 운용해 급속한 진격을 달성했다. 제6근위전차군은 속도가 빠르지만 낡은 구형 BT 전차들을 다수 보유하고 있었고, 이를 통해 목표 진격 속도를 달성했다.[207] 제61전차사단도 제39군 지역에서 비슷한 역할을 수행했다.

....
207 bystrokhodnyi-tanki: 고속 이동 전차

표 18. 만주에서 운용된 소련군 선견대: 선견대가 작전을 수행한 지휘 수준

	야전군	군단	사단
제36군	제205전차여단 제152차량화소총연대 제97포병연대 제491자주포연대 제465방공포병연대 제32다연장로켓포연대 (1개 대대) 전투공병 중대 박격포 대대 제158대전차대대		
제39군	제61전차사단 제53대전차여단 제1곡사포여단 제11다연장로켓포여단 제203공병-전투공병여단	제44 전차여단 제206 전차여단	소총대대 자주포 대대 1~2개 포병대대 대전차대대 다연장로켓포대대
제25군	제259전차여단		
제15군	제171전차여단 소총대대		
제2적기군	제74 전차여단 소총중대 포병대대 대전차연대 제258 전차여단 소총대대 박격포연대		
제5독립 소총군단		제172전차여단 소총대대 대전차연대 전투공병중대/대대	
제17군	제70 전차여단 제56 대전차여단 훈련대대 제209 소총사단 제82 전차대대 제482 자주포 대대		
기병-기계화집단	제25기계화여단 제43전차여단 제267전차연대 제27차량화 소총여단 제7장갑차여단 제30 모터사이클연대		
제6근위전차군	전차대대 소총연대 포병대대 전차대대 소총연대 포병대대		
제1적기군		전차여단 자주포 포대 전투공병 소대	T-34 5대를 지원 받은 소총대대 2개 자동화기 중대 전투공병 소대
제5군	제76전차여단 제478중자주포연대 2개 소총대대		전차여단 중자주포연대 소총연대/대대 대전차포포대 전투공병중대
제10기계화군단	제72기계화여단 제1491 자주포연대 제2 다연장로켓포대대	제72전차여단 제2 모터사이클연대	

신속한 진격 속도 달성에 대한 소련군의 열망을 가장 잘 보여주는 사례는 선견대 운용이다.[208] 선견대는 전역 내내 깊은 종심(10~15㎞), 넓은 정면(12~18㎞)에서 작전을 수행했고, 초기 전역에서 강력한 행동의 자유를 얻었다. 전선군 수준에서는 제6근위전차군이 자바이칼전선군의 선견대였다. 소련군은 야전군 수준의 선견대를 전역 동안 빈번히 사용하여 진격 속도를 달성했다. 제61전차사단, 제39군이 하이룽-아얼산 요새지역 남쪽 진격의 선봉이었고, 제76전차여단은 무링에서 무단장까지 제5군의 진격을 이끌었다. 제205전차여단은 제36군에 앞서 하일라얼로 가는 모든 도로를 차단했다. 제15군은 제171전차여단을 운용해 푸진과 자무쓰로 진격했다. 제10기계화군단은 두 선견대로 제25군의 왕칭 공격과 다음 공격을 선도했다. 이 경우 선견대들은 적과 지속적으로 접촉하는 유일한 전력이었다. 제2적기군은 두 선견대를 운용해 아이훈과 쑨우를 지나 넨칭과 베이안을 향해 남쪽으로 진격했다.

군단 수준에서도 상황은 비슷했다. 군단들은 증강된 전차여단을 선견대로 빈번히 사용했는데, 이 경우 제39군 113소총군단과 5근위소총군단, 제1적기군 26소총군단, 59소총군단, 5독립소총군단, 그리고 제10기계화군단의 두 진격 축선이었다. 제6근위전차군의 각 군단은 강화된 전차연대나 대대를 선견대로 세웠다. 소총사단들도 선견대를 운용했다. 제5군의 주공 축선에서 각 소총사단들은 전차여단과 중자주포연대의 지원을 받았다. 이 부대들은 적 방어를 돌파한 후 선견대 역할을 맡아 적 방어 후방으로 종심깊이 진격했다.

선견대들은 모든 수준에서 큰 효과를 발휘했다. 선견대는 초기 공세의 기세를 유지했고 새로운 공격기세를 만들었으며 야전군이나 전선군 전체 작전의 기세를 유지했다.

소련군 지휘관들은 야전요무령-44에 명시되었듯이 자연적인 지형지물을 기습에 활용했다. 소련군은 지형을 승리의 장애물로 여기기 전에 지형의 활용을 기도했다. 특히 소련군은 어둠에 구애받지 않고 작전을 수행해 주도권을 확보하고 전역 내내 유지했다. 제1극동전선군의 초기 공세는 밤의 어둠과 억수 같은 폭우 속에서 진행했다. 가혹한 기상 상황 때문에 어떠한 포병 공격준비사격도 필요치 않았고, 제300소총사단의 진격을 지원하기 위해 탐조등까지 사용했다. (이는 베를린 작전에서 탐조등을 사용한 사례를 상기시킨다.)[209] 특히 강과 하천을 도하할 경우에는 좋지 않은 기상은 진격 부대에 악영향을 끼쳤지만, 일본군이 공격을 인지하지 못하도록 하는 데 큰 효과를 발휘했다. 몇몇 일본군 지휘관들은 항복 이후에 소련군이 이런 기상 상황에서 공격할 수 있을 것이라 믿지 않았다고 증언했다.[210] 소련군은 어둠과 악천후 속에서 공격을 시도했고, 큰 성공을 거두며 완전한 기습을 달성했다.

자바이칼전선군과 제2극동전선군도 어려운 상황에서 작전을 수행했다. 제6근위전차군도 비와 어둠 속에서 다싱안링 산맥을 넘었고, 제5근위소총군단과 제113소총군단도 악천

208 표18 참조
209 Khrenov, "Wartime Operations" 90; K. A- Meretskov, "Dorogami srazhenii" [By the roads of battle], Voprosy istorii [Questions of history], February 1965:107. Vnotchenko, Pobeda, 107, and Zakharov, Finale, 96은 포병 공격준비사격이 계획에 없었다고 주장한다.
210 Chistyakov, Sluzhim, 288

후 속에서 진격했다. 제15군의 돌격 대대들은 한밤에, 장맛비 속에서 아무르강의 섬들을 점령했다.

날씨가 맑았더라도 소련군 부대들은 어둠을 진격을 감추는 데 활용했을 것이다. 초기 공격은 대부분 밤에 실시했다. 제205전차여단과 제152소총연대의 공격 과정에서도 포위는 밤에 진행되었고, 제76전차여단은 8월 11~12일 밤 동안 진창이 된 도로를 통해 무단장으로 진격했다. 밤의 어둠을 사용하려는 의지와 기상 상황을 감수하고 작전을 수행하는 계획은 소련군 지휘관들에게 부담으로 작용했지만, 기습을 달성하고, 지속하며, 일본군에게 예상치 못한 압박을 가하는 행동은 그만한 대가를 치를 가치가 있었다.

야전요무령-44는 임무, 지형, 적에 따라 기습을 달성하고 적을 혼란시키기 위해 다양한 전술적 구성을 활용하도록 권고하고 있다. 소련의 전투수행을 단순하게 치부하거나 고정관념에 따라 판단하는 이들에게 만주전역은 대전 후반에 소련군이 수행한 행동을 보여주는 좋은 예시다. 이 시기에 소련군의 전투대형은 유연하고 다양했다. 교범에 따르면 전투대형의 결정 요소는 부대가 극복해야 할 다양한 상황들이었다. 이와 같은 유연성은 만주에서 잘 발휘되었다. 모든 소련군 지휘관들의 일반 원칙은 방어 측이 강력하면 할수록 더 깊은 제파를 구성하는 것이었다.

자바이칼전선군은 야전군을 2개 제파로 분할하고 신속하게 적지 종심으로 침투하기 위해 제1제파에 최대 중점을 두었다. 제1제파에 4개 제병협동군과 1개 전차군을 집중하고, 제2제파는 1개 제병협동군으로만 구성했다. 전선군은 예비대로 2개 소총사단, 1개 전차사단, 1개 전차여단을 두었다. 자바이칼전선군의 야전군들은 이와 같이 구체적인 상황에 따라 제파를 조정했다. 제36군과 제39군은 3개 소총군단을 단일 제파로 편성했다. 제17군은 3개 소총사단을 단일 제파로 구성했고, 제6근위전차군은 종심 깊은 작전을 유지하기 위해 2개 제파를 구성했다. 소총군단은 요새지역 공략 시에는 소총사단들을 2개 제파로, 적의 저항이 약할 때는 1개 제파로 구성했다. 자바이칼전선군의 모든 전차부대는 전차군, 전차사단, 독립 전차여단을 막론하고 진격 속도를 끌어올리기 위해 제1 제파로 배치되었다.

제1극동전선군의 4개 야전군은 일본군의 전 종심에 걸쳐 최대한 압력을 가하기 위해 단일 제파로 배치되었다. 제10기계화군단은 전선군 기동 집단으로 전과확대를 수행했고 그동안 제88소총군단과 제84기병사단이 예비대로 남았다. 대부분의 야전군이 단일 제파 배치로 가능한 많은 축선에서 진격하기 위해 전선군사령부의 계획에 따랐다. 제25군은 소총군단들과 사단들을 단일 제파로 배치했다. 제35군은 3개 소총사단을 단일 제파로 배치했고, 제1적기군은 2개 소총사단을 제1제파로 배치했다. 제5군은 볼린스크와 쑤이펀허의 넓은 요새지역을 돌파해야 했기 때문에 소총군단들을 2개 제파로 배치했다. 제5군의 제1 제파 소총군단과 제25군의 제39소총군단은 요새지역을 상대해야 했으므로, 소총사단들을 2개 제파로 배치했다. 제5군의 제17소총군단은 예외적으로 2개 소총사단을 단일

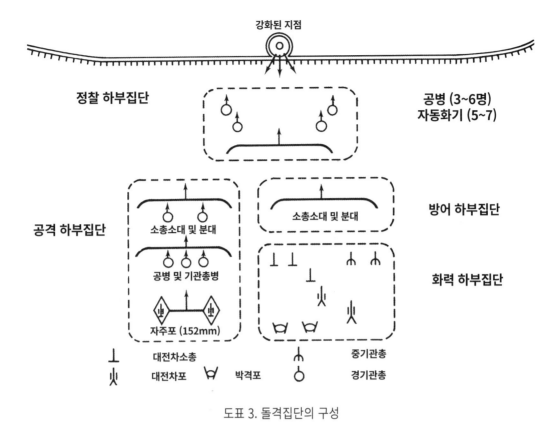

강화된 지점

정찰 하부집단

공병 (3~6명)
자동화기 (5~7)

공격 하부집단

소총소대 및 분대

방어 하부집단

소총소대 및 분대

공병 및 기관총병

화력 하부집단

자주포 (152mm)

대전차소총

중기관총

대전차포　　박격포　　　　경기관총

도표 3. 돌격집단의 구성

제파로 배치했는데 임무가 상대적으로 가벼웠고, 쑤이펀허 저항거점의 북익과 후방이 작전 지역이었기 때문이다.

　제2극동전선군은 가장 넓은 공세 정면에서 작전을 수행해야 했으므로, 2개 야전군과 1개 소총군단을 단일 제파로 넓은 독립된 축선에 배치했다. 제15군은 3개 소총사단을 제1 제파로 배치했고, 예비대는 소규모만 남겼다. 제2적기군도 3개 소총사단을 단일 제파로 배치했다. 제5독립소총군단은 2개 소총사단을 제1 제파로 배치했다. 제파 방식은 행군 지형과 적의 저항 정도에 따라 다양했다. 이러한 전술 대형은 일본군에게 기습을 가한 여러 가지 요소 중 하나였다.

　소련군은 모든 기상 상황을 기동에 활용했고, 상대에 따라 전술 대형을 유연하게 적용했으며, 또 다른 주목할 만한 전술적 기술을 사용했다. 작전 초기 국면에서 소련군은 전선의 몇몇 요새지역에 정면공격을 가해야 했는데, 이 경우 소련군은 야전요무령-44에 명시된 내용을 따랐다. 소련군은 최대한 요새를 우회했고, 화력으로 요새를 무력화시켰다. 만약 정면 돌격을 피할 수 없다면 지휘관들은 임무에 정확히 맞춰 부대를 조절했다. 지휘관들은 시간에 따라 인력을 최소한 소모하면서 임무를 완수하기 위해 신중히 돌격부대의 전투력을 구축했다. 제5군과 제25군, 제39소총군단의 작전은 소련군이 1945년에 형성한 전술적 기술과 전투 대형의 정확함을 설명해 준다. 두 부대는 소총군단과 사단을 각각 일반적인 공세 정면보다 더 작은 4.5~5㎞ 정면이나 2.5~3㎞ 정면에 배치했다. 사단의 돌격부대는 더 좁은 정면에서 활동했다. 극도로 밀집된 화력이 돌격부대를 지원했다. 요새지역에 대한 정면공격에는 1㎞당 야포와 박격포 200문, 전차와 자주포 30~40대가 필요했다.[211] 이러한 정면공격에도 소련군은 정면에 대규모 공격을 실시하기보다는 어떻게든 요새를 포위해 고립시키려 했다. 이렇게 집중된 화력이 인력을 대체했다.

제1 제파에서 각 100명으로 구성된 돌격집단은 진격 소총 대대들의 공격을 선도했다. 이 돌격집단은 기동부대, 지원 부대, 전투공병부대, 화염방사기병, 대전차포, 자동화기, 전차나 자주포 2~3대로 구성되었다.[212] 돌격집단은 정규 소총 대대에서 차출되거나(제5군) 국경 수비대, 혹은 요새지구수비대 부대로 구성했다.[213]

제1 제파 소총사단들은 제2 제파 소총연대 소속 진격 대대의 선도를 받으며 돌격집단을 후속했다. 소총사단들은 2개 제파로 구성되어 2개 연대를 제1 제파로 내세웠다. 제1 제파의 소총연대들은 2개 소총 대대로 구성되어 대대당 3개 소총 중대를 전개했다. 제1 제파 소총연대의 소총대대들은 전차여단과 자주포연대의 직접 화력 지원을 받았다. 제5군에서 전차여단과 자주포연대는 86대의 전차와 자주포로 제1제파 소총사단을 지원했다. 요새지역의 저항이 너무 거세면 본대는 측면으로 우회할 경로를 탐색했고, 요새 공격은 제2제파 소총연대에 맡겼다. 뒤에 남겨진 소총연대는 요새지역의 부대들과 합세해 요새를 점령했다. 일반적으로 야전군이나 군단 지휘관은 1개 자주포대대, 1개 전투공병대대, 1개 중포 포대나 대대를 각 소총연대에 추가로 배속시켰다. 장애물 제거는 가능하면 중포와 경포의 직사 화력과 항공 폭격을 활용해 수행했다. 이런 방식은 후터우, 쑤이펀허, 볼린스크, 둥닝, 쑨우, 푸진, 하일라얼, 그리고 하이룽-아얼산에서 확인되었다. 드물게 일본군의 저항이 강하거나 대규모 요새지역과 조우할 경우, 제2제파 소총사단 전체가 요새지역 점령 임무에 동원되었다.

표 19. 시간차를 둔 병력의 전투 투입(제1극동전선군)

부대	공격 시간
돌격부대(소대/중대), 100명 이상(편제상의 병력이나 국경수비 부대)	0010~0100시
진격 대대(1개 연대)와 전차 중대(제1제파 전차여단 소속)	0300~0830시
사단 본대(2개 연대)와 전차여단	0830시
사단 제2제파(1개 연대)	0930~1100시
군단 제2제파(1개 사단)	1600시 이후

211 A. A. Strokov, ed., Istoriia uoennogo iskusstua [The history of military art] (Moskva: Voennoe Izdatel'stvo, 1966), 516; Vnotchenko, Pobeda, 101, 108, 125
212 도표3 참조
213 제25군과 제39소총군단이 여기에 해당한다. Khrenov, "Wartime Operations," 91~92; Vnotchenko, Pobeda, 131~33 참조. 이 자료에는 제25군이 국경수비대를 돌격부대로 활용했다고 증언한다. 국경수비대 작전은 V. Platonov, A. Bulatov, "Pogranichnie voiska perekhodiat v nastuplenie", VIZh, October 1965:11~16에 나와 있다.

제2 제파 소총연대들이 화점들을 상대할 동안 본대는 추격을 시작했다. 독립전차여단으로 구성된 선견대들이 1개 소총대대와 1개 공병대대, 1개 포병대대로 강화되어 소총사단이나 군단당 하나씩 할당된 선견대로 추격 임무를 수행했다. 소련군 지휘관들은 정면 공격을 시작하기 전에 선견대를 지정했다. 야전군은 만주 전체의 요새지역들을 일련의 공격 방식에 따라 공격했다. 이러한 공격에서 야전군이나 군단의 정면공격에 대한 저항은 한정적이었다. 수색 집단이 진격 대대를 후속하며 공격을 선도했으며 빈번하게 공병, 전차, 포병 지원을 받았다. 진격대대들은 사실상 전투이 돌격 국면 동안 소총연대들의 선견대 역할을 했다. 이러한 소련군 부대들은 강력히 요새화된 요새지역 공격에 참여하지 않았다. 주목할 만한 사례로 제1적기군의 제300소총사단의 바미엔통 진격과 제35군의 제363소총사단의 쑹화강 도하 공격과 제36군의 소총사단들의 아르군강 도하 공격이 있다.

추격작전은 정면공격의 성공 이후 그대로 진행되었다. 성공적인 추격은 소련군의 오랜 과제였다. 과거 소련군은 성공적으로 추격을 수행하고 적 방어종심에서 생존하는 문제에 있어 고된 경험을 했다. 소련군은 추격 작전을 지속하기 위해 막대한 지원체계를 개발했고, 1943년 말~1944년 초에 걸쳐, 추격 과정에서 생존을 보장하는 임무조직 편성에 숙달될 수 있었다. 그러나 소련군의 추격 작전은 1945년 말까지도 여전히 군수지원의 부족으로 인해 고통을 받았다. 만주에서 추격을 실시하려면 소부대가 서서히 장거리를 기동해야 했다. 선견대의 광범위한 운용은 많은 사단들이 행군에서 지휘 통제를 유지할 수 있게 했다. 소련군 지휘관들이 잡은 주도권은 이 압력을 더했다. 소련군은 일반적으로 성공적인 추격에 더 많은 노력을 기울였다. 소련군은 급격히 기동하는 전력에 추가적인 공병과 가교부대를 지원했다. 예를 들어 제35군의 제175전차여단과 제66소총사단에 투입된 가교부대는 범람하는 강에 부교를 가설해 연료를 수송하여 부대들의 진격을 촉진했다.[214] 제6근위전차군은 항공 수색을 통해 진격 지역에서 급속한 추격을 지원할 추가적인 수단을 마련했다.

추격 작전의 범위는 소련군의 만주전역 작전들 가운데 매우 독특했으며, 이는 진격하는 소련군 행군 대형의 규모와 연관되어 있었다. 사실 대부분의 부대는 전역을 수행하는 시간의 대부분을 행군대형으로 진격하며 보냈다. 소련군의 전투 성공과 생존은 지휘관들이 어떻게 행군대형을 상호 지원하고, 신속하게 방어로 전환하도록 조직하는가에 큰 영향을 받았다.

자바이칼전선군은 대부분의 작전 과정을 행군대형 형태로 수행했다. 제6근위전차군, 제17군, 기병-기계화집단은 전투에 거의 집중되지 않았다. 행군대형은 다싱안링 산맥을 넘는 중에도 행군대형을 엄격히 유지했다. 제39군은 하이룽-아얼산 요새지역과 왕예마오에 대한 공격을 제외하면 계속 행군대형으로 움직였다. 제36군은 하일라얼과 야커스로 진격하며 행군대형을 사용했다. 제1극동전선군의 제5군은 국경 요새지역을 돌파한 후 무

214 Vnotchenko, Pobeda, 214; Pechenenko, "Armeiskaia" 47.

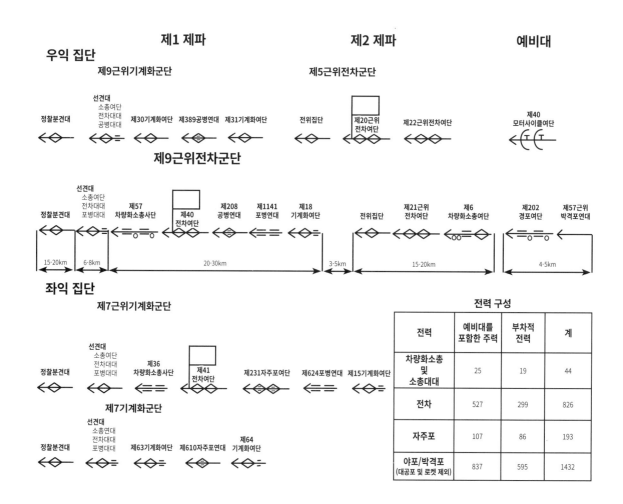

전력	예비대를 포함한 주력	부차적 전력	계
차량화소총 및 소총대대	25	19	44
전차	527	299	826
자주포	107	86	193
야포/박격포 (대공포 및 로켓 제외)	837	595	1432

도표 4. 제6근위전차군의 행군대형

단장으로 이동하며 행군대형을 유지했고, 제1적기군도 바미엔통에서 무단장으로 이동하는 과정에서 행군대형을 유지했다. 제25군과 제10기계화군단은 둥닝에서 왕칭으로 향하며 하이투어와 타이핑링에서 벌인 교전을 제외하면 행군대형으로 진격했다. 제35군은 후터우에서 미산, 린커우로 진격하며 전투 대형 전개에 시간을 거의 할애하지 않았다. 예외적으로 제2극동전선군 소속인 제2적기군은 적의 저항으로 인해 행군대형 상태의 기동이 어려웠다. 소련군의 행군대형 유지 사례들은 당시 소련군에 대한 저항이 제한적이었다는 점과 함께 행군대형의 구성이 효과적이었음을 보여준다. 선견대와 전위 부대들은 대부분의 저항을 앞서 처리해 본대의 진격 속도에 차질이 없도록 했다.

소련군은 성공적인 전투수행과 작전중점의 유지를 위해 행군대형을 조직했다. 소련군은 이와 같이 과감한 행동을 통해 성공적으로 어려운 상황을 돌파했다. 신중한 임무 조직과 전투 요소들의 균형 잡힌 결합은 소련군 행군대형 구성의 상호 지원과 전방위 방어의 특성을 보여주었다. 대형은 야포, 대공포, 대전차포의 산개를 포함했다. 전차부대들은 행

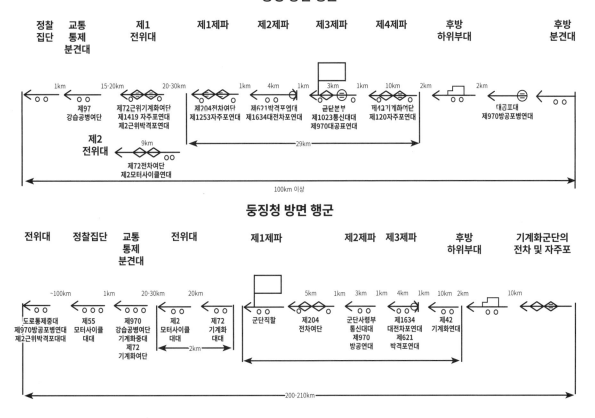

둥닝 방면 행군

| 정찰 집단 | 교통 통제 분견대 | 제1 전위대 | 제1제파 | 제2제파 | 제3제파 | 제4제파 | 후방 하위부대 | 후방 분견대 |

1km / 15-20km / 20-30km / 1km / 4km / 1km / 3km / 1km / 10km / 2km / 2km

제97 강습공병여단
제72근위기계화여단 제1419 자주포연대 제2근위박격포연대
제204전차여단 제1253자주포연대
제621박격포여단 제1634대전차포연대
군단본부 제1023통신대 제970대공표연대
제42기계화여단 제120자주포연대
대공포대 제970방공포병연대

제2 전위대
9km
제72전차여단 제2모터사이클연대

29km

100km 이상

둥징청 방면 행군

| 전위대 | 정찰집단 | 교통 통제 분견대 | 전위대 | 제1제파 | 제2제파 | 제3제파 | 후방 하위부대 | 기계화군단의 전차 및 자주포 |

~100km / 1km / 20-30km / 20km / 5km / 1km / 3km / 1km / 4km / 1km / 10km / 2km / 10km

도로통제중대 제970방공포병연대 제2근위박격포대대
제55 모터사이클대대
제970 강습공병여단 기계화중대 제72 기계화여단
제2 모터사이클 대대
제72 기계화 대대
2km
군단직할
제204 전차여단
군단사령부 통신대대 제970 방공연대
제1634 대전차포연대 제621 박격포연대
제42 기계화연대

200-210km

도표 5. 제10기계화군단의 행군대형

군대형 곳곳에 산개되어 보다 균형 잡힌 대형 구성에 기여했다.

소련군은 전반적으로 행군대형에서 공병 지원에 관심을 기울였으며, 험난한 지형을 통과하는 상황에서 특히 중시되었다. 제6근위전차군은 사막과 산맥을, 제25군과 제1적기군은 산맥과 침엽수림 지대를 통과하는 과정에서, 제35군은 한카호수의 북쪽 늪지대를 거치는 과정에서 상당한 공병 지원을 받았다. 소련군의 행군대형 형성에 대한 노력은 전역 내내 유지된 급격한 기동을 통해 설명할 수 있다.

소련군의 해군, 공군, 지상군 간 밀접한 공조도 소련군의 전술적 성공에 기여했다. 전구 작전 사령부의 수립은 고위 사령부 수준에서 공조를 보장했다. 항공 지원은 주로 도시와 마을 폭격에 집중되어 요새를 무너뜨리고, 전술적 항공 지원을 제공했으며, 그밖에 기본적인 수색정찰과 군수지원을 수행했다. 작전 종결 시점에서 소련 공군은 소규모 공수부대를 일본군의 사령부가 위치한 주요 도시에 강습시켰다.[215]

....
215　Vnotchenko, Pobeda, 338~44

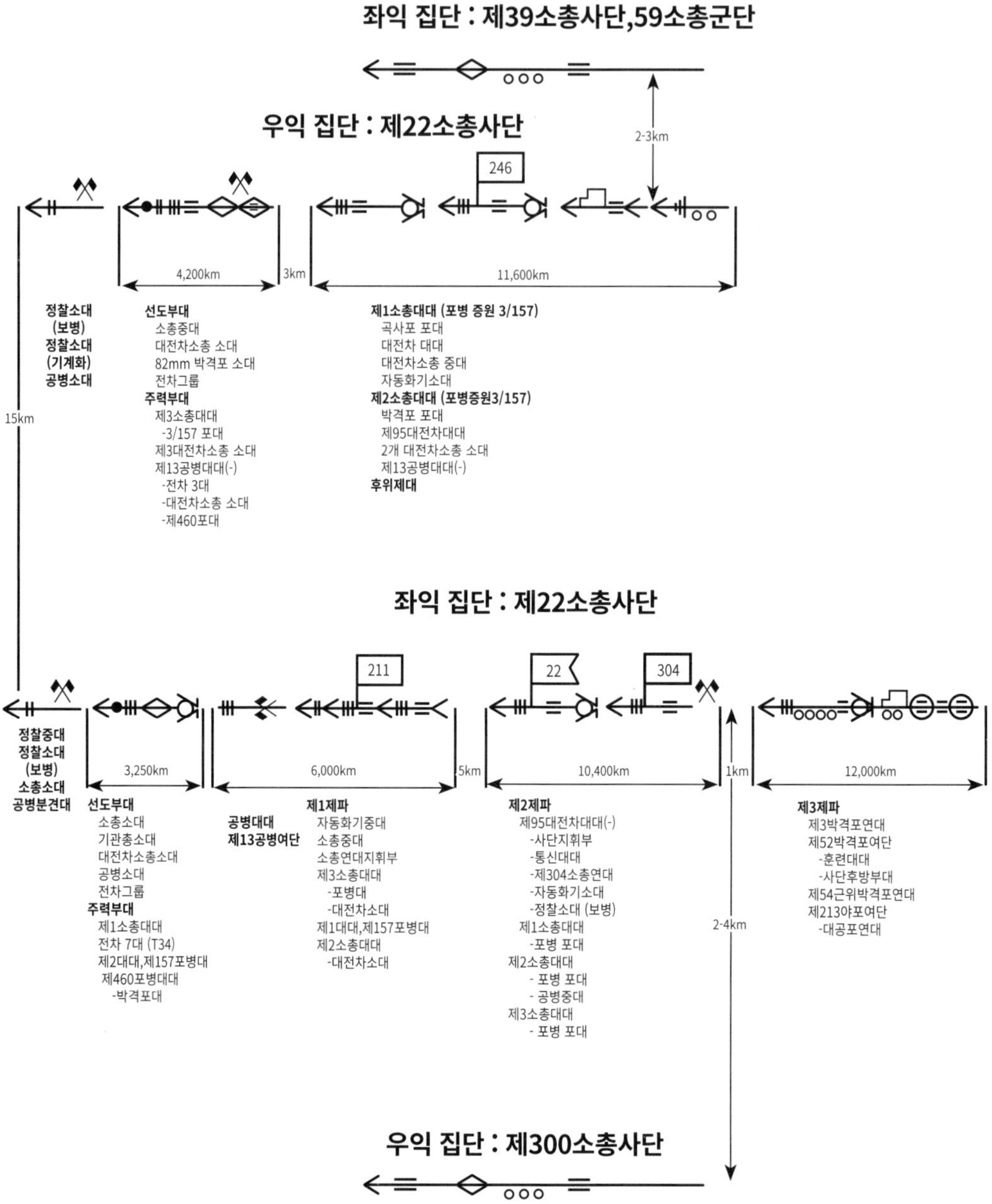

좌익 집단 : 제39소총사단,59소총군단

2-3km

우익 집단 : 제22소총사단

246

4,200km | 3km | 11,600km

정찰소대 (보병)
정찰소대 (기계화)
공병소대

선도부대
소총중대
대전차소총 소대
82mm 박격포 소대
전차그룹
주력부대
제3소총대대
-3/157 포대
제3대전차소총 소대
제13공병대대(-)
-전차 3대
-대전차소총 소대
-제460포대

제1소총대대 (포병 증원 3/157)
곡사포 포대
대전차 대대
대전차소총 중대
자동화기소대
제2소총대대 (포병증원3/157)
박격포 포대
제95대전차대대
2개 대전차소총 소대
제13공병대대(-)
후위제대

15km

좌익 집단 : 제22소총사단

211 | 22 | 304

3,250km | 6,000km | 5km | 10,400km | 1km | 12,000km

정찰중대
정찰소대 (보병)
소총소대
공병분견대

선도부대
소총소대
기관총소대
대전차소총 소대
공병소대
전차그룹
주력부대
제1소총대대
전차 7대 (T34)
제2대대,제157포병대대
제460포병대대
-박격포대

공병대대
제13공병여단

제1제파
자동화기중대
소총중대
소총연대지휘부
제3소총대대
-포병대
-대전차소대
제1대대,제157포병대대
제2소총대대
-대전차소대

제2제파
제95대전차대대(-)
-사단지휘부
-통신대대
-제304소총연대
-자동화기소대
-정찰소대 (보병)
제1소총대대
-포병 포대
제2소총대대
- 포병 포대
- 공병중대
제3소총대대
- 포병 포대

제3제파
제3박격포연대
제52박격포여단
-훈련대대
-사단후방부대
제54근위박격포연대
제213야포여단
-대공포연대

2-4km

우익 집단 : 제300소총사단

도표 6. 제22소총사단의 행군대형

해군과 지상군의 협조도 뛰어났고 몇몇 지역에서는 중대한 역할을 했다. 제2극동전선 군 15군의 경우 아무르 분함대가 제15군에 상륙과 수송과 화력 지원을 제공하여 임무를 완수했다. 제2극동전선군 5독립소총군단 역시 아무르 분함대에게 도하 강습 수단과 수송 수단을 지원받았다. 한반도의 항구와 남사할린과 쿠릴에서 벌인 작전은 해군과의 밀접한 협조가 승리의 열쇠였다.

만주에서 보여준 소련군의 전술적 작전은 성공으로 이어졌지만, 문제도 있었다. 대부분 의 문제는 과감한 기동과 공세의 산물이었다. 소련군은 모든 지형적 장애물 지대를 빠른 속도로 돌파했고, 눈에 띄는 작전술적 실패도 없었다. 하지만 몇몇 예외적인 경우에는 부 대의 행군대형이 지나치게 길어져 적의 공격에 취약해지곤 했다. 극복하기가 불가능한 일 부 지형이 이 예외의 원인이었다. 예를 들어 제25군의 작전 지역에서 소련군은 제10기계 화군단을 도로가 절대적으로 부족한 지역에 투입했고, 제10기계화군단은 두 개의 도로만 사용할 수 있었으며, 이 도로에서 병목 현상이 발생하자 부대가 왕칭에서 후방 200㎞ 일 대에 걸쳐 늘어서야 했다.[216] 긴 행군대형과 병력 전개 공간의 제한은 선견대만이 철수하 는 적들과 접촉이 가능함을 의미했다. 따라서 적이 저항할 경우 오직 선견대만이 전력을 전부 투사할 수 있었다. 비슷한 문제가 자무쓰를 향한 제15군의 소규모 작전에서도 나타 났다. 행군대형의 길이가 빈번히 늘어나는 바람에 정상적인 포병 지원이 어려워졌다. 제 39군의 경우에도 중포병 부대들이 소총과 전차에 뒤처졌다.

몇몇 경우, 지나치게 신장된 행군대형의 선견대는 후속 부대의 지원을 받지 못한 채 작 전 수행을 강요받기도 했다. 제76전차여단의 무단장 진격이 그 사례에 해당한다. 소련군 의 후속 부대가 도착해 지원하기까지 제76전차여단은 일본 제124보병사단에 홀로 맞서 며 피해를 입어야 했다. 제1적기군의 제257전차여단은 바미엔퉁에서 무단장으로 진격하 는 도중에 제300소총사단보다 지나치게 앞서 진격하며 후아린 철교를 장악하려 했다. 일 본군은 제257전차여단의 공격을 멈춰 세우고 반격을 가해 제257전차여단이 후퇴하고 후 속부대의 증원을 받을 때까지 철교를 지켰다.

지형도 소련군의 계획을 종종 방해했다. 제35군 남쪽 지역에서 제125, 209전차여단은 각각 제66, 363소총사단의 진격을 선도해 미산으로 향할 예정이었다. 늪지대는 전차의 기 동과 연료 보급에 심각한 장애물로 작용했다. 임시방편으로 부교를 가설했지만 유류수송 은 실패했다. 그래서 두 여단은 후퇴한 후 다른 지역에 배치되었다.[217]

산맥에서 길을 잃은 부대도 있었다. 8월 11일, 제39군 113소총군단 192소총사단이 다 싱안링 산맥을 넘는 중에 길을 잃었다. 이틀 동안 길을 헤맨 사단은 산맥에서 야전군 정찰 기가 내려와 정확한 길을 알려주고 나서야 실수를 만회할 수 있었다. 이 지역에 대한 정확 한 지도의 부족이 가장 큰 원인이었다. 잘못된 결정의 고수와 그로 인한 실패는 유류 소비

216 Ibid., 386
217 제126전차여단은 야전군 구역 내에서 재배치되었다. 제1극동전선군은 제209전차여단을 제25군 소속으로 전환하였다. Krupchenko,
     Sovetskie. 321; Pechenenko, "Armeiskaia," 47를 참고할 것.

와 보급선 유지에 부정적인 결과를 가져왔다.[218]

소련군이 직면한 가장 큰 문제는 군수였다. 소련군은 군수 문제 발생을 예측했고, 이를 완화시킬 방법을 모색했다. 군수는 소련군이 감수해야 할 위험 요소였다. 유류 재고 부족도 문제 가운데 포함되었다. 다싱안링 산맥을 넘은 뒤에도 제6근위전차군은 유류 부족을 겪었다. 산맥을 넘은 후에도 펑톈에 도착할 때까지 만성적인 유류 부족에 시달렸다. 일본군의 저항도 제6근위전차군의 유류와 탄약 재보급 문제를 복잡하게 했다. 제39군과 제35군도 비슷한 문제를 겪었다.

제2적기군, 제15군, 제5독립소총군단은 강을 경유하는 보급 과정에서 문제가 발생했다. 이 문제는 긴 도하시간 및 수송선 일부의 전투 참여가 그 원인이었다.

하지만 이렇게 나열된 문제들은 소련군의 행동에 큰 영향을 주지는 않았고, 일본군 역시 이런 문제들을 거의 활용하지 못했다. 소련군이 드러낸 취약성은 오직 상대가 소련군에 대해 우위를 점할 때만 활용할 수 있었다. 그리고 일본군은 그렇지 못했다. 소련군이 겪은 문제들은 소련군이 거둔 승리의 과정을 세밀하게 확대하지 않으면 발견하지 못할 정도로 미미했다.

....
218   Lyvdnikov, Cherez, 80~82

11. 결론

스타브카는 만주 작전을 한 달 내에 종결하도록 계획하고, 그에 따라 작전을 준비했다. 신중히 임명된 지휘관들은 통합된 사령부에서 넓은 전선에 배치된 대규모 전력을 넓은 전선에서 통제했다. 모든 수준의 지휘관들은 전략적, 작전술적, 전술적 목표들을 부여받았고, 그 목표를 가능한 단기간에 달성하도록 전력을 조정했다. 모든 병과로 구성된 막대한 규모의 지원부대가 전투부대를 지원했다. 작전은 계획대로 진행되었으며, 역동적으로 모든 전투력 – 특히 기갑 전력-을 사용했다. 모든 수준의 지휘관들은 성공적인 전투를 위해 주도권을 유지했다.

만주에서 소련군은 촉박한 시간과 지형 장애물, 일본군의 저항에 도전했고, 시간과 지형에 비해 일본군의 저항을 보다 쉽게 극복했다. 요점은 소련군이 작전을 일주일 만에(8월 16일까지) 끝냈다는 것이다. 이후의 교전과 이동은 형식적이었다. 소련군은 3주간의 작전 일정에 따라 가벼운 손실만 입으며 관동군을 압도했다.[219]

소련군이 승리한 이유는 무엇인가? 소련군의 승리는 확정적이었다. 소련군의 전력 우위, 서태평양 방면에서 일본이 처한 전략적 상황, 원자폭탄 투하를 포함해 무자비한 전략 폭격으로 입은 피해, 시간이 흐를수록 취약해지는 관동군의 상황은 일본군의 패배를 돌이킬 수 없게 한다. 따라서 이 전역에 보다 적합한 질문은 소련군이 승리한 이유가 아닌 소련군이 신속하게 승리한 이유가 되어야 한다. 앞서 언급된 극히 단순화된 이유들은 납득하기에는 편리하지만, 일본군의 급격한 패배의 원인을 가리고 있다.

만주 전역에 돌입한 소련군은 어려운 전역을 예상했고, 그 예상에 맞춰 준비했다. 그 결과물이 과감한 작전계획이었다. 소련군은 관동군의 명성을 존중했다. 그들은 일본군과 전투를 벌인 경험이 있고, 일본군 병사들의 개인적 힘과 용맹을 파악하고 있었다. 소련군은 1945년의 관동군이 1941년의 관동군이 아님을 파악하고 있었음에도 관동군을 경시하지 않았다. 소련군은 일본군의 방어 계획과 그에 따른 병력 운용에 대해 잘 파악하고 있었지만, 여전히 관동군 국경 부대의 전투력을 과대평가하는 경향이 있었고, 그 결과 전투 초기에 큰 전력을 집중했다. 그리고 소련군은 일본군이 만주 남부에서 강력하게 저항할 것

---

219 전투 손실 기록에 있어, 소련군과 일본군 자료 간에 발생하는 차이는 여러 장소에서 독립적으로 진행되었고, 참전자들의 구성이 다양했으며, 관동군의 기록들이 소실되었음을 감안하면 이해할 수 있다. (일본 제1 동원해제국의 통계는 수많은 일본군 실종자들을 무시했으며 만주국군과 몽강군의 사상자, 동원된 일본 예비군들이나 전투에 참여한 일본 민간인들은 무시했다)
소련군의 추산은 일본군이 만주와 한반도 북부에 전개했다고 주장한 총 전력보다 더 크다.(713,000명) 소련 측의 통계는 몇몇 지역(투찬, 자무쓰, 쉬룬)에서 발생한 사상자의 대부분을 차지한 만주국군 사상자를 포함하고 있으며, 요새지역에 거주중이던 일본 예비군 및 민간인, 그리고 일본의 항복 이후에도 저항을 계속하던 병력들도 합산했다. 반면, 일본의 공식 통계는 정규군으로 범주가 한정되어 있고, 실종자, 만주국군 및 몽강군의 일본인 사상자를 제외했다. 이를 감안하면 아무리 보수적으로 판단하더라도 소련 측의 통계가 보다 가치있다. 같은 이유로 소련군 측의 사상자 통계도 논쟁의 대상이 되고 있는데, 일본 측이 추산한 규모는 크고, 소련의 추산 규모는 작다.

이라고 예상했다. 소련군이 수립한, 만주 중부 평야 지대를 장악하고 일본군을 조각내며 전력을 집중시키기 전에 분산-고립시킨다는 계획에는 일본군에 대한 과대평가가 분명히 드러난다. 따라서 공격은 다수의 축선에서 진행하게 되었고, 소련군 지휘관들은 자신들의 진격 속도와 성공의 규모에 경악했다.

1945년의 관동군은 지도력, 장비, 인력 측면에서 1941년과 동일한 군대로 볼 수 없지만, 몇몇 분석가들의 주장처럼 비효율적인 집단은 아니었다. 1945년의 마지막 병력 교체는 대부분의 경우 전투상황에서 전장에 적절히 적응했다. 그리고 일본군 사단들은 지속적으로 전력이 감소했지만, 여전히 소련군 사단에 비해 구성 병력의 규모 면에서 앞섰다. 따라서 일본 제80독립혼성여단과 제119보병사단은 하일라얼과 바오궈투로 가는 다싱안링 산맥의 산길에서 훌륭하게 저항할 수 있었다. 제135독립혼성여단과 제123보병사단도 아이훈과 쑨우에서 잘 싸웠다. 많은 국경경비대가 요새지역에서 소련군의 막대한 물량과 싸우며 영웅적으로 방어전을 수행했고, 소련군은 이런 저항에 경의를 표했다. 아마 소련군 병사들은 일본군의 저항에서 소련군이 브레스트(Brest)와 세바스토폴(Sevastopol)에서 보여준 소련군의 희생을 떠올렸을지도 모른다. 소련군의 관점에서는 온몸에 폭발물을 두르고 소련군 전차로 돌진하는 '자살 부대'도 경외감을 품을 만한 행동이었다.[220] 사실 일본군이 적절한 지휘를 받으며 싸울 경우에는 소련군이 상정했던 수준의 저항을 할 수 있었다. 그러나 관동군 사령부의 야전군 지휘능력은 2류에 머물렀다.

휴전에 대한 소문과 최종적인 항복 결정이 일본군의 작전을 혼란스럽게 하고 만주 남부 방면에서 일본군의 대규모 저항을 방해했음은 의심의 여지가 없다. 그러나 관동군은 그에 앞서 많은 피해를 입었고, 이를 돌이킬 수 없었다. 대본영은 자만, 오만, 혼란과 비관주의로 인해 소련군의 행동에 부적절하게 대응했다. 소련에 대한 일본군의 자만과 과신은 만주 전역에서 10년 전부터 이어졌다. 1939년에 할힌골 전투에 참전했던 소련군 장교들은 1939년의 일본군 장교단의 수준에 놀랐지만, 1945년에는 그 이상으로 놀랐다. 일본군은 할힌골 전투에서 아무것도 배우지 않았던 것이다. 아마 일본군은 소련군이 1939~1941년 동안 핀란드군과 독일군에게 패배하는 모습을 보며 소련군에 대한 자만심이나 잘못된 믿음을 품었을지도 모른다. 그러나 5년 후인 1945년에 일본군 보병사단들은 소련군 소총사단들에 비해 현대화가 지지부진했고, 전차부대나 기계화부대도 크게 부족했다. 대전차 병기가 부족했고, 보병사단은 병력의 규모 면에서 소련군 사단을 앞섰지만 소련군에 비해 화력이 부족했다. 일본군의 기계화부대와 전차부대는 더욱 심각했다. 일본군에는 소련군의 T-34 전차와 맞설 전차가 한 대도 없었다. 1939년의 관동군은 뛰어난 기동전 수행 능력을 갖췄지만 1945년에는 그렇지 않았다. 이런 역량의 결핍은 부분적으로 자만과 과신의 결과물이었다.

일본군의 작전계획은 1939년의 전훈을 잊어버리거나 무시했다. 소련군은 몽골 동부의

220 Meretskov, Serving the People, 353; Beloborodov, "Na sopkakh Man'chzhurii", pt 2, 46, 48, 49.

사막지대를 만주 침공을 위한 출발점으로 사용하는 등, 일견 불가능해 보이는 기동을 시도하는 경향이 있었다. 반면 일본군은 자만과 과신 이상으로 소련을 과소평가하는 전통적인 경향을 유지했다. 그와 같은 과소평가는 결국 관동군의 운명을 결정지었다. 어떤 이유로든 일본군 사령관은 군을 잃었다. 최고 지휘부는 혼란에 빠졌고, 방면군과 야전군 간의 명령이 서로 충돌했다. 그 결과, 부대들은 전투에서 이탈하거나 소련군에게 휩쓸려 나갔다.

소련군이 실시한 공세의 성격도 일본군이 어려움을 가중시켰다. 일본군의 계획은 현존하는 적보다 약한 상대를 상정해 계획되었고, 불행히도 일본 대본영은 4년간의 전투에서 피와 교육으로 단련된 소련 장교단이 지휘하는 고도로 전문화된 군대에 맞서 싸워야 했다. 극동에 배치된 소련군은 소련군 내에서 가장 뛰어났으며, 유럽에서 자신들이 생산할 수 있는 최고의 무기를 운용하고 검증을 마쳤다. 그리고 소련군에 있어 만주전역은 기나긴 대전을 마무리하는 마지막 전역이었다. 문자 그대로 마지막 기회이기도 했다. 그리고 소련군은 이곳에서 자신들의 탁월함을 입증했다. 만주 작전은 독소전쟁 종결 이후 소련군의 행동이라는 면에서 큰 의미가 있으며, 1941년 6월 이후 러시아 서부에서 시작된 끔찍한 학습과정의 마침표였다.

역사가들은 모든 군사전역을 연구하며 전훈으로부터 교훈을 도출할 때 주의를 기울일 필요가 있다. 이런 연구의 가치는 전역에서 특정한 행위에 영향을 끼친 구체적 조건을 살피는 데서 출발해야 한다. 만주전역은 1945년 이후보다 군사 기술이 비약적으로 발전한 현대의 관점에서도 전술적 전훈을 배울 수 있는 전역이다. 이런 전훈이 시기를 막론하고 적용 가능한 상수이거나 어떤 시기에도 적용 가능한 전술적인 기술을 포함하고 있다면, 만주는 연구할 만한 가치가 있다.

만주에서 소련군이 직면한 여러 세부사항들은 소련군의 입안자들에게 전쟁 초기에 신속하게 공격하고 승리하기 위한 방법과 연관된 일련의 독특한 문제를 제시했다. 소련군은 이 문제들을 정확하게 해결하기 위한 기술을 공식화했다. 예를 들어 신속한 진격은 일본군의 방어가 견고해지는 상황을 사전에 차단하고, 일본군이 전투가 개시될 경우 활용하려던 전략적 요충지들을 앞서 확보하여 일본인들의 전쟁 노력 포기를 강요했다. 그러나 신속한 진격은 소련군이 시간계획 상의 모든 장애물을 극복해야만 달성할 수 있었다.

따라서 소비에트는 상대를 격파하고 필요한 속도를 발휘하기 위해 부대를 조정했다. 그리고 소련군은 공격기세를 유지하기 위해 전술적인 접근법, 즉 위장과 기만을 사용해 부대를 철저한 보안 하에 전개했다. 이와 같은 주의 깊은 노력은 다른 전투 기술의 효용을 강화했다. 소련군은 가용 가능한 모든 축선을 따라 공격을 실시했으며, 주력부대를 제1제파에 배치해 과도하게 신장된 적에게 최대한 압력을 가했다. 소련군은 각 공세 축선에서 중요한 지점에 병력을 집중했고, 절묘한 기동으로 통행이 불가능하다고 간주되던 지형에 대규모 부대를 전개했다.

초기 성공을 창출하고 공격기세를 유지하기 위해 소련군은 돌격부대, 진격 부대, 주력부대를 통한 공세전력의 투사 시간표를 신중하게 구성했다. 결과적으로 일본군은 전역 시작부터 균형을 잃었고 전역 끝날 때까지 균형을 잃은 상태로 남았다. 이러한 상황은 소련군의 방법이 일본군 지휘 체계에 혼란을 일으켰고 결국 일본군의 효과적인 대응을 배제했다.

소련군은 초기 성공을 확대하고 일본군의 계획을 무너뜨리기 위해 기갑전력 위주의 선견대를 모든 수준에 배치해 일본군의 방어종심 깊숙이 투입시켰다. 소련군은 전방에서 한정적인 저항만 받으며 별다른 방해를 받지 않고 진격할 수 있었다. 각 선견대는 단단한 나무에 구멍을 파고 다음의 구멍을 날카로운 끝으로 뚫는 과정을 준비하는 송곳도 같았다. 선견대는 곳곳에 구멍을 냈고, 일본군의 방어는 응집력을 잃었으며, 이후 다시는 응집력을 회복하지 못했다. 소련군 주력과 선견대는 제병협동군의 본체에서 지형에 맞게 조정되어 작전을 수행했다. 선견대는 방어를 무너뜨리고, 산산조각내고, 마비시키고, 다음 목표로 향했다. 소련군의 전역 승리는 전략적, 작전술적, 전술적 기습의 효과를 강조했다.

최근의 소련 측 연구는 전쟁의 개전시기와 전쟁 초기의 구체적인 전투 특성을 강조하며 만주에서 보인 기술들을 강조하고 있다. 기만은 절대 매력을 잃지 않는 것이고 모든 수준에서 제병협동 부대의 균형을 자체적으로 유지할 필요성도 마찬가지다. 소련군이 사용한 세 가지 요소는 현대 전장에서도 아직 유효하다.

○ 부대 제파 편성에 상상력을 발휘하라

특히 적에게 고착 방어를 실시할 시간적 여유가 있을 때 상상력을 발휘하라. 만주에서 단일 제파 대형은 전구, 전선군, 야전군 수준에서 넓은 전선을 다양한 축선에서 무너뜨리고 산산조각 내는 방법이 효과적으로 확립되었다. 오늘날에도 광대한 전선을 따라 수행하는 압박은 적이 방어를 부분적으로 형성했을 때 적의 방어를 무너뜨릴 수 있다.

○ 부대를 시간차를 두고 전투에 돌입시켜라

만주에서 지속적이고 가차 없는 타격은 일본군의 균형을 무너뜨리고 일본군 전체의 붕괴를 가속시켰다. 현대적인 상황에서도 다양한 축선에서 돌파를 실시하고 부대를 혼합한다면 방어자가 전술핵을 사용하기 어렵다.

○ 선견대를 모든 수준에서 활용하라

1945년에 선견대는 방어 측의 혼란을 가져왔고, 전술적, 작전술적 종심에서의 전투를 수행하여 방어가 효과를 얻지 못하게 했다. 게다가 선견대는 오늘날에도 비슷한 공세에서 방어자의 전술핵 투사 체계를 공격하며 성공을 거둘 수 있다.

만주 전역의 구체적 유산인 이 세 기술은 적의 준비된 방어를 상대로 성공을 거둘 가능성을 높여준다. 적의 준비가 불완전하거나 부분적으로만 완전할 경우, 이 기술들의 사용은 극히 치명적일 것이다. 이 기술들은 1945년에, 기동성이 아직 유아기(아니면 소년기)에 머무를 때 등장했으며, 모든 전력의 기동성이 증가한 오늘날에는 더 확실히 적용할 수 있다. 그리고 소련군은 전술핵의 사용을 어떠한 이성적인 이유에서라도 자제할 것이다. 확실한 것은 이러한 기술들이 소련군의 전술 저자들에게는 단순한 역사적 관심사 이상이라는 것이다. 이 기술들은 미군의 전술가들에게도 역사적 관심사 이상이 되어야 한다.

부록 1. 1945년 7월 30일 기준 관동군의 전투서열[221]

관동군
사령관 야마다 오토조(山田乙三) 대장

관동군사령부 직할부대

제1기동여단 - 제1독립기구중대	제1보병하사관대	기병하사관대
제1장갑열차대	제2보병하사관대	포병하사관대
제2장갑열차대	제1기간병교도대	방공포병하사관대
수송하사관대	제2기간병교도대	공병하사관대

제1방면군
기타 세이이치(喜多 誠一) 대장

방면군사령부 직할부대

제603특별경비대대	제627특별경비중대	제2특별주둔대
제12독립공병연대	제17통신연대	
제613특별근위공병대	제620특별경비중대	제621특별경비중대
제622특별경비중대	제624특별경비중대	제636특별경비중대
제122보병사단 - 아카시카 타다시(赤鹿理) 중장	**제134보병사단** - 이제키 진(井関仭) 중장	**제139보병사단** - 도미나가 교지(富永恭次) 중장

제3군
무라카미 케이사쿠(村上啓作) 중장

군직할부대

제132독립혼성여단	제101혼성연대	
제2중포연대	제3중포연대	둥닝중포연대
제2독립중포중대	제1독립중박격포중대	제55통신연대
나진요새수비대	나진요새포병대	
제460특별경비대대	제623특별경비중대	제651특별경비중대

---

221 8월 9일 소련 침공 당시까지 전투서열에는 거의 변경되지 않았다. 다만 8월 10일 0600시를 기해 제17군 전체가 관동군에 배속되는 변화가 있었다.

제79보병사단	제112보병사단
- 오타 테쇼(太田貞昌) 중장	- 나카무라 지키조(中村次喜蔵) 중장
제127보병사단	**제128보병사단**
- 고가 류타로(古賀龍太郎) 중장	- 미즈하라 요시시게(水原義重) 중장

제5군

시미즈 노리쓰네(清水規矩) 중장

군직할부내

제15국경수비대	제9유격대	제31독립대전차대대
제20중포병연대	제5독립중포대대	제8중포대대
제1독립중포대대	제13박격포중대	
제1공병대본부	제18독립공병연대 (가교부설연대)	
제3야전요새대	제46통신연대	
제628특별경비중대	제629특별경비중대	제630특별경비중대
제641특별경비중대		
제124보병사단	**제126보병사단**	**제135보병사단**
시나 마사타케(椎名正健) 중장	노미조 가즈히코(野溝弐彦) 중장	히토미 요이치(人見與一) 중장

제3방면군
우시로쿠 준(後宮淳) 대장

방면군직할부대

제108보병사단 - 이와이 토라지로(磐井虎二郎) 중장		제171기병연대
제610특별경비대대	제606특별경비중대	제615특별경비중대
제616특별경비중대	제617특별경비중대	제618특별경비중대
제649특별경비중대	제650특별경비중대	
제611특별근위공병대	제612특별근위공병대	

제136사단
나카무라 토오루(中山淳) 중장

푸순 경비대	- 제602특별경비중대 - 제603특별근위공병대	
번시경비대	- 제603특별경비중대 - 제604특별근위공병대	
안샨 경비대	- 제601특별경비중대 - 제605특별경비중대	
제79독립혼성여단	제130독립혼성여단	제134독립혼성여단
제1독립전차여단	관동군제1특별수비대	제11유격대
관동군지역주둔대	- 제61독립중요새포포대 - 제651특별경비대대 - 제611특별경비대대 - 제613특별경비대대 - 제615특별경비대대 - 제608특별경비중대 - 제610특별경비중대	- 제171고사포연대 - 제607특별근위공병대 - 제612특별경비대대 - 제614특별경비대대 - 제616특별경비대대 - 제609특별경비중대
제22야전고사포대	- 제26고사포연대 - 제85야전고사포대대 - 제90야전고사포대대 - 제92야전고사포대대 - 제65독립야전고사포대 - 제1야전탐조등대대 - 제7야전탐조등대대 - 제68야전기관포중대 - 제70야전기관포중대 - 제72야전기관포중대 - 제74야전기관포중대 - 제76야전기관포중대 - 제85야전기관포중대 - 제54통신연대 - 제656특별경비대대 - 제602특별근위공병대 - 제607특별경비대대 - 제611특별경비중대 - 제613특별경비중대 - 제609특별근위공병대	- 제88야전고사포대대 - 제91야전고사포대대 - 제100야전고사포대대 - 제6야전탐조등대대 - 제14독립야전탐조등중대 - 제69야전기관포중대 - 제71야전기관포중대 - 제73야전기관포중대 - 제75야전기관포중대 - 제77야전기관포중대 - 제653특별경비대대 - 제606특별근위공병대 - 제608특별경비대대 - 제612특별경비중대 제610특별근위공병대

제30군
이다 쇼지로(飯田祥二郎) 중장

군직할부대

제21독립야전중포병대대	제27독립중박격포대대	제1중포병연대
제19중포병연대	제7독립중포병대대	
제2공병본부	제40독립공병연대	
제601특별경비대대	제604특별경비대대	제609특별경비대대
제614특별경비중대	제638특별경비중대	제639특별경비중대
제640특별경비중대	제642특별경비중대	제601특별공병대

제39보병사단	제125보병사단	
사사 신노스케(佐佐真之助) 중장	이마리 다쓰오(今利龍雄) 중장	
제138보병사단	**제148보병사단**	
야마모토 쓰토무(山本務) 중장	스에미쓰 모토히로(末光元廣) 중장	

제44군
혼고 요시오(本鄕義夫) 중장

야전군 직할부대

제9독립전차여단	제2유격대	제29독립대전차대대
제17중포병연대	제30중포병연대	제6독립중포대
제31통신연대	제605특별경비중대	제607특별경비중대
제112독립수송대대	제73독립수송중대	제40건설중대
제619특별경비중대	제643특별경비중대	
제644특별경비중대	제648특별경비중대	

제63 보병사단	제107 보병사단	제117 보병사단
기시카와 켄이치(岸川健一) 중장	아베 코이치(安部孝一) 중장	스즈키 히라쿠(鈴木啓久) 중장

제4독립야전군

우에무라 미키오(上村幹男)중장

야전군 직할부대

제131독립혼성여단	제135독립혼성여단	제136독립혼성여단
제57수색연대	관동군제3특별수비대	제12유격대
제30대전차대대	제10독립야전포병대대	제17박격포대대
제29독립공병연대 (가교 부설대)	제42통신연대	
제102경비대본부	제654특별경비대대	제625특별경비중대
제631특별경비중대	제632특별경비중대	제633특별경비중대
제634특별경비중대	제635특별경비중대	제637특별경비중대
제645특별경비중대	제646특별경비중대	제647특별경비중대
제608특별근위공병대	제614특별근위공병대	

제119보병사단	**제123보병사단**	제149보병사단
쇼자와 키요노부(塩沢清宣) 중장	기타자와 데이지로(北沢貞治郎) 중장	사사키 도이치(佐佐木到一) 중장
- 제80독립혼성여단		
- 제606특별경비대대		

제34군

쿠시부치 센이치(櫛淵鍹一) 중장

야전군 직할부대

제133독립혼성여단		
제11독립야포대대	무단장중포병연대	제15박격포대대
영흥만요새수비대	- 영흥만요새포대	
	- 제462특별경비대대	
제56통신연대		

제59보병사단	**제137보병사단**
후지타 시게루(藤田茂) 중장	아키야마 요시스케(秋山義兌) 중장

출처: U.S. Army Forces Far East, Military History Section, Japanese Monograph Japanese Monograph no.155: Record of Operations Against Soviet Russia - On Notern and Western Fronts of Manchuria and in Northern Korea (August 1945), Tokyo, 1954.

자바이칼전선군을 상대로 전개된 관동군 부대들

사단/여단	조직 날짜	1937년 당시 제12보병사단 대비 전력 비율
제119사단	1944년 10월 11일	70%
제80독립혼성여단	1945년 1월	15%
제107사단[a]	1944년 5월 16일	60%
제108사단[b]	1944년 9월 12일	65%
제117사단[b]	1944년 7월	15%
제63사단[b]	1943년 6월 30일	15%
제133독립혼성여단	1945년 7월	15%
제148사단[c]	1945년 7월 10일	15%
제9기갑여단		
제125사단	1945년 1월 16일	20%
제138사단[d]	1945년 7월 10일	15%
제39사단[e]		
제1기갑여단		
제130독립혼성여단	1945년 7월	15%
제136사단	1945년 7월 10일	15%
제79독립혼성여단	1945년 1월	15%

a. 제108사단은 지나파견군의 일부였다.
b. 제117사단과 제63 사단은 각 4개 대대를 갖춘 2개 여단으로 구성된 주둔 사단이었다. 두 사단은 원 편제상으로는 24문의 산포(山砲)를 장비하도록 되어 있었지만 18문 이상의 산포를 장비하지 않았다.
c. 제148사단 소속 연대는 거의 소화기만 보유하고 있었다.
d. 제138사단은 당시 창설 중이었고 사단 병력이 2,000명을 넘지 못했다.
e. 제39사단은 중국 중부에서 왔지만 포병이 부족했다.

제2극동전선군을 상대로 배치된 관동군 부대들

사단/여단	조직 날짜	1937년 당시 제12보병사단 대비 전력 비율
제135독립혼성여단	1945년 7월	15%
제123사단[a]	1945년 1월 16일	35%
제136독립혼성여단	1945년 7월	15%
제134독립혼성여단	1945년 7월	15%
제134사단	1945년 7월 10일	15%
제149사단[b]	1945년 7월 10일	15%

a. 제123 사단의 포병은 기동성이 없었다.
b. 제149 사단은 포병이 없었다.

제1 극동전선군을 상대로 배치된 관동군 부대들

사단/여단	조직 날짜	1937년 당시 제12보병사단 대비 전력 비율
제15국경수비대(연대)[a]	1945년 7월 20일	
제135사단	1945년 7월 10일	15%
제126사단	1945년 1월 16일	20%
제124사단	1945년 1월 16일	35%
제132독립혼성여단	1945년 7월	15%
제128사단[b]	1945년 1월 16일	20%
제112사단	1944년 7월 10일	35%
제1기동여단		
제79사단	1945년 2월 6일	15%
제127사단	1945년 3월 20일	20%
제122사단	1945년 1월 16일	35%
제139사단	1945년 7월 10일	15%
제134독립혼성여단	1945년 7월	15%
제59사단	1942년 2월 2일	
제137사단	1945년 7월 10일	15%

a. 제15독립혼성여단은 편제상 12개 보병 중대와 3개 포대를 보유해야 했지만, 실제 전력은 4개 보병 중대와 1개 포대였다.
b. 제128사단은 편제상 23,000명을 보유해야 했지만, 당시는 14,000명밖에 없었으며 훈련도 부족했다.

부록 2. 소련군의 전투서열

소련 극동군

사령관: A. M. 바실렙스키 원수
참모장: S. P. 이바노프(Ivanov) 상장
정치위원: I. V. 시킨(Shikin) 중장

자바이칼전선군

사령관: R. Ya. 말리놉스키 원수
참모장: M. V. 자하로프 대장
정치위원: A. N. 텝첸코프(Tevchenkov) 중장

제17군
A. I. 다닐로프 중장

제209소총사단	제278소총사단	제284소총사단
제70독립전차대대	제82독립전차대대	제56대전차포여단
제185평사포연대	제413곡사포연대	제1910대전차연대
제178박격포연대	제39다연장로켓포연대	제67박격포여단
제1916방공포병연대	제66독립방공포병대대	제282독립방공포병대대

제36군
A. A. 루친스키 중장

제2소총군단	- 제103소총사단	- 제275소총사단
A. I. 로파틴(Lopatin) 중장	- 제292소총사단	
제86소총군단	- 제94소총사단	
G. V. 레부넨코프(Revunenkov) 소장	- 제210소총사단	
작전집단	- 제293소총사단	- 제298소총사단
	- 제31요새지구수비대	- 제32요새지구수비대
제205전차여단		
제33독립전차대대	제35독립전차대대	
제68독립장갑열차대	제69독립장갑열차대	
제259곡사포연대	제267평사포연대	제1146고압곡사포연대
제1912대전차포연대	제32다연장로켓포연대	제176박격포연대
제177박격포연대	제190박격포연대	
제7방공포병사단	- 제465방공포병연대	- 제474방공포병연대
	- 제602방공포병연대	- 제632방공포병연대
제120독립방공포병대대	제405독립방공포병대대	제68전투공병여단

제39군
I. I. 류드니코프 상장

제5근위소총군단 I. S. 베주글리(Bezugly) 중장	- 제17근위소총군단 - 제91근위소총군단	- 제19근위소총군단
제94소총군 I. I. 포포프(Popov) 소장	- 제124소총사단 - 제358소총사단	- 제221소총사단
제113소총군단 N. N. 올레셰프(Oleshev) 중장	- 제192소총사단 - 제338소총사단	- 제262소총사단
제61전차사단	제44전차여단	제206전차여단
제735자주포연대	제927자주포연대	제1197자주포연대
제5포병돌파군단 L. N. 알렉세예프(Aleekseev) 소장	- 제3근위 포병 돌파 사단 - 제99중곡사포여단 - 제14다연장로켓포여단 - 제29근위평사포여단 - 제87중곡사포여단 - 제4박격포여단	- 제22근위평사포여단 - 제43박격포여단 - 제6근위포병돌파사단 - 제69경포여단 - 제134곡사포여단 - 제10다연장로켓포여단
제139평사포여단	제390평사포연대	제1142평사포연대
제1143평사포연대	제629포병연대	제555박격포연대
제610대전차연대	제55대전차포여단	
제24다연장로켓포여단	제34다연장로켓포연대	제46다연장로켓포연대
제64다연장로켓포연대		
제14방공포병사단	- 제715방공포병연대 - 제721방공포병연대	- 제718방공포병연대 - 제2013방공포병연대
제621방공포병연대	제63독립방공포병대대	제32전투공병여단

제53군
I. M. 마나가로프 상장

제18근위소총군단 I. M. 아포닌(Afonin) 중장	-제1근위공수사단 -제110근위소총사단	-제109근위소총사단
제49소총군단 G. N. 테렌티예프(Terent'ev) 중장	-제6소총사단	-제243소총사단
제57소총군단 G. B. 사피울린(Safiulin) 중장	-제52소총사단	-제203소총사단
제152평사포여단	제1316대전차포여단	제461박격포연대
제52다연장로켓포연대	제53다연장로켓포연대	
제239독립방공포병대대	제376독립방공포병대대	
제17방공포병사단	-제1267방공포병연대 -제1279방공포병연대	-제1276방공포병연대 -제2014방공포병연대
제54전투공병여단		

제6근위전차군

A. G. 크랍첸코 상장

제5근위전차군단 M. I. 사벨리에프(Savel'ev) 중장	-제20근위전차여단	-제21근위전차여단
	-제22근위전차여단	-제6근위차량화소총여단
	-제390자주포연대	-제15근위모터사이클대대
	-제301경포병연대	-제454다연장로켓포연대
	-제127다연장로켓포대대	-제392근위방공포병연대
제9근위기계화군단 M. V. 볼코프(Volkov) 중장	-제18근위기계화여단	-제30근위기계화여단
	-제31근위기계화여단	-제46근위전차여단
	-제389근위자주포연대	-제14근위모터사이클 대대
	-제458다연장로켓포연대	-제35다연장로켓포 대대
	-제399근위방공포병연대	
제7근위기계화군단 F. G. 캇코프(Katkov) 중장	-제16기계화여단	-제63기계화여단
	-제64기계화여단	-제41근위전차여단
	-제1289자주포연대	-제94모터사이클대대
	-제614박격포연대	-제40다연장로켓포대대
	-제1713방공포병연대	
제36차량화소총사단	제57차량화소총사단	
제208자주포여단	제231자주포여단	제4근위모터사이클연대
제1독립전차대대	제2독립전차대대	제3독립전차대대
제4독립전차대대	제275독립특수목적대대	
제202경포여단	-제870평사포연대	-제1324경포연대
	-제1426경포연대	
제624곡사포연대	제1141다연장로켓포연대	제57근위박격포연대
제30방공포병사단	-제1361방공포병연대	-제1367방공포병연대
	-제1373방공포병연대	-제1375방공포병연대
제8차량화공병여단	제22차량화공병여단	

기병-기계화집단

I. A. 플리예프 상장

제85소총군단	제59기병사단	제25기계화여단
제27차량화소총여단	제43전차여단	제30모터사이클연대
몽골 제5기병사단	몽골 제6기병사단	몽골 제7기병사단
몽골 제8기병사단	몽골 제7차량화소총여단	몽골 제3독립전차연대
제1914방공포병연대	제1917방공포병연대	
제60다연장로켓포연대	몽골 제3포병연대	

자바이칼전선군 직할부대

제227소총사단	제317소총사단	
제1공수대대	제2공수대대	
제111전차사단	제201전차여단	
제67장갑열차대	제70장갑열차대	제79장갑열차대

8월 16일 이후 추가된 병력

제3근위기계화군단 V. T. 오부호프(Obukhov) 중장	-제7근위기계화여단	-제8근위기계화여단
	-제9근위기계화여단	-제35근위전차여단
	-제1근위모터사이클대대	-제129박격포연대
	-제1705방공포병연대	-제743독립대전차포대대
	-제334독립다연장로켓포대대	

제12항공군

S. A. 후댜코프 원수

제6폭격기군단 I. P. 스코크(Skok) 소장	-제326폭격비행사단	-제334폭격비행사단
제7폭격기군단 V. A. 우샤코프(Ushakov) 중장	-제113폭격비행사단	-제179폭격비행사단
제30폭격비행사단	제247돌격비행사단	제316돌격비행사단
제190전투비행사단	제245전투비행사단	제246전투비행사단
제21근위수송비행사단	제54수송비행사단	제12정찰비행연대
제368전투비행연대	제541폭격비행연대	
제257수송비행연대	제23독립중폭격비행대대	

제2극동전선군

사령관: M. A. 푸르카예프 대장
참모장: F. I. 셉첸코(Shevchenko) 중장
정치위원: D. S. 레오노프(Leonov) 중장

제2적기군

M. F. 테료힌 중장

제3소총사단	제12소총사단	제396소총사단
제368독립소총연대	제101요새지구수비대	제73전차여단
제74전차여단	제258전차여단	
제1독립장갑열차대	제2독립장갑열차대	제3독립장갑열차대
제40독립장갑열차대	제66독립장갑열차대	제77독립장갑열차대
제5독립장갑수송대대		
제42평사포연대	제388평사포연대	제1140평사포연대
제147곡사포연대	제1128곡사포연대	제1628대전차포연대
제181박격포연대	제465박격포연대	제310근위박격포연대
제1589방공포병연대	제9독립방공포병대대	제42독립방공포병대대
제10독립부교가설대대	제228독립공병대대	

제15군

S. K. 마몬노프 중장

제34소총사단	제361소총사단	제388소총사단
제255소총사단 (최초 전선군 예비)		
제4요새지구수비대	제102요새지구수비대	
제165전차여단	제171전차여단	제203전차여단
제21대전차여단	제52평사포연대	제145평사포연대
제1120평사포연대	제1121평사포연대	제1637평사포연대
제424곡사포연대	제1632대전차포연대	제1633대전차포연대
제183박격포연대	제470박격포연대	
제85다연장로켓포연대	제99다연장로켓포연대	
제73방공포병사단	-제205방공포병연대	-제402방공포병연대
	-제430방공포병연대	-제442방공포병연대
제1648방공포병연대	제28독립방공포병대대	제46독립방공포병대대
제302독립방공포병대대	제505독립방공포병대대	
제10부교가설여단	제21차량화강습전투공병여단	
제101독립공병대대	제129독립공병대대	

제16군

L. G. 체레미소프(Cheremisov) 중장

제56소총군단 A. A. 디아코노프(D'iakonov) 소장	- 제79소총사단 - 독립사할린소총연대	- 제2소총여단 - 제6독립소총대대
제103요새지구수비대	제104요새지구수비대	
제5소총여단	제113소총여단	
제432독립소총연대	제540독립소총연대	제206독립소총대대
제214전차여단	제178독립전차대대	제678독립전차대대
제433평사포대대	제82독립포병대대	제428독립포병대대
제221독립방공포병대대		

전선군 직할부대

제5소총군단 I. Z. 파시코프 소장	- 제35소총사단 - 제172전차여단	- 제390소총사단
캄차카 방어지구대 A. P. 그네치코(Gnechko) 소장	-제101소총사단 -제5독립소총대대	-제198독립소총연대 -제7독립소총대대
제88소총여단		
제26독립장갑열차대	제76독립장갑열차대	제14대전차포여단
제76평사포연대	제177곡사포연대	제428곡사포연대
제1604방공포병연대	제1649방공포병연대	제1685방공포병연대
제183독립방공포병대대	제622독립방공포병대대	제726독립방공포병대대
제47차량화공병여단		

제10항공군

P. F. 지가레프(Zhigarev) 상장

제18혼성항공군단 V. F. 니후틸린(Niukhitilin) 중장	- 제96돌격비행사단	- 제296전투비행사단
제83폭격비행사단	제128혼성비행사단	제255혼성비행사단
제253혼성비행사단	제29전투비행사단	제254전투비행사단
제7정찰비행연대	제411정찰유도비행연대	제344수송비행연대

제1극동전선군

사령관: K. A. 메레츠코프 원수
참모장: A. N. 크루티코프 중장
정치위원: T. F. 스티코프(Shtykov) 상장

제1적기군

A. P. 벨로보로도프 상장

제26소총군단 A. V. 스크보르초프(Skvortsov) 소장	-제22소총사단 -제300소총사단	-제59소총사단
제59소총군단 A. S. 크세노폰토프(Ksenofontov) 중장*	-제39소총사단 -제365소총사단	-제231소총사단
제6요새지구수비대	제112요새지구수비대	
제75전차여단	제77전차여단	제257전차여단
제48독립전차연대	제335근위자주포연대	제338근위자주포연대
제339근위자주포연대		
제213평사포여단	제216포병여단	제217포병여단
제60대전차여단	제52박격포여단	
제33다연장로켓포연대	제54다연장로켓포연대	
제33방공포병사단	-제1378방공포병연대 -제1715방공포병연대	-제1710방공포병연대 -제1718방공포병연대
제115독립방공포병대대	제455독립방공포병대대	제721독립방공포병대대
제12전투공병여단	제27전투공병여단	

* 8월 12일부로 G. I. 헤타구로프(Khetagurov) 중장으로 교체

제5군

N. I. 크릴로프 상장

제17소총군단 N. A. 니키틴(Nikitin) 중장	-제187소총사단	-제366소총사단
제45소총군단 N. I. 이바노프 소장	-제157소총사단 -제184소총사단	-제159소총사단
제65소총군단 G. H. 페레크레초프(Perekrestov) 소장	-제97소총사단 -제190소총사단	-제144소총사단 -제371소총사단
제72소총군단 A. I. 카자르체프(Kazartsev) 소장	-제63소총사단 -제277소총사단	-제215소총사단
제105요새지구수비대	제72전차여단	제76전차여단
제208전차여단	제218전차여단	
제333근위자주포연대	제378근위자주포연대	제395근위자주포연대
제478근위자주포연대	제479근위자주포연대	제480근위자주포연대
제78독립장갑열차대	제15근위평사포여단	제225평사포여단
제226평사포여단	제227평사포여단	제236평사포여단

제107고압곡사포여단	제119고압곡사포여단	제223고압곡사포여단
제218포병여단	제219포병여단	제220포병여단
제222포병여단	제237곡사포여단	제238곡사포여단
제61대전차여단	제20특별중평사포연대	제32특별독립중포대대
제34특별독립중포대대	제696대전차포연대	
제53박격포여단	제55박격포여단	제56박격포여단
제57박격포여단	제283다연장로켓포연대	제17다연장로켓포여단
제20다연장로켓포여단	제26다연장로켓포여단	제2다연장로켓포연대
제26다연장로켓포연대	제42다연장로켓포연대	제72다연장로켓포연대
제74다연장로켓포연대	제307다연장로켓포연대	
제48방공포병사단	-제231근위방공포병연대	-제1277방공포병연대
	-제2011방공포병연대	
제726방공포병연대	제129독립방공포병대대	제300독립방공포병대대
제461독립방공포병대대	제20차량화강습공병여단	제23전투공병여단
제63전투공병여단	제46차량화공병여단	제55독립부교대대

제25군
I. M. 치스챠코프 상장

제39소총군단	-제40소총사단	-제384소총사단
A. M. 모조로프(Mozorov) 소장	-제386소총사단	
제393소총사단	제7요새지구수비대	제106요새지구수비대
제107요새지구수비대	제108요새지구수비대	제110요새지구수비대
제111요새지구수비대	제113요새지구수비대	
제259전차여단	제28독립장갑열차대	
제214평사포여단	제221포병여단	
제1631대전차포연대	제100특별중포대대	
제1590방공포병연대	제22독립방공포병대대	제24독립방공포병대대
제100독립공병대대	제222독립공병대대	제143독립전투공병대대

제35군
N. D. 자흐바타예프 중장

제66소총사단	제264소총사단	제363소총사단
제8요새지구수비대	제109요새지구수비대	
제125전차여단	제209전차여단	
제9독립장갑열차대	제13독립장갑열차대	
제215평사포여단	제224고압곡사포여단	제62대전차포여단
제54박격포여단	제67다연장로켓포연대	제1647방공포병연대
제43독립방공포병대대	제110독립방공포병대대	제355독립방공포병대대
제280독립공병대대		

추구엡스크 작전집단

V. A. 자이체프(Zaitsev) 소장

제355소총사단	제335소총사단
제150요새지구수비대	제162요새지구수비대

전선군 직할부대

제87소총군단 G. I. 헤타누로프 중상	-제342소총사단	-제345소총사단
제88소총군단 P. E. 로뱌긴(Loviagin) 중장*	-제105소총사단	-제258소총사단
	-제84기병사단	
제10기계화군단 I. D. 바실리예프(Vasil'ev) 중장	-제42기계화여단	-제72기계화여단
	-제204전차여단	-제1207자주포연대
	-제1253자주포연대	-제1419자주포연대
	-제55모터사이클대대	-제621박격포연대
	-제2다연장로켓포대대	-제970방공포병연대
	-제2근위모터사이클연대	-제1634대전차포연대
	-제1588 방공포병연대	-제28독립방공포병대대
	-제613 독립방공포병대대	-제758 독립방공포병대대
	-제11 부교가설여단	-제5 독립부교가설대대
	-제30 독립부교가설대대	

* 8월 12일을 기해 A. S. 크세노폰토프 중장으로 교체

제9항공군

I. M. 소콜로프(Sokolov) 상장

제19폭격기 군단 N. A. 볼코프 중장	-제33폭격비행사단	-제55폭격비행사단
제34폭격비행사단	제251돌격비행사단	제252돌격비행사단
제32전투비행사단	제249전투비행사단	제250전투비행사단
제6정찰비행연대	제799정찰비행연대	제464정찰통제비행연대
제81의무수송비행연대	제281수송비행연대	

아무르 분함대

사령관: N. V. 안토노프(Antonov) 소장		
참모장: A. M. 구신(Gushchin) 대령		
정치위원: M. G. 야코벤코(Yakovenko) 소장		
제1여단 (강상함정)	제2여단 (강상함정)	제3여단 (강상함정)
제4지-부레이스크(Zee-Bureisk)여단 (강상함정)		스레텐스크독립대대 (강상함정)
제1포함대대	제2포함대대	제3포함대대
제1독립무장소해대대	제2독립무장소해대대	제3독립무장소해대대
우수리독립무장소해대	한카독립무장소해대	제5독립특별해군수색대
제71독립특별해군수색대	제45독립전투비행연대	
제67독립방공포병대대	제94독립방공포병대대	제115독립방공포병대대

출처: M. V. Zakharov, ed., Final: istoriko-momuarny oche가 a razgrome imperialisticheskoi iapony v 1945 godu [Finale: A historical memoir survey about the rout of imperialistic Japan in 1945] (Moskva: Izdatel'stvo "Nauka," 1969), 382-404.

부록 3. 작전통계 : 소련 극동군 정면의 넓이, 종심, 속도

야진군 및 구성부대	진격 정면의 폭(km)	진격 종심(km)	신격 속노(km/일)
자바이칼전선군*			
제6근위전차군	100	820	82
제39군	120	380	38
제17군	90	450	45
제36군	20	450	45
제1극동전선군**			
제1적기군	135	300	30
제5군	65	300	30
제35군	215	250	25
제25군	285	200	20
제2극동전선군***			
제15군	300	300	30
제2적기군	150	200	20

* 정면 2,300km, 활동 구역 1,500km
** 정면 700km
*** 정면 1,610km, 활동 구역 500km, 정면을 2,300km으로 기술하는 자료도 있다.

출처: "Kampaniia sovetskikh vooruzhennikh sil na dal'nem vostoke v 1945g (facti i tsifry)"[The campaign of the Soviet armed forces in the Far East in 1945: Facts and figures], Voenno-istoricheskii Zhurnal [Military history jounral], August 1965, table 6. 군수 통계, 1945년 8월 9일

	자바이칼 전선군	제1 극동전선군	제2 극동전선군	극동사령부
탄약 (1회 보급량)				
소총	4.0	4.6	4.0	4.2
45 mm, 76 mm 대공포	6.5	7.9	6.5	7.2
122mm, 152mm	17.0	7.9	18.0	14.3
박격포	11.0	8.4	10.0	9.8
항공기	60	76	60	65
연료 (1회 보급량)				
고품질 가솔린	4.7	1.9	2.0	
가솔린 KB 70	6.9	2.0	0.7	
오토가솔린	4.0	1.5	2.6	
재보충량(톤)	8,100톤	7,800톤	3,250톤	19,150톤
식량 및 사료 (1일당 보급량)				
밀가루와 귀리	33.4	65.4	122	
육류 가공품	35.7	64.9	73	
설탕	72	67.4	237	
사료	6.3	7	25	
일일 보급량(톤)	1,273	90	553	2,792

출처: "Kampaniia sovetskikh vooruzhennikh sil na dal'nem vostoke v 1945g (facti i tsifry)"[The campaign of the Soviet armed forces in the Far East in 1945: Facts and figures], Voenno-istoricheskii Zhurnal [Military history jounral], August 1965, table 6.

참고문헌

Anan'ev, I. "Sozdanie tankovykh armii i sovershenstvovanie ikh organizatsionnoi struktury" [The creation of tank armies and the perfecting of their organizational structure]. Voenno-istoricheskii zhurnal [Military history journal], October 1972:38~47.

Dagramian, I., ed. Istoriia uoin i uoennogo iskusstua [History of war and military art]. Moskva: Voennoe Izdatel'stvo, 1970.

_____. Voennaia istoriia [Military history]. Moskva: Voennoe Izdatel'stvo, 1971.

Bagramian, I., and I. Vyrodov. "Pol predstavitelei Stavki VGK v gody voiny: Organizatsiia i methdy ikh raboty" [The role of representatives of the STAVKA of the Supreme High Command in the war years: The organization and method of their work]. Voennoistoricheskii zhurnal [Military history journal], August 1980:25~33.

Bagrov, V. N., and N. F. Sungorkin. Krasno-znamennaia amurskaia flotiliia [The Red Banner Amur Flotilla]. Moskva: Voennoe Izdatel'stvo, 1976.

Beloborodov, A. "The Inglorious End of the Kwantung Army." Voennii Vestnik [Military herald], September 1970:176~83. Translated into English by Office, the Assistant Chief of Staff, Intelligence, U.S. Department of the Army.

_____. "Na sopkakh Man'chzhurii" [In the hills of Manchuria]. Pts. 1, 2. Voenno-istoricheskii zhurnal [Military history journal], December 1980:30~35, January 1981:45~51.

_____. Skvoz ogon i taigu [Through the fire and taiga]. Moskva: Voennoe Izdatel'stvo, 1969.

Böeichö Boei Kenshujo Senshishjtsu [Japan Self Defense Forces, National Defense College Military History Department]. Senshi sosho: Kántögun (2) [Military history series: The Kwantung Army, vol. 2]. Tokyö: Asagumo Shinbunsha, 1974.

Chistyakov, 1. M. Sluzhim otchizne [In the service of the fatherland]. Moskva: Voennoe Izdatel'stvo, 1975.

Coox, A. D. Sooiet Armor in Action Against the Japanese Kwantung Army. Baltimore, MD: Operations Research Office, The Johns Hopkins University, 1952.

Despres, J., L. Dzirkals, and B. Whaley. Timely Lessons of History: The Manchurian Model for Soviet Strategy. Santa Monica, CA: Rand Corp., 1976.

D'iakonov, A. A. General Purkayev. Saransk, USSR: Mordovskoe Knizhnoe Izdatel'stvo, 1971.

Dunnin, A. "Razvitie sukhoputnykh voisk v poslevoennym periode" [Development of ground forces in the postwar period]. Voenno-istoricheskii zhurnal Military history journal], May 1978:38~40.

Ezhakov, V. "Boevoe primenenie tankov v gorno-taezhnoi mestnosti po opytu 1-go Dal'nevostochnogo fronta" [Combat use of tanks in mountainous-taiga regions based on the experience of the 1st Far Eastern Front]. Voenno-istoricheskii zhurnal [Military history journal, January 1974:77~81.

Feis, Herbert. The Atomic Bomb and the End of World War IT Princeton, NJ: Princeton University Press, 1966.

Galitson, A. "Podvig na dal'nevostochnykh rubezhakh" [Exploit on the far eastern borders]. Voenno-istoricheskii zhurnal Military history journal], January 1976:110~13.

Garkusha, 1. "Osobennosti boevykh deistvii bronetankovykh i mekhanizirovannykh voisk" [Characteristics of the combat actions of armored and mechanized forces]. Voenno-istoricheskii zhurnal [Military history journal], September 1975:22~29.

Garthoff, Raymond L. "Soviet Operations in the War with Japan, August 1945." U.S. Naval Institute Proceedings 92 (May 1966):50~63.

_____. "The Soviet Manchurian Campaign, August 1945." Military Affairs 33 (October 1969):312~36.

Gel'fond, G. M. Souetskii flot v uoine s taponiei [The Soviet fleet in the war with Japan]. Moskva: Voennoe Izdatel'stvo, 1958.

Grishin, I. P., ed. Voennoe suiazisty u dni uoiny i mira [Military signalmen in wartime and peacetime]. Moskva: Voennoe Izdatel'stvo, 1968.

Gryaznov, B. Marshal Zakharou. Moskva: Voennoe Izdatel'stvo, 1979.

Hayashi, Saburo, and Alvin Coox. Kogun: The Japanese Army in the Pacific War. Quantico, VA: The Marine Corps Association, 1959.

Istoriia ural'skogo uoennogo okruga [History of the Ural Military District]. Moskva: Voennoe Izdatel'stvo, 1970.

Istoriia uelikoi otechestuennoi uoiny Souetskogo Soiuza 1941~45 [History of the Great Patriotic War of the Soviet Union 1941~45]. Vol. 5. Moskva: Voennoe Izdatel'stvo, 1963.

Istoriia uoin i uoennogo iskusstva [History of war and military art]. Moskva: Voennoe Izdatel'stvo, 1970.

Istoriia vtoroi mirouoi uoiny 1939~1945 [History of the Second World War 1939~45]. Vol. 11. Moskva: Voennoe Izdatel'stvo, 1980.

Ivanov, S. P. "Victory in the Far East." Voennii Vestnik [Military herald], August 1975:17~22, translated into English by Office, Assistant Chief of Staff, Intelligence, U.S. Department of the Army.

_____. ed. Nachal'nyi period uoiny [The beginning period of war]. Moskva: Voennoe Izdatel'stvo, 1974.

Ivanov, S. P., and N. Shekhavtsov. "Opyt raboty glavnykh komandovanii na teatrakh voennykh deistvii" [The experience of the work of high commands in theaters of military action]. Voenno-istoricheskii zhurnal [Military history journal], September 1981:11~18.

Kabanov, S. I. Pole bola-bereg [The field of battle, the coast]. Moskva: Voennoe Izdatel'stvo, 1977.

Kalashnikov, K. "Na dal'nevostochnykh rubezhakh" [On the far eastern borders]. Voenno-istoricheskii zhurnal [Military history journal], August 1980:55~61.

Kamalov, Kh. Morskaia pekhota v boiakh za rodinu (1941~1945gg) [Naval infantry in battles for the homeland, 1941~1945]. Moskva: Voennoe Izdatel'stvo, 1966.

"Kampaniia sovetskikh vooruzhennikh sit na dal'nem vostoke v 19458 (facti i tsifry)" [The campaigns of the Soviet armed forces in the Far East in 1945: Facts and figures]. Voenno-istoricheskii zhurnal [Military history journal], August 1965:64~74.

Kazakhov, K. P. Vsegda s pekhotoi, usegda s tankami [Always with the infantry, always with the tanks]. Moskva: Voennoe Izdatel'stvo, 1973. Translated by Leo Kanner Associates for the U.S. Army Foreign Science and Technology Center, 5 February 1975.

Khetagurov, G. 1. Ispolnenie dolga [Performance of duty]. Moskva: Voennoe Izdatel'stvo, 1977.

Khrenov, A. F. Mosty k pohede [Bridge to victory]. Moskva: Voennoe Izdatel'stvo, 1982.

_____. "Wartime Operations: Engineer Operations in the Far East." USSR Report: Military Affairs no. 1545 (20 November 1980):81~97. JPRS 76847. Translated by the Foreign Broadcast Information Service from the Russian article in Znamya [Banner], August 1980.

Kireev, N., and A. Syropyatov. "Tekhnicheskoe obespechenie 6-i gvardeiskoi tankovoi armii v khingano-mukdenskoi operatsii" [Technical maintenance of the 6th Guards Tank Army in the Khingan-Mukden operation]. Voenno-istoricheskii zhurnal Military history journal], March 1977:36~40.

Kovalev, I. V. Transport v uelikoi otechestuennoi voine (1941~1945gg) [Transport in the Great Patriotic War, 1941~1945]. Moskva: Izdatel'stvo "Nauka," 1981.

Kozhevnikov, M. N. Komandovanie i shtab VVS Souetskoi Armii v Velikoi Otechestuennoi Voine 1941~1945gg [The command and staff of the air force of the Soviet Army in the Great Patriotic War 1941~1945]. Moskva: Izdatel'stvo "Nauka," 1977.

Krasnoznamennii tikhookeanskii flot [The Red Banner Pacific Fleet]. Moskva: Voennoe Izdatel'stvo, 1973.

Krupchenko, 1. E. "Nekotorye osobennosti sovetskogo voennogo iskusstva" [Some characteristics of Soviet military art]. Voenno-istoricheskii zhurnal Military history journal], August 1975:17~27.

_____. "Pobeda na dal'nem vostoke" [Victory in the Far East]. Voennoistoricheskii zhurnal [Military history journal], August 1970:8~10.

_____. "6-ia gvardeiskaia tankovaia armiia v Khingano-Mukdenskoi operatsii" [The 6th Guards Tank Army in the Khingan-Mukden Operation]. Voenno-istoricheskii zhurnal [Military history journal], December 1962:15~30.

_____. ed. Sovetskie tankouie uoiska 1941-4.5 [Soviet tank forces, 194145]. Moskva: Voennoe Izdatel'stvo, 1973.

Krylov, N. I., N. 1. Alekseev, and I. G. Dragan. Naustrechu pobede: boeuot put 5-i armii, oktiabr 19418-august 19458 [Toward victory: The combat path of the 5th Army, October 1941-August 1945]. Moskva: Izdatel'stvo "Nauka," 1970.

Kumanev, G. A. Na sluzhbe fronta i tyla: zheleznodorozhnyi transport SSSP nakanune i v Body uelikoi otechestuennoi uoiny 1938~1945 [In the service of front and rear: Railroad transport of the USSR on the eve of and in the years of the Great Patriotic War]. Moskva: Izdatel'stvo "Nauka," 1976.

Kurochkin, P. A. "V shtabe glavkoma na dal'nem vostoke" [In the staff of the high command in the Far East]. Voenno-istorich eskii zhurnal [Military history journal], November 1967:74~82.

_____. ed. Obshcheuoiskouaia armiia v nastuplenii The combined arms army in the offensive]. Moskva: Voennoe Izdatel'stvo, 1966.

Kusachi Teigö. Sonohi, Kantogun wa [That day, the Kwantung Army]. Tokyo: Miyakawa shoho, 1967.

Lisov, I. I. Desantniki - uozdushnye desanty [Airlanded troops - airlandings] Moskva: Voenizdat, 1968. Translated by the Assistant Chief of Staff for Intelligence for the U.S. Army Foreign Science and Technology Center, 10 December 1969.

Losik, O. A. Stroitel'stuo i boeuoe primenenie sovetskikh tankovykh voisk v Body uelikoi otechestuennoi uoiny [The construction and combat use of Soviet tank forces in the years of the Great Patriotic War]. Moskva: Voennoe Izdatel'stvo, 1979.

Loskutov, Yu. "Iz opyta peregruppirovki 292-i strelkovoi divizii v period podgotovki Man'chzhurskoi operatsii" [From the experience of the regrouping of the 292d Rifle Division during the period of prepara tion of the Manchurian operation]. Voenno-istoricheskii zhurnal [Military history journal], February 1980:22~28.

Luchinsky, A. A. "Zabaikal'tsy na sopkakh Man'chzhurii" [Traps-Baikal troops in the hills of Manchuria]. Voenno-istoricheskii zhurnal [Military history journal], August 1971:67~74.

Lyudnikov, I. I. Cherez bol'shoi khingan]Across the Grand Khingan]. Moskva: Voennoe Izdatel'stvo, 1967.

_____. Doroga dlinoiu v zhizn [The long road in life]. Moskva: Voennoe Izdatel'stvo, 1969.

_____. "39-ia armiia v Khingano-Mukdenskoi operatsii" The 39th Army in the Khingan-Mukden Operation]. Voenno-istoricheskii zhurnal [Military history journal], October 1965:68~78.

Malin'in, K. "Razvitie organizatsionnykh form sukhoputnykh voisk v Velikoi Otechestvennoi voine" [Development of the organizational forms of the ground forces in the Great Patriotic War]. Voenno-istoricheskii zhurnal [Military history journal], August 1967:35~38.

Maliugin, N. "Nekotorye voprosy ispol'zovaniia avtomobil'nogo transports v voennoi kampanii na dal'nem vostoke" [Some questions on the use of auto transport in the military campaign in the Far East]. Voenno-Istoricheskii zhurnal Military history journal], January 1969:103~11.

Maslov, V. "Boevye deistvia tikhookeanskogo flota" [Combat actions of the Pacific Fleet]. Voenno-istoricheskii zhurnal [Military history journal], August 1975:28~37.

Mee, Charles L. Meeting at Potsdam. New York: M. Evans, 1975.

Meretskov, K. A. "Dorogami srazhenii" [By the roads of battle]. Voprosy istorii [Questions of history], February 1965:1(11-9.

_____. Serving the People. Moscow: Progress Publishers, 1971.

Milovskii, M. P., et al., eds. Tyl sovetskoi armii [The rear of the Soviet Army]. Moskva: Voennoe Izdatel'stvo, 1968.

Nastavlenie po proryvu pozitsionnoi oborony (proekt) [Instructions on the penetration of a positional defense (draftf. Moskva: Voenizdat, 1944. Translated by Directorate of Military Intelligence, Army Headquarters, Ottawa, Canada.

Nedosekin, R. Bol'shoi Khingan [Grand Khingan]. Moskva: Izdatel'stvo DOSAAF, 1973.

Nikulin, Lev. Tukhachcushy: Biograficheskii ocherk [Tukhachevsky: A biographical essay]. Moskva: Voennoe Izdatel'stvo, 1964.

Novikov, A. "Voenno'Vozdushnye sily v Man'chzhurskoi operatsii" (The air force in the Manchurian operation]. Voenno-istoricheskii zhurnal [Military history journal], August 1975:66~71.

Osvobozhdenie Korei [The liberation of Korea]. Moskva: Izdatel'stvo "Nauka," 1976.

Ota fiisao. Dai 1117 shidan shi: Saigo made latakatta Kantogun [The history of the 107th Division: The Kwantung Army that resisted to the last]. Tokyo: Taiseido Shoten Shuppanbu, 1979.

Pavlov, B. "In the Hills of Manchuria." Voennii Vestnik [Military herald], August 1975:30~32. Translated into English by Office, Assistant Chief of Staff, Intelligence, U.S. Department of the Army.

Pechenenko, S. "Armeiskaia nastupatel'naia operatsiia v usloviyakh dal'nevostochnogo teatra voennykh deistvii" [An army offensive operation in the conditions of the Far Eastern Theater of Military Operations]. Voenno-istoricheskii zhurnal [Military history journal], August 1978:42~49.

_____. "363-ia strelkovaia diviziia v boyakh na Mishan'skom napravlenii" [The 363d Rifle Division in battles on the Mishan direction]. Voenno-istoricheskii zhurnal [Military history journal], July 1975:39~46.

Pitersky, N. A. Boeuoi put sovetskogo Voenno-morskogo flota [The combat path of the Soviet fleet]. Moskva: Voennoe Izdatel'stvo, 1967.

Platonov, S. P., ed. Vtoraia mirouaia uoina 1939~1945gg [The Second World War 1939~1945]. Moskva: Voennoe Izdatel'stvo, 1958.

Platonov, V., and A. Bulatov. "Pogranichnie voiska perekhodiat v nastuplenie" [Border troops go over to the offensive]. Voenno-istoricheskii zhurnal Military history journal], October 1965:11~16.

Pliyev, I. A. "Across the Gobi Desert." Voennii Vestnik [Military herald], August 1975:14~17. Translated into English by Office, Assistant Chief of Staff, Intelligence, U.S. Department of the Army.

_____. Cherez Gobi i Khingan [Across the Gobi and Khingan]. Moskva: Voennoe Izdatel'stvo, 1965.

_____. Konets kvantunskoi armii The end of the Kwantung Army]. Ordzhonikidze, USSR: Izdatel'stvo "IR" Ordzhonikidze, 1969.

Poleuoi ustau krasnoi armii 1944 [Field regulations of the Red Army 1944]. Moskva: Voenizdat, 1944. Translated by Office, Assistant Chief of Staff, G-2, General Staff, U.S. Army, 1951.

Popoy, N. "Razvitie samokhodnoi artillerii" [The development of selfpropelled artillery]. Voenno-istoricheskii zhurnal [Military history journal], January 1977:27~31.

Radzievsky, A. I. Tankouyi udar [Tank blow]. Moskva: Voennoe Izdatel'stvo, 1977.

_____. ed. Armeiskie operatsii: Primery iz opyta Velihoi otechestuennoi uoiny [Army operations: Examples from the experience of the Great Patriotic War]. Moskva: Voennoe Izdatel stvo, 1977.

_____. ed. Taktika v boeuykh primerakh (diuiziia) [Tactics by combat example: Division]. Moskva: Voennoe Izdatel'stvo, 1976.

_____. ed. Taktika v boevykh primerakh (polk) [Tactics by combat example: Regiment]. Moskva: Voennoe Izdatel'stvo, 1974.

Ranseikai, ed. Manshukokugunshi [History of the Manchukuoan Army]. Tokyo: Manshiikokugun kankokai, 1970.

"Razgrom kvantunskoi armii: 30-letie pobedy nad militaristskoi iaponiei" [The rout of the Kwantung Army: The 30th anniversary of the victory over militarist Japan]. Voenno-istoricheskii zhurnal [Military history journal], August 1975:3~16.

Rudenko, S. N., ed. Sovetskie Voenno-uozduzhnye sily v uelikoi otechestuennoi uoine 1941~1945gg [The Soviet air force in the Great Patriotic War 1941~1945]. Moskva: Voennoe Izdatel'stvo, 1968.

Salmanov, G. I., et al., eds. Ordena lenina zabaikal'skii [The order of Lenin Trans-Baikal]. Moskva: Voennoe Izdatel'stvo, 1980.

Samsonov, A. M., et al., eds. Souetskii soiuz v gody uelikoi otechestuennoi uoiny 1941~1945 [The Soviet Union in the years of the Great Patriotic War 1941-1945]. Moskva: Izdatel'stvo "Nauka," 1976.

Seaton, Albert. Stalin as Military Commander. New York: Praeger, 1976.

Shashlo, T. Dorozhe zhizni [The paths of life]. Moskva: Voennoe Izdatel'stvo, 1960.

Shchen'kov, Yu. M. "Man'chzhuro-Chzhalainorskaiia operatsiia 1929" [Manchurian-Chalainor Operation 1929]. Souetskaia uoennaia entsiklopediia [Soviet military encyclopedia]. Moskva: Voennoe Izdatel'stvo, 1978. 5:127~28.

Shelakhov, G. "S vozdushnym desantom v Kharbin" [With the air landing at Harbin]. Voenno-istoricheskii zhurnal [Military history journal], August 1970:67~71.

_____. "Voiny-dal'nevostochniki v velikoi otechestvennoi voine" [Far easterners in the Great Patriotic War]. Voenno-istoricheskii zhurnal [Military history journal], March 1969:55~62.

Shikin, I. V., and B. G. Sapozhnikov. Poduig na dal'nem-vostochnykh rubezhakh [Victory on the far eastern borders]. Moskva: Voennoe Izdatel'stvo, 1975.

Shtemenko, S. M. "Iz istorii razgroma kvantunskoi armii" [From the history of the rout of the Kwantung Army]. Pts. 1, 2. Voenno-istoricheskii zhurnal [Military history journal], April 1967:54~66, May 1967:4960.

_____. The Soviet General Staff at War, 1941~1945. Moscow: Progress Publishers, 1974.

Sidorov, A. "Razgrom iaponskogo militarizma" [The rout of Japanese militarism]. Voenno-istoricheskii zhurnal [Military history journal], August 1980:11~16.

Sidorov, M. "Boevoe primenenie artillerii" [The combat use of artillery]. Voenno-istoricheskii zhurnal [Military history journal], September 1975:13~21.

Sidorov, V. "Inzhenernoe obespechenie Nastupleniia 36-i armii v Man' chzhurskoi Operatsii" [Engineer support of the offensive of 36th Army in the Manchurian operation]. Voenno-istoricheskii zhurnal [Military history journal], April 1978:97~101.

Sologub, V. "Partpolitrabota v 12 SHAD WC TOF v voine s imperialisticheskoi iaponiei" [Political work in the 12th Assault Aviation Division of the Pacific Fleet Air Force in the war with imperialist Japan]. Voenno-istoricheskii zhurnal [Military history journal], August 1982:80~83.

Souetskaia uoennaia entsiklopediia [Soviet military encyclopedia]. 9 vols. Moskva: Voennoe Izdatel'stvo, 1976~80.

Stephan, John. The Kurile Islands. New York: Oxford University Press, 1976.

Strokov, A. A., ed. Istoriia uoennogo iskusstua [The history of military art]. Moskva: Voennoe Izdatel'stvo, 1966.

Sykhomlin, I. "Osobennosti vzaimodeistviia 6-i gvardeiskoi tankovoi armii s aviatsiei v Man'chzhurskoi operatsii" [Characteristics of the cooperation of the 6th Guards Tank Army with aviation in the Man churian operation]. Voenno-istoricheskii zhurnal [Military history journal], April 1972:85~91.

Sykhorukov, D. S., ed. Souetskie uozdushno-desantnye [Soviet air landing forces]. Moskva: Voennoe Izdatel'stvo, 1980.

Timofeev, V. °300-ia strelkovaia diviziia v boiakh na Mudan'tsyanskom napravlenii" [The 300th Rifle Division in battles on the Mutanchiang direction]. Voenno-istoricheskii zhurnal [Military history journal], August 1978:50~55.

Tret'iak, I. "Ob operativnoi obespechenii peregruppirovki voisk v period podgotovki Man'chzhurskoi operatsii" [About the operational security of regrouping forces in the period of preparation of the Man churian operation]. Voenno-istoricheskii zhurnal [Military history journal], November 1979:10~15.

_____. "Organizatsiia i vedenie nastupatel'nogo boia" [The organization and conduct of offensive battle]. Voenno-istoricheskii zhurnal [Military history journal], July 1980:42~49.

Tsirlin, A. D. "Organizatsiia vodosnabzheniia voisk zabaikal'shogo fronta v khingano-mukdenskoi operatsii" [The organization of water supply of forces of the Trans-Baikal Front in the Khingan-Mukden opera tion]. Voenno-istoricheskii zhurnal [Military history journal], May 1963:36~48.

Tsirlin, A. D., P. I. Buryukov, V. P. Istomin, and E. N. Fedoseev. Inzhenernye uoiska u boiakh za Sovetskuiu rodiny [Engineer forces in combat for the Soviet fatherland]. Moskva: Voennoe Izdatel'stvo, 1970.

Tsygankov, P. "Nekotorye osobennosti boevykh deistvii 5-i armii y KharbinoGirinskoi operatsii" [Some characteristics of the combat action of 5th Army in the Harbin-Kirin operation]. Voenno-istoricheskii zhurnal [Military history journal], August 1975:83~89.

U.S. Army Forces Far East. Military History Section. Japanese Monograph no. 138: Japanese Preparations for Operations in Manchuria, January 1943-August 1945. Tokyo, 1953.

_____. Japanese Monograph no. 154: Record of Operations Against Souiet Army on Eastern Front (August 1945). Tokyo, 1954.

_____. Japanese Monograph no. 155: Record of Operations Against Soviet Russia - on Northern and Western Fronts of Manchuria and in Northern Korea (August 1945). Tokyo, 1954.

_____. Japanese Studies on Manchuria, vol. 3, pts. 1-4: Strategic Study of Manchuria Military Topography and Geography: Regional Terrain Analysis. Tokyo, 1956.

_____. Japanese Studies on Manchuria, vol. 11, pt. 2: Small Wars and Border Problems. Tokyo, 1956.

_____. Japanese Studies on Manchuria, vol. 13: Study of Strategical and Tactical Peculiarities of Far Eastern Russia and Soviet Far East Forces. Tokyo, 1955.

U.S. Army. Office, Chief of Army Field Forces. Handbook of Foreign Military Forces, vol. 2, USSR, pt. 1: The Soviet Army (FATM-11-1-0). Fort Monroe, VA, 1952. Restricted regraded to unclassified.

U.S. Army. The Armor School. Organization of a Combat Command for Operations in Manchuria. Fort Knox, KY, May 1952. Regraded unclassified 12 April 1974.

U.S. Department of the Army. Office, Assistant Chief of Staff, Intelligence. Intelligence Research Project no. 9520, New Soviet Wartime Divisional TO&E, 15 February 1956. Secret regraded unclassified 1981.

Vasilevsky, A. Delo usei zhizni [Life's work]. Moskva: Voennoe Izdatel'stvo, 1975.

_____. "Kampaniia na dal'nem vostoke" [The campaign in the Far East]. Voenno-istoricheskii zhurnal [Military history journal], October 1980: 60~73.

_____. "Pobeda na dal'nem vostoke" [Victory in the Far East]. Pts. 1, 2. Voenno-istoricheskii zhurnal [Military history journal], August 1970: 3~10, September 1970:11~18.

_____. "Second World War: Rout of Kwantung Army." Soviet Military Review, August 1980:2~14.

Vigor, Peter W., and Christopher Donnelly. "The Manchurian Campaign and Its Relevance to Modern Strategy." Comparative Strategy 2, no. 2(1980):159~78.

Vnotchenko, L. N. Pobeda na dal'nem uostoke [Victory in the Far East]. Moskva: Voennoe Izdatel'stvo, 1971.

Vorob'ev, F. D., and V. M. Kravtsov. Pobedy sovetskikh uooruzhennykh sil v velikoi otechestuennoi uoine 1941~194.5: kratkii ocherk [The victory of the Soviet armed forces in the Great Patriotic War 194145: A short survey]. Moskva: Voennoe Izdatel'stvo, 1953.

Werth, Alexander. Russia at War 1941~1945. New York: Dutton, 1964.

Yamanishi Sakae. "ToManshu Koto yosai no gekito" [Eastern Manchuria: The fierce battle of the Hutou Fortress]. Rekishi to Jinbutsu, August 1979:98~107.

Zabaikal'skii uoennyi ohrug [The Trans-Baikal Military District]. Irkutsk: Vostochno-Sibirskoe Knizhnoe Izdatel'stvo, 1972.

Zakharov, M. V. "Kampaniia sovetskikh vooruzhennykh sil na dal'nem vostoke, 9 avgusta-2 sentiabria 1945 goda" [The campaign of the Soviet armed forces in the Far East, 9 August-2 September 1945]. Voenno-istoricheskii zhurnal [Military history journal], September 1960:3~16.

_____. "Nekotorye voprosy voennogo iskusstva v sovetsko-iaponskoi voina 1945-goda" [Some questions of military art in the Soviet-Japanese War of 1945]. Voenno-istorieheskii zhurnal Military history journal], September 1969:14~25.

_____. ed. Final: istoriko-memuarny ocherh o razgrome imperialisticheskoi iopony y 1945 godu [Finale: A historical memoir survey about the rout of imperialistic Japan in 1945]. Moskva: Izdatel'stvo "Nauka," 1969.

_____. et al., eds. .50 let uooruzhennykh sil SSSP [50 years of the Soviet armed forces]. Moskva: Voennoe Izdatel'stvo, 1968.

_____. et al., eds. Finale. Moscow: Progress Publishers, 1972.

Zakharov, S. E., et al. Krasnoznainennyi tikhookeanskii flot [Red Banner Pacific Ocean Fleet]. Moskva: Voennoe Izdatel'stvo, 1973.

Zavizion, G. T., and P. A. Kurnyushin. I na Tikhom uheane ... [And to the Pacific Ocean]. Moskva: Voennoe Izdatel'stvo, 1967.

Zenkoku Kötökai [National Hutou Society], ed. SoMan kokkyö Kötö yösai no senhi The Soviet Manchurian border: The battle record of the Hutou Fortress]. Tokyo: Zenkoku Kötökai jimukyöku, 1977.

'8월의 폭풍' 과 '사막의 폭풍'의 관계[222]

데이비드 M. 글랜츠

문제 제기

질문한 사람들은 얼마 되지 않지만, 필자는 "1983년에 출간된 책 '8월의 폭풍'과 1991년에 개시된 군사작전인 '사막의 폭풍' 사이에 연관성이 있는가?"라는 질문을 받은 적이 있다. 여기에서 '8월의 폭풍'은 일본제국이 만주에 주둔시킨 관동군을 몰아낸 1945년 8월 소련군의 공세작전을 다룬 연구로, 미 육군 전투연구소에서 레븐워스 보고서로 1983년 2월에 출간되었다. 사막의 폭풍은 1991년 2월에 미합중국이 이끄는 다국적군이 6개월 전에 쿠웨이트를 침공해 점령한 이라크군을 상대로 개시한 작전이다.

많은 사람들이 미군이 이라크군을 상대로 한 공세작전의 암호명이 '사막의 폭풍'이 될 것이라고 추측하거나 그렇게 될 것임을 확신했다. 이 작전의 개념과 방법이 '8월의 폭풍'에서 기술된 소련군의 공세를 모델로 삼았기 때문이다. 특히 이러한 추측을 지지하는 사람들은 다국적군의 작전기획자들이 '사막의 폭풍'작전에서 운용한 전반적인 세부 기동단계들이 '8월의 폭풍' 당시 소련군이 운용한 작전술적, 전술적 기술과 소련군의 전략적 개념을 어느 정도 모델로 삼았다고 주장했다. 이는 사막의 폭풍 작전이 매우 단기간에 압도적인 승리를 가져왔을 뿐만 아니라, 당시의 미 육군 장교들이 소련군의 성공적인 공세에 친숙했기 때문이다. 이 연구는 그러한 명제를 검증하고 작전명 '사막의 폭풍'의 진정한 기원을 밝힐 것이다.

'8월의 폭풍'의 출간

'8월의 폭풍'이라는 제목이 붙은 두 책은 1980년대 초에 기획-저술한 후, 출간되었다. 책의 출간기획은 일본 육상자위대 역사실이 책의 기반이 되는 연구를 의뢰하며 시작되었다. 1980년에 육상자위대 역사실은 미 육군에서 새로 창설된 전투연구소(Combat Studies Institute, CSI)에 연구교환의 맥락에서 소련군이 1945년 8월에 실시한 만주 공세의 연구를 의뢰했다. 연구결과는 전투연구소의 역사학자들과 자위대의 역사학자들이 함께 연 합동회의에서 발표되었다.

1979년에 포트 레븐워스 미 육군 지휘참모대학의 합동군센터(Combined Arms Center)에

---

222   이 원고는 저자가 역자에게 제공한 미출간 원고다. 저자의 허가 아래 부록으로 수록한다. (역자 주)

설립된 전투연구소는 미 육군에게 생소한 과거의 군사작전들을 독창적으로 연구하는 임무를 수행하기 위해 조직되었다. 전투연구소와 전투연구소의 새로운 임무는 육군이 얼마 전에 완료한 교육훈련개혁연구(RETO)의 직접적인 산물로, 육군 전반의 교육 강화, 특히 군사사 교육의 및 전투훈련의 강화가 주목적이었다.[223] 이 전투연구소의 조직은 육군참모본부와 참모본부의 훈련교리사령부(Traning and Doctrine Command, TRADOC)의 '발명품' 이었다. 육군참모본부와 훈련교리사령부는 교육훈련개혁 연구의 권고를 현실화했다.[224]

창설 당시 전투연구소는 작전적 수준과 전술적 수준의 전쟁수행을 연구하고, 그 연구 결과를 군사사와 함께 지휘참모대학에서 1년 간 학술연구기간을 거치는 생도(주로 소령)들에게 교육하는 두 가지 임무를 수행했다. 교육훈련개혁연구의 경우처럼, 전투연구소의 창설의 목적은 미군이 1960년대와 1970년대에 겪은 실패에 대응하기 위한 것이었다. 전투연구소의 연구는 향후 과거와 같은 실패를 방지할 수 있도록 잘 교육된 장교들을 배출하는 데 초점을 맞췄다.

전투연구소는 창설 당시부터 군사사를 교육받은 장교들 및 민간학자들로 구성된 연구위원회와 교육위원회를 조직했다. 두 위원회는 연구소의 행정업무와 연구소의 다양한 저작들을 편집하는 소규모 직원들의 도움을 받았다. 몇 년간 전투연구소의 연구결과들은 군사 분야의 주제를 상당히 길게 연구하는 레븐워스 보고서들과, 그만큼 길지만 세련되지는 않은 레븐워스 연구조사(Leavenworth Research Surveys) 및 짧막한 전투연구소 보고서 (CSI Research Reports)들로 출간되었다.[225] 이 저작들은 길이나 심도와는 관계없이 모두 지휘참모대학의 교육과정을 이수하는 장교들의 교육을 가장 중점적인 목표로 삼아 작성되었다. 다음 목표는 미 육군의 모든 장교 및 병사들에 대한 교육이었다.

여러 차례에 걸친 전투연구소와 자위대의 연구교환은 1980년에 자위대가 전투연구소에 양측 모두 관심이 있는 역사상의 주제를 바탕으로 한 합동학술회의 개최를 제안하며 시작되었다. 원래 자위대는 이러한 학술회의들을 연구교환의 형태로 일본과 미국에서 번갈아가며 매년 개최하자고 제안했다. 학술회의의 주제는 양측의 참석자들이 연구교환 과정에서 공동으로 동의한 주제로 한정하고, 상당한 연구를 기반으로 두어야 한다는 조건이 붙었다.

이 연구교환 과정의 첫 번째 단계는 전투연구소와 자위대가 향후 학술회의에서 연구하고 논의할 주제의 목록을 교환하는 것이었다. 전투연구소가 제의한 주제는 제2차 세계대전 동안 일본군의 방어 및 공세 경험으로, 특히 일본군이 태평양의 도서지역과 필리핀에서 미군의 공격에 어떻게 방어했는가에 초점을 맞추고 있었다. 자위대가 제시한 연구목록에는 1945년 8월에 만주국(만주)의 일본 관동군을 상대로 한 소련군의 공세계획 및 수행,

223 RETO 연구는 벤저민 L. 해리슨(Benjamin L. Harrison) 소장이 이끄는 선발된 장교들이 1975년에 완성했다. 더 자세히 알려면 다른 자료들 중에 http://usacac.army.mil/cac2/cgsc/carl/gateway/officer_education.pdf를 참고할 것.
224 당시의 훈련교리사령관인 돈 A. 스태리(Don A. Starry) 중장은 풍부한 독서량과 뛰어난 상상력을 지녔던 조지 패튼(George Patton)이 그랬듯이 풍부한 독서가 더 뛰어난 군인을 만든다고 믿었다.
225 전투연구소는 사례보고서(Occasional Paper)라는 제목의 더 짧은 연구들부터 발간했다.

그리고 제2차 세계대전 전반에 걸친 공수작전 및 상륙작전 관련 주제들이 있었다.[226] 이 연구들은 자연스레 소련군이 전시 경험을 통해 배운 교훈에 초점을 맞추게 되었고, 특히 소련군이 어떻게 그와 같은 교훈을 통해 부대를 구성하고, 전후에 보다 현대적인 작전술 및 전술적 기술을 발전시켰는지를 서술하는 데 집중했다.

이러한 연구주제의 목록들은 1981년과 1983년까지 있었던, 전투연구소와 자위대간의 세 차례의 연구교환에서 제기되었다. 자위대는 이 주제들의 연구과업을 전투연구소의 연구위원회 강사들에게 부탁했다. 당시 연구위원회 의장이었던 필자와 연구위원이자 일본 군사사의 전문가인 에드워드 드레어 박사가 주로 연구를 담당하게 되었다.

최초의 연구주제는 1945년 8월에 소련군이 만주의 일본군을 상대로 수행한 전략적 공세였다. 이 주제에 대해서 미 극동군 역사과가 일본의 연구자들과 함께 1950년대 초에 방대한 연구를 진행했지만, 소련의 관점에서 공세를 조명한 연구는 매우 적었다.[227] 따라서 드레어 박사와 해외지역장교(Foreign Area Officer, FAO) 프로그램을 통해 러시아어를 배우고 훈련받은 필자가 연구를 수행하고, 이후 소련군에 관련된 연구도 진행하기로 했다. 필자는 드레어 박사와 함께 만주 공세를 연구하고, 도쿄에서 최초로 열린 전투연구소와 자위대의 연구교환에 참여해 연구결과를 발표했다. 우리는 당시에 연구결과를 발표한 후, 만주 전역에 대한 연구를 1년 동안 논문을 책으로 출간할 만큼의 긴 연구로 확대시켜 학술회의에서 발표했다. 이 연구들은 각각 1983년 2월과 6월에 레븐워스 보고서 '8월의 폭풍: 소련군의 만주전략공세, 1945년 8월'과 '8월의 폭풍: 만주에서 보여준 소련군의 작전술적 및 전술적 전투, 1945년 8월'(August Storm: Soviet Tactical and Operational Combat in Manchuria, 1945)로 출간되었다.[228]

'8월의 폭풍'의 사용과 영향

전투연구소에서 출간된 서적, 연구, 그리고 보고서는 지휘참모대학에서 생도들이 사용하는 교과서가 되었고, 육군의 장교 및 부사관들 전체가 회람했으며, 이후 정부출판실(Government Printing Office)을 통해 일반 대중에 공개되었다. 전투연구소는 '8월의 폭풍'을 매년 500부씩 복사하여 지휘참모대학 교육과정의 교재로 사용하거나 전문적 연구를 하려는 사람들에게 나눠주었다. GPO는 보다 많은 사본을 대중에 판매했다.

---

226 소련군의 1945년 8월 만주 공세는 자위대에서 제시한 세 개의 주제 중 첫 번째 주제였다. 그 다음으로는 독소전쟁 동안 소련군이 실시한 공수작전과 소련군의 전시 상륙작전 기획 및 수행 경험이 있었다. 필자는 소련군의 상륙작전도 연구하였으나 그 구제를 저술하기 전에 보직을 옮기게 되었다. 필자는 두 레븐워스 보고서를 2003년의 두 권의 개정증보판 연구서로, 공수작전을 다룬 연구는 1994년에 개정증보판으로 출간했다. 그 산물은 David M. Glantz, The Soviet Strategic Offensive in Manchuria, 1945 'August Storm' (London: Frank Cass, 2003), David M. Glantz, Soviet Operational and Tactical Combat in Manchuria, 1945 'August Storm' (London: Frank Cass, 2003), and David M. Glantz, A History of Soviet Airborne Forces (London: Frank Cass, 1994)였다.

227 미 극동군 역사과에서 1953년부터 1956년까지 출간한 "일본 연구논문"과 "일본 만주연구" 시리즈를 참고할 것. 특히 Japanese Monograph No. 138, (1953) and Nos. 154 and 155 (1954) and Japanese Studies on Manchuria, Volume 3, Pts. 1~4 (1956), Volume 11, Pt. 2 (1956), and Volume 13 (1955)를 참고할 것.

228 LTC David M. Glantz, August Storm: The Soviet 1945 Strategic Offensive in Manchuria, Leavenworth Papers, No. 7 (Fort Leavenworth, KS: Combat Studies Institute, U.S. Army Command and General Staff College, February 1983); and LTC David M. Glantz, August Storm: Soviet Tactical and Operational Combat in Manchuria, 1945, Leavenworth Papers No. 8 (Fort Leavenworth, KS: Combat Studies Institute, U.S. Army Command and General Staff College, June 1983)를 참고할 것.

'8월의 폭풍'에서 가장 매력적이고 흥미로운 측면은 붉은 군대가 제2차 세계대전의 마지막 시기, 특히 소련군이 상상력을 발휘하고 이를 전투에 성공적으로 반영할 수 있게 된 시기에 시행한 공세에서 소련군이 모든 수준에 걸쳐 수행한 작전을 자세하게 묘사했다는 점이다. 소련군이 만주에서 수행한 작전은 소련군이 전쟁 초기인 1941년과 1942년에 독일군을 상대로 어떻게 작전을 수행했는가에 대한 전형적인 서술과 충돌을 일으켰다. 대게 독일인(주로 독일군 장성들)들의 전쟁기록과 독일 측 자료만을 사용한 역사가들은 소련군의 행동을 폄하했고, 대신 '진흙장군과 동장군', 그리고 러시아의 압도적인 양적우세로 인해 뛰어나지만 수가 적은 독일군이 패했다고 서술했다. '8월의 폭풍'의 내용은 이와 같은 구 전신화의 허구성을 드러냈고, 소련군이 전쟁에서 수행한 군사작전의 과정, 특성, 그리고 결과에 대한 보다 광범위하고 합리적인 연구를 약간이나마 촉진했다.[229]

'8월의 폭풍'은 제2차 세계대전의 마지막 국면에서 활동한 소련군에 대한 새로운 정보와 함께 전후시기에 소련군이 어떻게 전시 경험을 계속되는 냉전의 맥락에서 현대와 미래의 작전에 적용했는가를 보여주었으므로, 독자들의 입장에서도 매력적이었다. 예를 들어, 소련의 군사전문가들과 역사학자들은 만주 공세를 1944년과 1945년에 소련군이 시행한 전략공세와 함께 1960~70년대부터 80년대 초까지 정기적으로 연구했다. 그들은 계속되는 전쟁의 원칙과 당시의 전략적, 작전술적, 전술적 개념 및 기술이 고도로 발전된 현대세계의 전쟁에도 적합하다고 믿었다. 실제로 소련군 총참모장 N. V. 오가르코프(Ogarkov) 소비에트 연방 원수와 소련군 총참모부의 주도 하에 1970년대 중반부터 1980년대 중반까지 진행된 대대적인 개혁은 전구전략공세와 작전술적 기동, 작전술적-전술적 기동집단(작전기동군 등) 같은 새로운 개념들을 반영했는데, 이 개념들은 주로 소련군이 1944년과 1945년에 동유럽 및 중부유럽과 만주에서 수행한 전략공세에 기반을 두고 있었다.[230]

1980년대 중반 동안 미 육군은 미래의 능력을 개선시키기 위한 개혁을 계속하고 있었다. 이러한 개혁의 중심에는 포트 레븐워스에 창설된 새로운 조직들이 있었다. 교육과 연구 측면에서 가장 중요한 존재는 상급군사연구과정(School of Advanced Military Studies, SAMS)과 소련군사연구소(Soviet Army Studies Office, SASO)였다.[231] 상급군사연구과정은 지휘참모대학의 생도들 중 가장 전도유망한 장교들에게 보다 세련된 전쟁연구와 교육을 제공하는 과정이었고, 소련군사연구소는 소련군의 역사 및 현황을 연구하여 현대 소련군에 대한 최신 해석과 향후 소련군의 변화에 대한 예측을 제공했다.

연구 '8월의 폭풍'은 두 조직의 시작점이었다. 예를 들어, SASO는 '8월의 폭풍'같은 연구를 확대해 당대와 과거에 개방된(기밀 해제된) 소련 측 자료들을 광범위하게 활용하며 향후 소련군이 시행할 가능성이 있는 작전형태를 예측하는 연구를 수행했다. 동시에 SAMS

---

229 '8월의 폭풍'을 저술한 이후, 필자는 이제까지 1950년대에 출간된 독일군 회고록을 주로 읽고 붉은 군대가 전쟁 초기에 보여준 행동에 매우 부정적인 평가를 내렸었지만, 붉은 군대가 어떻게 둔중한 거상에서 더 효과적인 전쟁기계로 전환했는지 알아야 한다는 의무감을 느꼈다.

230 오가르코프 개혁의 자세한 사항은 David M. Glantz, The Development of the Soviet and Russian Armies in Context, 1945~2008: A Chronological and Topical Outline (Carlisle, PA: Self-published, 2009)을 참고할 것.

231 훈련교리사령부의 당시 사령관은 윌리엄 리처드슨(William Richardson) 중장이었다.

는 과거의 작전에 대한 전례 없는 지식을 바탕으로, 향후 유사한 작전을 기획하고 수행할 능력을 함양한 장교들을 배출했다. 이렇게 교육을 받은 장교들은 1990년과 1991년에 사담 후세인의 이라크군이 석유가 풍부한 이웃나라인 쿠웨이트를 침공해 정복했을 때, 작전기획수립 과정에서 자신들이 SAMS에서 배운 지식을 처음으로 적용했다. 그래서 필자는 걸프전을 철저히 개혁된 미합중국 육군과 공군의 '최종 훈련'이라 불렀다.

사막의 방패와 사막의 폭풍(검)의 기획과 수행

걸프전쟁은 이라크군이 쿠웨이트를 1990년 8월 2일에 침공하며 시작되었다. 이라크군은 쿠웨이트시티를 몇 시간 만에 점령하고, 이 소국(小國)의 남은 영토들도 이틀 안에 전부 점령했다.[232] 미합중국의 조지 H. W. 부시 대통령은 이라크군의 행동을 침략행위라며 비난했고, 다른 국가들과 함께 국제연합의 대이라크 제재를 이끌어냈다. 부시는 이라크의 이웃국가인 사우디아라비아를 방어할 일명 '다국적군'을 구성했고, 그동안 다국적군의 기획자들은 이라크군을 쿠웨이트에서 몰아낼 공세작전을 구상하기 시작했다.

사막의 방패란 명칭이 붙은 작전은 1990년 8월 2일부터 1991년 1월 16일까지 진행되었다. 미군이 주도하는 다국적군은 사우디아라비아를 방어하기 위한 병력을 구성하며, 동시에 이라크군을 쿠웨이트에서 축출할 작전인 작전명 사막의 검(Desert Sward), 이후 사막의 기병도(Desert Sabre)로 암호명이 변경되는 작전을 기획하기 시작했다. 하지만 이 작전의 명칭은 작전이 1991년 1월 17일부터 1991년 4월 11일까지 이어진 공세국면에 돌입하면서 결국 사막의 폭풍으로 변경되었다.

다국적군의 작전기획자들은 '사막의 폭풍'으로 작전명을 변경하기 전, 어떻게 공세를 조직할지 심사숙고하며 '8월의 폭풍'에서 서술된 소련군의 만주 공세와 상당히 유사한 특징들을 반복하게 되었다. 다음과 같은 사항들이 그 특징에 해당한다.

- 공세개시를 위한 병력의 급속한 배치
- 공세를 수행하는 통합된 전구사령부(전구 내의 육해공군을 지휘할)의 창설
- 적이 군사작전 수행에 부적합하다고 판단하여 방어가 취약한 축선을 주공축선으로 선정하여 기습 달성

 (걸프전쟁 당시 다국적군은 310㎞ 정면의 사우디아라비아 사막에서 공세를 개시했고, 만주에서 소련군은 880㎞ 정면에서 몽골의 고비사막과 다싱안링 산맥을 통해 공세를 개시했다.)

- 적을 포위섬멸하기 위해 사전 선정된 축선을 통한 광대한 포위기동 실시

 (걸프전쟁에서는 380㎞를, 만주에서는 370-470㎞를 진격했다)

- 적을 고착시키고 주력을 주공 축선으로 이동시키지 못하도록, 적이 주공 축선이라 예상한

232 그 가운데 100여명까지는 아니더라도, 최소 수십여 명이 제1차 걸프전쟁과 사막의 폭풍 작전에 관련되었다. http://www.defense.gov/news/newsarticle.aspx?id=45404를 참고할 것.

축선에 조공 실시

- 기갑부대 위주 중형 제대의 공격 선도

- 압도적인 화력 및 항공우세를 통한 공격지원

- 적의 지휘통제를 무너트리고 적절한 군수지원을 수행할 수 없도록 적의 후방을 향해, 종심 깊이, 급속한 전과확대를 통한 차단 시도

(걸프전쟁에서는 4일(2월 24-28일), 만주에서는 6-7일 (8월 9-16일) 공세 진행

적지 종심에서 적 예비대가 전장에 도착하기 전에 예비대를 차단한 후 교전 실시

다국적군의 작전기획자들은 공세개념을 발전시키며 '8월의 폭풍'과 다른 사례연구들을 신중하게 재평가했고, 과거의 성공적인 작전들이 가진 특징을 최대한 달성하려 했다. 작전기획수립이 최종단계에 도달했을 때, 다국적군 사령부는 SAMS에 작전기획에 대해 조언할 장교를 걸프 전구로 파견해줄 것을 요청했다. 이 조건에 부합하는 장교들은 미 육군대학에서 1년간 학습하고 주로 SAMS에서 소령들을 교육한 '연구원'들이었다.[233] 이 조언자들은 소위 '제다이 기사단'(Jedi Knights)이라는 별칭으로 불렸다. 이후 언론은 이 조언자들을 '제다이 기사단'으로 서술하곤 했으며, 나중에는 SAMS에서 교육받은 생도들마저 전부 제다이라 불리게 되었다. 이 '연구원'들은 걸프 전구에 배치된 다국적군의 작전기획자들에게 조언을 했고, 질문을 받으면 그 질문사항을 SAMS로 보내 해결책을 구했다. 그러면 SAMS의 강사들은 소련군사연구소의 선임 분석가들을 비롯한 외부 전문가들에게 조언을 받았다.

기획자들과 전문가들이 제기한 질문 중에는 앞으로 실시할 작전에서 소위 '중점'(Center of Gravity)을 어디에 둘 것인가에 대한 질문도 있었다. 이 질문은 작전의 주요목표를 적의 섬멸에 둘 것인지, 핵심적인 지리적 지점을 점령하는 것인지, 아니면 두 목표를 동시에 추구할 것인지를 규정짓는 문제였다. SASO의 선임 분석가 중 한 명은 이렇게 말했다.

"짐(제임스 슈나이더James Schneider, SAMS의 강사)은 (...) 문제를 연구한 후 해답을 주었습니다.[234] "이라크군의 중점은 어디인가?" 짐과 나는 이라크군의 중점이 공화국수비대에 있다는 결론을 내렸습니다. 만주에서 소련군이 목표를 적의 군사력(관동군)으로 지정하고, 지리적 지점을 목표로 삼지 않았다는 점에서 유사했습니다."

물론 다음으로 제기된 질문은 목표를 달성하는 최선의 방법에 대한 것이었다. 분석가들은 다시 그 과정을 설명했다.

....

233   SASO의 선임 분석자였던 제이콥 킵(Jacob W. Kipp) 박사와 SAMS의 강사로 일하며 '제다이 기사단'과 밀접한 관계를 유지하며 그들에게 조언한 딘(Dean)과의 대화.

234   제임스 슈나이더는 SAMS과정을 이수하는 장교들에게 소련군의 투하쳅스키와 블라디미르 트리안다필로프(Vladimir Triandafillov)의 저작들로 작전술을 가르쳤다. 저서로는 소련에서 작전술 개념과 종심작전 개념의 탄생과정을 연구한 The Structure of Strategic Revolution (1994)이 있다. (역자 주)

"측방기동(포위) 제안은 아군의 능력에 따라 두 가지 형태로 구분됩니다. 1990년 8월 당시 우리는 다국적군이 공세작전을 실시하는 데 충분한 규모라고 확신하지 않았습니다. 만약 충분한 규모를 확보한다면 궁극적으로 대규모 측방기동과 같은 개념을 추구해야 하지만, 쿠웨이트에서 이라크군을 포위하고 사담이 공화국수비대를 구출작전에 투입하도록 강요하는 것도 목표 중 하나였습니다. 우리는 쿠웨이트의 이라크군을 상대로 포위망을 형성한다고 가정했습니다. 그러나 아군에게 내부 포위망과 외부 포위망을 구축할 수 있는 충분한 병력이 없다면 측방기동은 가장 조심스럽게 수행해야 하는 가장 위험한 선택이 됩니다."

그 분석가는 이렇게 덧붙였다.

"짐과 내가 논의한 모델은 당신의 저작인 '8월의 폭풍'이 그랬던 것처럼 작전술에 주로 초점을 맞췄습니다."[235]

그 분석가는 다른 역사적 사례들도 고려했는데, 그 가운데 가장 중요한 사례는 영국의 중동 사령부가 1940년 12월부터 1941년 2월까지 북아프리카에서 실시한 작전이 있었다. 그 작전에서 아치볼드 웨이벌(Archibald Wavell) 장군과 리처드 오코너(Richard O'Connor)가 지휘한 영국군은 남쪽에서부터 실시한 과감한 측방기동으로 로돌포 그라치아니(Rodolpho Graziani) 원수가 지휘하는 이탈리아 제10군을 섬멸했다. 컴퍼스(Compass) 작전으로 명명된 이 작전에서 제7기갑사단을 선봉으로 세운 포위부대가 이탈리아군을 포위섬멸하고 서쪽으로 탈출하지 못하도록 막았다. 분석가들은 여기에 존 미어샤이머(John Mearscheimer)가 저술하였으며 현대전에서 방어의 우위를 강조한 책 '재래식 억제의 전망'(Prospects for Conventional Deterrence)에 나온 주제들도 고려했다. 하지만 그들은 '작전술 개념이 없는 전술적 분석'이라는 이유로 미어샤이머의 조언을 거부했다.[236]

전반적으로 '제다이 기사단'이 포트 레븐워스에 있는 조언자들과 함께 수립한 최종 작전개념은 다음과 같이 요약할 수 있었다.

"우리의 제안에 담긴 핵심적 요소들은 사막의 개방된 측방에서 전과를 확대할 가능성과 다국적군을 구성하는 각 군 사령부들이 보유한 기동전을 수행할 지휘통제 능력의 차이와 쿠웨이트의 이라크군을 포위섬멸한다는 목표 및 포위된 아군을 구출하기 위해 이동할 공화국수비대 섬멸이라는 목표였습니다. 우리는 공중우세 상황과 종심전투의 장점을 가정했습니다."[237]

235 Ibid.
236 John Mearsheimer, Conventional Deterrence (Cornell Studies in Security Affairs) (Ithaca, NY: Cornell University Press, 1983)
237 Ibid.

충분한 병력이 준비되자, 공세작전의 개념이 실현되었다.

'사막의 폭풍' 작전은 1월 17일에 항공공세로 시작되었고, 2월 24일에 시작된 지상군 공격은 2월 27일까지 화려하게 성공했다. 쿠웨이트의 이라크군이 100시간 만에 항복했을 뿐만 아니라, 아군을 구출하려던 공화국수비대의 사단들도 다국적군이 동쪽에서 사우디아라비아의 사막을 돌파하며 실시한 공격에 섬멸되었다. 국제연합이 4월에 사격중지를 선언한 뒤 다국적군도 사격중지 명령을 내렸다.[238]

사막의 폭풍 작전 종료 1주일 후, 쿠웨이트에서 돌아온 '제다이 연구원' 가운데 몇 명은 당시에 해외군사연구소(Foreign Military Studies Office, 소련군사연구소의 후신) 소장이었던 필자에게 당시의 작전기획수립에 대해 보다 자세한 사항을 알려주었다. 그 사항을 알려준 사람이 누구였다고 말할 수는 없지만, 필자는 그 사람들이 소련군의 만주침공이 실제로 사막의 폭풍 작전의 주요 모델이었다고 내게 이야기했음을 분명히 기억하고 있다. 그들 중 한 명은 작전기획과정이 진행될 때, 포트 레븐워스에서 온 '제다이' 중 한 명이 작전명을 변경하자고 계속 주장했다고 덧붙였다. 제다이들은 원래의 작전명이었던 사막의 검이나 사막의 기병도 대신, 작전이 '만주' 모델인 '8월의 폭풍'을 따왔음을 기념하기 위해 작전명을 사막의 폭풍으로 변경했다. 그 이야기를 해 준 사람은 이렇게 덧붙였다. "하지만 그 작전기획과정에 참가한 사람들 중 누구도 작전명의 변경을 인정하지 않을 겁니다." 이 말은 미군이 소련군의 행동을 모델로 삼았음을 절대 인정하지 않을 것임을 암시하고 있었다. 따라서 필자는 내가 아는 다른 관련 자료를 인용하지 않을 것이다.

유능한 군사 기획자들 가운데 군사작전을 기획할 때 하나의 모델에만 집착하는 사람은 없다. 하지만 특정한 모델에서 매력을 느낄 수는 있다. 상황이 매번 다르기 때문에 어떤 문제를 해결하기 위한 정확한 해답은 상황마다 심사숙고와 상상력 있는 해답을 필요로 한다. '사막의 폭풍' 작전의 작전기획수립 사례에서도 이를 찾아볼 수 있었다.

결론과 요약

'8월의 폭풍'에서 서술된 소련군의 만주 공세와 '사막의 폭풍'으로 실시된 공세의 지적 연관성은 작전명의 변경과정에서 한 쪽이 다른 쪽에 영향을 끼쳤는가, 아닌가 하는 문제를 배제하더라도 명백하다. SAMS에서 공부했거나 최소한 당시의 미 육군대학과 육군의 교육기관에서 공부한 장교 및 부사관들은 개인적으로 '8월의 폭풍'을 읽었다. 그들은 자연스럽게 소련군 공세의 특성, 과정, 그리고 결과에 어느 정도 익숙해졌다. 일명 '8월의 폭풍' 공세는 그 자체만으로도 매력적인 '모델'이지만, 동시에 신중한 고려대상이었다. 무엇을 얻고 어떻게 얻을지를 알려주었기 때문이다. 따라서 유사한 전략 및 작전술적 문제에 처한 작전기획자들 자연스럽게 '8월의 폭풍'에서 조언을 구했다. 그 결과, '사막의 폭풍'은 명칭 외에도 많은 측면에서 '8월의 폭풍'을 닮았다.

---

238 국제연합의 687호 결의안이 사격중지를 명시했다.

결과적으로 두 공세를 비교해 보았을 때, '사막의 폭풍'은 '8월의 폭풍'과 여러 중요한 측면이 유사하다. 가장 유사한 요소는 기습의 달성이다. 소련군의 작전기획자들이 다싱안링 산맥 방면의 일본군이 간과한 지형을 통해 주공을 가하고 고비사막을 건넜듯이, 다국적군의 기획자들은 도로가 없는 사우디아라비아의 사막을 통해 주공을 실시했다. 또한, 다국적군의 기획자들은 쿠웨이트의 이라크군을 상대로 광대하고 성공적인 포위 상황을 조성하고, 적의 강력한 구출전력이 포위된 아군을 구하기 전에 섬멸해 버렸다. 소련군은 만주에서 비슷한 기동으로 일본군을 마비시켰고, 만주의 종심 깊은 곳에서 성공적인 방어를 실시할 수 있다는 일본군의 모든 희망을 사전에 붕괴시켰다. 마지막으로 다국적군의 기획자들이 거둔 성공은 제7군단과 제18공수군단이 적 후방의 종심을 향해 실시한 과감한 기갑돌파가 전제조건이었다. 유사하게 소련군이 만주에서 거둔 성공도 소련 제6근위전차군과 플리예프 기병-기계화 집단의 선도 하에 다싱안링 산맥과 고비사막을 화려하게 돌파한 결과였다. 이런 명백한 유사성 덕에, 두 공세는 널리 알려진 대로 성공을 거두었다.[239]

후기: 역사의 아이러니

'8월의 폭풍'이 출간된 지 거의 20년 후에, 이 책을 읽은 사람들은 항상 8월의 폭풍이 소련군의 만주 작전의 공식적인 작전명이라고 착각해 왔다. 예를 들어 유명한 '옥스포드 제2차 세계대전 아틀라스'(Oxford Atlas of World War II)는 유명한 작전명들을 기록한 용어집에서 '8월의 폭풍'을 소련군이 1945년 8월에 실시한 만주 작전의 작전명이라고 설명했다. 심지어 러시아의 연구 몇 가지도 이 공세를 8월의 폭풍이라고 기술했다.

필자에게 '8월의 폭풍'이라는 말이 어떻게 탄생한 것인지 물어본 몇몇 이들에게 대답한 내용을 21세기의 첫 10년이 지난 지금에서야 밝힐까 한다. 그 말은 1983년에 우리 가족이 포트 레븐워스의 로즈 루프(Rose Loop)에 있는 식당에서 저녁식사를 할 때 탄생했다. 전투연구소의 편집자는 내게 연구의 제목을 '소련군의 만주전략공세, 1945년 8월'로 하자고 요청했다. 우리 가족은 그 제목이 적절한지 고민했는데, 당시 10살이었던 내 딸 수지(Susie)가 이렇게 물어보았다. "소련군이 공격을 시작할 때 비가 거세게 내리지 않았나요?" 내가 "그랬지."라고 대답하자 수지가 이렇게 말했다. "그럼 8월의 폭풍이라고 불러야겠네요!" 내가 수지의 제안을 받아들였을 때 '8월의 폭풍'이 탄생했고 나 자신의 역사도 탄생했다. 실로 역사의 변덕이었다.

---

239 두 공세에는 큰 차이점도 있다. 소련군이 만주에서 군사 및 정치 양쪽에서 총체적인 승리를 거두려 했던 반면, 다국적군은 걸프전쟁에서 쿠웨이트의 해방으로 정치적 목표를 제한했다. 이는 조지 H. W. 부시 대통령이 당시의 장차 소련/러시아와의 협조(밴쿠버-블라디보스톡 프로그램)를 정치적 목표로 추구하고 있었기 때문이었다. 이 시점에서 부시 대통령은 다국적군이 바그다드 진격 같은 '지나치게 많이 나간' 행동으로 소련과의 협조 계획을 틀어지게 할까 우려했다.

역자의 말

　본서가 저술된 1983년은 냉전의 절정기였다. 미국의 레이건 대통령은 소련을 '악의 제국'이라 비난했으며, 소련 방공군은 대한항공 여객기를 격추시켰다. 미얀마에서는 북한이 아웅산 테러를 일으켜 대한민국 정부의 요인들을 살해했고, 미국이 실시한 핵전쟁 훈련인 에이블 아처(Able Archer)에 대해 소련이 핵전쟁의 의도가 있다고 비난하면서 진영간 긴장이 극도로 고조되고, 동시에 우발적 핵전쟁의 위기를 겪기도 했다. 또한, 이 시기는 미군의 전환기에 속했다. 핵무기가 등장한 이후, 미군은 전면전이 벌어진다면 그것은 핵전쟁이 될 것이라고 확신했고, 따라서 미국은 아이젠하워 행정부의 '대량보복전략'이나 케네디 행정부의 '유연대응전략'으로 대표되는 핵전략에 따라 전면전을 준비했다. 미군은 제2차 세계대전 당시 운용했던 대규모 지상 전력은 오직 국지전에만 사용될 것이라고 판단했고, 따라서 재래식 전력의 규모는 작게 유지했다. 그에 따라 야전군급 이상의 대규모 부대에 대한 지휘통제 방법은 깊은 주의의 대상이 되지 않았고, 대규모 기동보다는 공중우세 및 화력우세를 통한 전투 및 작전수행이라는 종래의 개념도 크게 변하지 않았다.

　그러나 미군은 베트남전 이후로는 이전과 같은 기조를 더는 유지하지 못하게 되었다. 미군은 베트남전에서 잊지 못할 상황을 겪었다. 분명 전술적 수준에서 미군이 북베트남군에게 패배한 경우는 단 한 번도 없었다. 장비, 무기, 보급, 화력, 훈련수준 모두 미군이 압도했다. 그러나 계속되는 전술적 승리들은 흡사 제1차 세계대전의 상황이 연상될 만큼 전략적 승리로 연결되지 않았다. 이러한 답답한 상황은 끝내 해결되지 못했고, 결국 미군은 베트남에서 물러나야 했다. 그리고 국제정치적으로는 핵전쟁이 세계의 공멸을 초래할 수 있다는 공포와 미소간의 전략무기제한협정을 비롯한 핵무기 감축이 전략구상에서 핵무기의 가치를 다소 저하시키고 있었다. 그리고 1973년의 제4차 중동전쟁에서 핵전쟁이 아닌 순수한 재래식 전력을 통한 기동전의 가치가 드러났고, 적국 소련은 1970년대 초중반을 기점으로 핵무기에 대한 의존에서 탈피해 재래식 전력의 역할과, 그것을 활용한 전통적인 기동전의 역할을 강조하며 대핵기동, 전구전략작전, 정찰-타격 복합체, 그리고 작전기동군을 비롯한 새로운 개념들과 현대의 네트워크 중심전의 맹아를 만들어내기 시작했다.

　미군은 베트남전의 실패를 반복하지 않기 위해, 그리고 소련과 바르샤바 조약국의 재래식 전력과 이를 이용한 대규모 기동전에 대응하기 위해서 자신들이 비교적 취약했던 기동전을 중시하기 시작했다. 이 개혁 과정에서 롤모델로 떠오른 군대는 바로 나치 독일의 국방군이었다. 임무형 지휘라는 독일군 특유의 유연한 지휘방법, 그리고 장군참모제도와 총참모본부 체계가 보여준 효율성은 미군이 추종해야 하는 이상이 되었고, 1970년대부터 1980년대에 이르기까지 당시의 독일군을 추앙하는 서적들이 범람하듯 쏟아져 나왔다. 1980년에 2차 세계대전 당시 독일군의 유명한 기갑 지휘관이었던 헤르만 발크 전 기갑대장이 백악관 국가안보실이 주도한 워게임에 80대의 노구를 이끌고 참여하여 NATO군을 이끌고 능동방어를 시연하여 바르샤바 조약군의 침공을 격퇴한 예화를 들어 볼 때, 이러한 기조가 얼마나 강했는지를 엿볼 수 있다.

그러나 이와 같은 독일 국방군 찬양 기조는 독일 군사사를 전문적으로 연구한 콜로라도 주립대 교수 데니스 쇼월터(Dennis E. Showalter)의 표현을 빌리자면 '의심스러운 유산'이었다. 독일군 찬양 기조의 이면에는 1950년대부터 미군에 협력해 동부전선에 대한 군사사 서술을 주도하고 서독연방군 창설에 영향을 크게 끼친 전직 국방군 장성들의 그림자가 강하게 드리워 있었다. 이들은 나치의 끔찍한 전쟁범죄 행위에 가담했으며, 상당수가 나치화 되었고 히틀러의 비자금에서 나오는 거액의 현찰과 부동산을 받았음에도 불구하고, 히틀러와 전문군인 간의 군사적 갈등을 소재로 자신들이 나치 정권과 무관하며 히틀러에게 저항하기까지 했다는 자기 미화에 성공했다. 그리고 자신들을 침략자가 아닌 무신론 볼셰비키의 '아시아적 야만인' 소련군에 맞서 서구 기독교 세계를 지키기 위해 방어전쟁을 치렀으며, 효율적이고 유연하고 용감하게, 경직되고 판에 박힌 방법만 사용하는 적과 싸웠다고 주장했다. 그들은 자신들의 주적 소련군을 19세기 후반부터 형성된 러시아인에 대한 강력한 인종주의적 편견에 따라 바라보았고, 자신들의 뛰어난 군사적 효율과 적의 열등함을 부각시키며 냉전 체제에서 자신들의 가치를 증명하고 서구 세계에서 생존을 보장받음과 동시에 나치 시대에 누리던 기득권과 영향력을 보존하려 들었다. 그리고 소련을 아군이 아닌 적으로 보게 된 서구 세계는 그들에게도 익숙한 러시아인에 대한 인종주의적 편견과 반공주의를 결합하여 전직 국방군 장성들의 시선을 무비판적으로 수용했다. 이와 같이 명백한 의도가 깔린 전직 국방군 장성들의 역사서술을 기원으로 하는 전훈 분석은 도출과정에서 오류가 발생할 수 있는 명백한 위험성을 안고 있었다. 여기에는 보다 근본적인 문제도 있다. 독일군이 그렇게 소련군을 상대로 효과적으로 싸웠다면, 어째서 베를린이 함락당했다는 말인가?

한편, 미군 내에서는 오랫동안 무시해온 영역, 즉 전략과 전술 사이의 중간영역을 통해 전술적 승리를 전략적 승리로 연결하는 방법을 찾으려는 사람들이 나타났다. 그것이 바로 소련군의 알렉산드르 스베친(Aleksandr Svechin)이 1924년에 처음 선보이고, 1926년에 저서 '전략(Strategie)'을 통해 명문화시킨 뒤로 소련군이 공식적으로 채택한, 전략과 전술 사이의 개념인 작전술이었다. 한때 미군은 제2차 세계대전의 서부전선에서 작전술적 수준(야전군 이상의 군사행동)을 수행한 경험이 있었지만, 그럼에도 전략과 전술의 사이에 새로운 영역이 있다는 인식은 희박했고, 종전 후 재래식 전력의 군축으로 인해 작전술을 받아들일 필요성도 크게 줄어들었다. 도리어 미군은 적국 소련에 대한 적대감과 고정관념에 의해 작전술을 관료적이고 경직된 소련군이 전략과 전술 사이에 기계적으로 쑤셔 박은 억지스러운 개념 정도로 보았다. 하지만 미군 역시 1982년판 교범에서 전쟁을 전략적 수준의 전쟁, 작전적 수준의 전쟁, 그리고 전술적 수준의 전쟁으로 분류하며 사실상 작전술의 존재를 인정했으며, 결국 1986년판 교범에는 작전술을 미군의 공식 개념으로 채택하기에 이르렀다. 글랜츠의 동료 학자이자 작전술의 기원을 연구한 학자 중 하나인 브루스 W. 메닝(Bruce W. Menning)의 표현을 빌리면, 미군은 '악마의 제자' 소련군에게 패했다는 굴욕감을 감수하고서라도 소련군의 개념을 받아들여야 했다.

본서는 그러한 시대적 맥락에서 탄생했다. 독일군 찬양 기조에 의문을 가지고 적국 소련과 소련군의 기동전 방법을 철저히 파악해 장차전에 대비해야 한다는 인식, 그리고 대응을 넘어서서 소련군의 방법에서 배울 것이 있다면 받아들여야 한다는 인식이 본서에 반영되어 있다. 그리고 그러한 인식을 주도했던 인물이 바로 저자인 데이비드 글랜츠 박사다. 미 육군의 장교로 베트남전에 참전했던 러시아어 전문가인 글랜츠 박사는 NATO에서 정보장교로 근무하며 소련 측 내부 간행물들을 입수해 번역하며 소련군을 바라보는 미군의 편견에 찬 시선과 독소전쟁사에 대한 해석에 큰 의문을 느끼고 지속적인 연구를 시작했다. 1983년에 포트 레븐워스 지휘참모대학 강사로 부임한 글랜츠는 소련 군사사와 군사술, 특히 소련 작전술의 이론과 실제에 대한 학술논문 저술과 강의를 하며 연구 성과를 축적했고, 제이콥 킵, 브루스 메닝, 그레이엄 터르비빌(Graham H. Turbiville), 제임스 슈나이더 등의 동료들과 문제의식을 공유하고 연구를 진행했다. 글랜츠는 1983년부터 1984년까지 포트 레븐워스 지휘참모대학에서 강사로 근무하며 소련 군사사에 대한 여러 연구들을 수행했고, 이후 1984년 하반기부터 1985년까지는 미 육군대학에서 열린 전쟁술 심포지엄(Art of War Symposium)에서 독소전쟁에 대한 심포지엄을 주도했다. 1986년에는 직접 소련을 방문해 소련의 학자들과 전쟁사 논의를 하고 소련 학술지에 러시아어로 독소전쟁에 대한 미국의 인식을 논하는 논문을 발표하기도 하였다. 그리고 글랜츠와 그 동료들의 활동과 연구 성과를 눈여겨본 미군 훈련교리사령관 윌리엄 리처드슨 장군이 글랜츠와 메닝에게 소련군의 전술, 작전술, 전략, 그리고 군사교리를 연구하는 소련군사연구소의 창설을 명령하면서 이들의 노력은 절정에 달했다. 이는 냉전이 한창이던 시기에는 위험할 수도 있는 일이었다. 어느 사회체계에서도 가장 보수적인 조직인 군대에서, 그것도 대통령이 '악의 제국'이라 비난한 적을 상대로 대치하던 가장 긴박한 시기에 적국의 군사적 업적을 추앙하는 듯 한 내용의 글을 발표하고 적국의 방법을 수용해야 한다고 주장한다는 것은, 그러한 주장을 한 사람에 대한 비난과 불이익으로 연결될 수 있는 일이기 때문이다. 만약 글랜츠가 1950년대 초반쯤에 이 원고를 발표했다면, 군에서 불명예스럽게 전역당함은 물론, 조지프 매카시의 악명 높은 청문회장에서 인신공격을 당했을 가능성이 높다. 그러나 글랜츠의 연구가 수용되고 받아들여졌음을 보면 당대 미군의 위기의식과 개혁 의지가 소련에 대한 적대감과 편견보다 더 컸으며, 미군이 그러한 견해를 포용할 만큼의 유연성과 합리성이 있었음을 볼 수 있다. 그리고 소련군의 방법을 수용한 결과가 전례를 찾아보기 어려운 경미한 피해만으로 엄청난 작전적 성공을 거둔 1991년의 걸프전이었다.

이 책은 그러한 노력의 출발점이라는 점에서 큰 의의가 있다. 글랜츠는 이전에도 지휘참모대학의 전투연구소에서 소련군에 대한 연구를 몇 차례 진행했지만, 그때까지는 아직 단편적인 소논문의 저술에 불과했었다. 그러나 일본 자위대가 전투연구소에 의뢰하여 수행한 이 연구는 막대한 러시아 사료의 동원, 기동전에 초점을 맞춘 서술, 그리고 명확한 분석으로 대표되는 데이비드 글랜츠의 저술 방식이 처음으로 나타난 논문이었다. 이후 글랜츠는 이러한 방식으로 독소전쟁사와 소련의 군사사에 대한 여러 논문과 연구서적들을 저술했다. 그 가운데 가장 대중적인 저작이 국내에도 소개된 '독소전쟁사'(When Titans Clashed: How the Red Army Stopped the Hitler)다.

특히 글랜츠의 만주 전역에 대한 서술은, 제2차 세계대전의 과정 가운데 그 규모에 비해 대중적인 주목을 거의 받지 못했던 전역에 대한 연구라는 점에서 큰 의의가 있다. 당장 우리나라에 출간된 제2차 세계대전 통사들은 대부분 수백 페이지에 가까운 두꺼운 서적들임에도, 만주 작전은 거의 1~2페이지 정도만 할애하고 있다. 글랜츠의 연구는 역사의 미싱링크를 자세히 들여다보고 있으며, 과거가 흘러온 길에서 중요하지 않은 것은 없다는 점을 새삼 확인시켜주고 있다. 그리고 영미권에서도 글랜츠의 책 이후에 이렇다 할 후속연구가 나오지 않으며, 현재에도 관련 서술이 나오면 이 책이 우선적으로 인용되는 상황이라는 점은 이 책의 가치를 더더욱 빛나게 하고 있다.

한편 본서를 완독한 독자들은 글랜츠의 상세한 서술을 볼 때 한 가지 의문이 들 것이다. 어째서 만주 전역은 오랫동안 전쟁 말기의 단막극 정도로 받아들여졌는가? 그 이유로 먼저 히로시마 및 나가사키에 대한 미국의 원자폭탄 투하를 들 수 있다. 사상 최초의 원자폭탄 투하와 뒤이은 일본의 항복 선언이 가져온 강력한 이미지는 그 중간에 있던 소련군의 만주 전역이 일본의 항복에 큰 영향을 끼치지 못한 듯한 착시현상을 일으킨다. 또, 서구권의 시각에서는 이 전역 자체가 눈앞에 다가온 연합군의 승리에 적절한 기회를 노리던 소련군이 편승하는 듯이 보였다는 점도 해당 전역에 대한 정치적 평가 절하의 원인이 되었을 것이다.

그런 점에서 캘리포니아 주립대의 일본계 미국인 교수인 하세가와 쓰요시(長谷川毅)의 저서 Racing the Enemy: Stalin, Truman, and the Surrender of Japan (2005), 한국어판 제목『종전의 설계자들 - 1945년 스탈린과 트루먼, 그리고 일본의 항복』(2019)은 기존의 관점에 도전하고 만주 작전이 일제의 항복에 끼친 영향을 상세히 분석한다는 점에서 흥미롭다.

접근 가능한 자료의 한계도 컸다. 해당 전역에 대한 자료가 가장 많은 소련에서 출간된 러시아어 자료는, 소련이 민주화되기 이전까지는 접근 가능한 사람이 극도로 제한되었으며, 일반 연구자가 접하기란 불가능에 가까웠다. 1991년 이전의 소련은 미수교국임과 동시에 북한 정권의 배후에 있는 최대 적성국으로, 관련된다는 것 자체만으로도 의심과 공포를 불러일으키는 대상이었다. 국내 초창기 러시아학 학자들은 중앙정보부-국가안전기획부의 까다롭고 복잡한 허가 절차를 거친 이후에야 러시아어 원문자료를 열람할 수 있었을 정도로 연구 전반에 어려움이 컸다.

영어로 작성된 미국과 영국의 연구 자료 역시 접하기 어렵기는 마찬가지였다. 만주 전역에 대한 미국 측의 연구로는 1954년에 미 육군 기갑학교에서 발간한 앨빈 쿠스(Alvin Coox)의 연구, 레이몬드 기트호프(Raymond Garthoff)가 50년대 말부터 60년대에 간간이 작성한 연구논문들, 1976년에 랜드(RAND) 연구소에서 출간된 릴리타 지르칼스(Lilita Dzirkals)의 연구, 지르칼스가 동년도에 다른 공저자들과 같이 저술한 동일한 소재의 연구 등이 있었는데, 당시에는 비공개 자료로 한국에서 구하기 힘들었다. 1983년에 미 지휘참모대학에서 출간된 본서도 비공개로 간행되었으며, 서구권에서 만주 전역만을 소재로 삼은 공개된 연구나 대중적인 서적은 서구권에 사실상 한 권도 없었다.

피터 비거(Peter Vigor)의 저서 '소련 전격전 이론'(Soviet Blitzkrieg Theory, 1983)정도가 만주 전역을 비중 있게 다뤘지만, 비거의 책은 해당 주제만을 연구한 서적이 아닌데다, 국방대학교에서 비공개로 출간되었으므로 역시 일반 독자가 접하기는 쉽지 않았다. 그리고 이 전역의 패자인 일본 측의 자료는, 주은식 장군의 추천사에서 언급된 나카야마 다카시의 책을 비롯한 1990년대에 출간된 몇몇 서적들을 제외하면 의미 있는 자료가 부족했다.

본서의 참고문헌 목록을 보면 알겠지만, 글랜츠는 관동군 장교들이 기록한 일본 모노그래프 총서를 제외한 일본어 자료는 손에 꼽을 정도로 거의 사용하지 않았다. 일본 자위대의 공간전사인 '전사총서' 역시 마찬가지다. 이는 본문에서 언급된 대로 소련군이 관동군의 문서보관소를 탈취해 그 문서들을 소련으로 가져가 공개하지 않은 데 따른 자료 부족 문제가 있고, 일본 모노그래프 총서가 1954년에 발간되어 가장 오래된 사료인데다 일본 측 인물들의 진술이 매우 상세하여 그것만으로도 가치가 충분하다는 점, 그리고 글랜츠의 일본어 능력이 러시아어 능력에 비해 떨어지는 점 등으로 인한 복합적인 결과일수도 있다. 그러나 이런 요소들을 감안하더라도, 본서의 개정판에서조차 막대한 양의 러시아어 자료가 추가된데 반해, 참고문헌에 추가된 일본 서적은 극히 초라한 선에 머물고 있다.

이와 같은 문제는 관점에 따라서는 이해의 여지가 있다. 전후 일본인들의 입장에서는 일본 육군이 중일전쟁에서 적지 않은 전술적, 작전술적 승리를 거두었고, 태평양 전쟁에서는 미군의 막대한 양적우세에 맞서 투지와 감투정신(그 결과는 무의미한 자살돌격으로 귀결되었지만)을 보여주었다며, 다소 억지스럽더라도 옹호성 주장을 펼칠 여지가 있다. 일본 해군 역시 한때 세계 3위로 평가받던 강력한 해군력 구축이나 1943년에 과달카날을 둘러싼 해전들까지 보여준 강력한 위용과 같은 자기위안적 요소가 있다. 그러나 만주 전역처럼 평소에 얕잡아보고 무시하던 상대에게, 압도적이고 일방적으로, 거의 아무것도 해보지 못한 채 무참하게 무너진 경험을 직시하기란 쉽지 않았을 것이다. 실제로 저자인 글랜츠는 본

역자와 메일 교환 과정에서 자신의 책들이 자위대에서 번역되었으나 자위대가 이를 비공개로 두고 있다고 밝혔다. 본서와 본서의 개정판이 일본에서 민간시장에 출간되지 않은 이유도 여기에 있다고 여겨진다.

이 추측이 사실이라면, 러일전쟁을 현대 일본인의 역사관에 지대한 영향을 끼친 역사소설가 시바 료타로(司馬遼太郎)의 소설 '언덕 위의 구름'(坂の上の雲)과 같이 대중적인 낭만 소재로 다루는 데 반해, 자신들의 패배를 다루는 역사를 다루지 않으려는 행동은 다소 우스꽝스럽거나 치졸해 보이기도 한다. 자신들이 패배한 역사를 똑바로 보지 않겠다는 것이 아닌가?

한편, 우리들 역시 현대까지 직접적 영향을 끼치고 있는 분단과 북한 정권의 수립, 그리고 한국전쟁과 직접적으로 연결되어 있다는 이유로 만주전역을 제대로 알지 못하거나 외면해 왔다.

이 전역에 참여한 소련 제25군 사령관 치스챠코프는 평양의 소련 군정사령관이었고, 극동군 사령부 정치위원 시킨(슈킨)은 스탈린의 의도가 한반도 북부에 한정한 친소정권 수립이라는 점을 증명해주는 보고서를 작성한 인물이며, 제1 극동전선군 정치위원 스티코프는 북한의 군사고문단 단장직과 소련 대사직을 수행한 인물이다. 이와 같이 만주 전역은 북한의 형성이나 한국전쟁에 관련된 인물들이 활동한 무대였다. 이로 인해 만주 작전과 관련된 국내의 연구들은 작전 자체를 순순히 군사적 탐구의 대상으로 다루기보다는 남북분단과 북한 정권의 수립이라는 한국사나 국제정치사의 맥락에서 언급하는 경향이 강하다. 그리고 과거 군사정권의 기조에서 소련군이 제2차 세계대전에서 한 역할을 말하거나 소련군이 '활약'하는, 혹은 활약하는 듯이 해석하도록 서술된 책이 나오기는 힘들었다. 그 시대에 출간된 많은 책에서 1943년 이후의 독소전쟁은 아예 존재하지 않았던 양 거의 언급되지 않았다. 예를 들어, 제2차 세계대전에 대한 대중서적 시리즈인 '타임라이프 제2차 세계대전사' 시리즈에서 소련군이 승리를 거두기 시작한 1943년부터 1945년 초의 내용을 서술한 책은 국내에 들어오지 않았다. 지금도 몇몇 전쟁사 부도 책에서는 1943년 이후의 독소전쟁이 빠져 있다. 그와 같은 맥락에서 소련군이 큰 승리를 거둔 전역을 바라보기에는 감정적 장애물이 있었다. 그러나 군사적으로 자세히 들여다보고 연구할 가치가 있는 전역과 군대를 정치적, 이념적, 감정적 이유로 외면하는 것은 역사를 바로 보는 자세가 아니다. 그와 같은 정서는 역사를 보는 눈을 흐릴 수 있으며, 경계해 마땅하다. 만약 그런 정서를 극복해낸다면, 독자들은 본서를 통해 군사사를 보는 새로운 시야를 가질 수 있다고 믿는다. 아직은 조급한 발상 같지만, 글랜츠의 이 연구가 미군의 교리 발전에 기여하게 되었듯이, 본서의 출간 또한 새로운 시야를 가진 사람들에 의해 국군의 발전에 기여하기를 희망한다.

독자 여러분들께 후기를 통해 밝히자면, 본서는 2003년에 개정판이 출간되었다. 개정판이 아니라 구판을 독자 여러분께 선보인 점을 사과드린다. 검수자인 주은식 장군께서는 본고가 구판임을 확인하신 후 독자에 대한 예의가 아니라며 애정 어린 질타를 하셨고, 본 역자 또한 그렇게 생각한다. 변명을 하자면, 20년간의 추가적인 자료수집으로 개정판의 분량이 본서에 비해 3배 가까이 늘어나 번역에 손을 댈 엄두를 내기 힘들었다. 그리고 지명 표기 문제에 대해서도 사과드린다. 본서와 개정판 모두 중국 동북지방과 내몽골의 지명표기를 현재의 중국 보통화 병음표기가 아닌, 과거에 서구권에서 익숙했으며 광둥어 발음에 기초한 웨이드-자일스 표기법으로 표기하는 바람에 현재의 지명을 찾느라 애를 먹었다. 지명 번역에 도움을 준 동북지방 출신 중국인 유학생들도 웨일드-자일스 표기법에서 보통화 병음표기를 유추해 낼 수 없었다. 끝내 현대의 보통화 병음표기를 찾지 못한 지명은 부득이하게 알파벳으로 표기할 수밖에 없었다. 이 점도 역자의 불민함 탓이니 독자들에게 머리 숙여 사과드린다.

이 책의 저자인 데이비드 글랜츠에게 감사를 바친다. 그가 이 책을 쓰지 않았다면 만주 전역은 서구 세계 및 우리나라에서 계속 미지의 영역으로만 남았을 것이다. 그리고 2013년에 발표한 미출간 원고의 공개를 허가해 준 데 대해 크나큰 감사를 표한다. 이 원고의 내용이 가진 의미 때문에 원고를 보고 충격을 느낄 사람, 심지어 거부감까지 느낄 사람 또한 있을 것이다. 이 미출간 원고를 입증해줄 1차사료가 언젠가는 대외비에서 해제되기를 고대한다. 그리고 마지막으로 원고를 검수해주신 주은식 장군께도 크나큰 감사를 바친다. 주은식 장군은 원고를 꼼꼼히 검토하시며 역자의 아마추어적인 번역에서 올바른 군사용어의 활용과 무분별하게 사용하던 구어체 표현의 지양을 도와주셨다.

8월의 폭풍 1945년 8월 9~16일, 소련의 만주전역 전략 공세

2018년 12월 15일 초판 발행

저자	데이비드 M. 글랜츠
번역	유승현

편집	정경찬, 박관형
라이츠	선정우
마케팅	김정훈
주간	박관형

발행인	원종우
발행	이미지프레임
	주소 [13814] 경기도 과천시 뒷골1로 6, 3층 (경기도 과천시 과천동 365-9)
	전화 02-3667-2654 팩스 02-3667-2655
	메일 edit01@imageframe.kr 웹 imageframe.kr
책값	18,000원
ISBN	979-11-6085-392-6 03390

LEAVENWORTH PAPERS, AUGUST STORM: The Soviet 1945 Strategic Offensive in Manchuria by David M. Glantz